服装结构设计·理论篇

刘咏梅　著

東華大學出版社·上海

图书在版编目（CIP）数据

服装结构设计．理论篇／刘咏梅著．—上海：东华大学出版社，2024．11．-- ISBN 978-7-5669-2474-2

Ⅰ．TS941.2

中国国家版本馆 CIP 数据核字第 2024PH3286 号

责任编辑：谭　英

封面设计：蒋雪静

服装结构设计・理论篇

Fuzhuang Jiegou Sheji・Lilun Pian

刘咏梅　著

东华大学出版社出版

上海市延安西路1882号

邮政编码：200051　电话：(021) 52193056

出版社官网：http://dhupress.dhu.edu.cn

出版社邮箱：http://dhdx.tmall.com

上海万卷印刷股份有限公司印刷

开本：889 mm × 1194 mm　1/16　印张：14.5　字数：397千字

2024年12月第1版　2024年12月第1次印刷

ISBN 978-7-5669-2474-2

定价：63.00元

目 录

第 1 章　绪论

1.1 服装结构设计方法的产生与发展

1.1.1 关于服装/服装造型/服装结构/服装结构设计

服装，是人们穿着于人体上的遮蔽物品。服装的起始状态为树叶、兽皮等，后随着纺织技术的产生和发展，服装更迭为以纺织品为主要材料的物品。

服装根据构成形式可分为的主要类型：线材料通过线圈结构成型的服装、面料材料通过裁剪样片和样片缝合成型的服装，以及近期出现的粒子材料通过三维打印成型的服装，分别对应称为“线圈服装”“样片服装”“三维服装”（图1.1.1.1 ~图1.1.1.3）。

如果将人们看到的外在服装状态称之为“服装造型”，那么其对应的内在构成可称为“服装结构”。对应于前述的三种类型服装就有“线圈结构”“样片结构”“三维模型结构”。

服装结构设计，就是“线圈结构设计”“样片结构设计”“三维建模设计”。在以面料样片成型服装为主时，服装结构设计狭义地指“样片结构设计”。

1.1.2 关于一片式缠绕结构/两片式简单结构/多片式复杂结构

一片式缠绕结构，是最初的纺织品材料服装结构，也就是一块布通过“披挂”“缠绕”或“系结”的方式附着于人体，起到遮体、保暖、装饰的作用，如现代服饰中的围巾、披肩形式，民族服装中的印度纱丽，最具代表性的历史服装中的埃及服装、罗马服装、希腊服装。此类服装脱离人体后为一片面料，形状有简单的长方形、正方形或简单的扇形。如图1.1.2.1所示。

图1.1.1.1 线圈结构服装
（http://shows.vogue.com.cn/Missoni/2018-aw-RTW）

图1.1.1.2 样片结构服装
（http://shows.vogue.com.cn/Dolce-Gabbana/2018-aw-RT）

图1.1.1.3 三维模型服装
（http://shows.vogue.com.cn/Threeasfour/2016-aw-RTW）

图1.1.2.1 一片式缠绕结构（https://www.duitang.com/blog/?id=540908262）

图1.1.2.2 两片式简单结构（https://www.shows.vogue.com.cn/Trina-Turk/2019-ss-RT）

图1.1.2.3 多片式复杂结构（https://www.shows.vogue.com.cn/Christian-Dior/2018-aw-CTR）

两片式简单结构，指服装衣身由前片、后片通过侧缝缝合而成筒状形式，有或者无肩缝，有简单的平直衣袖或者无衣袖，无衣领或有简单衣领，如中式的长衫类服装，日本的和服、韩国的韩服、阿拉伯的长袍，藏袍、蒙古袍，以及其他的民族服装，12世纪之前的西方主流服装也为此类结构。此类服装的非穿着状态可完全铺平，如T恤类服装的平叠式收纳，或者长袍类服装的吊杆式展出。如图1.1.2.2所示。

多片式复杂结构，指服装衣身由两片、三片、四片甚至更多片缝合而成，且衣片的外轮廓形状多为复杂的曲线形式，衣片的内部出现了省道结构，服装的非人体穿着状态有明显的人体形态，服装无法被完全平整铺平，衣袖和衣领与衣身的组合也为曲线形式，衣袖和衣领的独立形态也多为立体形式。此类结构在16世纪—19世纪的西方服装中演绎发展至鼎盛，20世纪后逐渐简化再简化，但现在仍为世界主流时装的结构形式。如图1.1.2.3所示。

这里要特别指出的是，20世纪30年代之前的旗袍是两片式/无省/简单结构形式，30年代以后的旗袍才出现了前衣片胸省、前后衣片腰省的复杂结构形式。随着年代的流转，当初旗袍的改良也许已经成为了认知的经典，但从纵观来讲两片式平面化的简单结构则是东方服装的“东方”之韵，中式服装的“中式”之魂。

1.1.3 关于对称结构/不对称结构，规则结构/不规则结构，结构主义/解构主义

一、对称结构/不对称结构

对称结构指服装的整体结构呈现完全的左右对称形式，包括外轮廓和内部结构的对称，衣身、衣领、衣袖等对称。

不对称结构指服装的整体结构呈现左右的不对称形式，包括外轮廓的不对称或者内部结构的不对称。

它可分为三种类型：A—外轮廓不对称、内部结构对称，B—外轮廓不对称、内部结构不对称，C—外轮廓对称、内部结构不对称。

服装造型及结构的对称或非对称无可厚非，但有一个现象也应关注。在成熟设计且被广泛穿着的服装中九成以上的比例为“对称结构”，一些“不对称结构”成衣也多为外轮廓对称、内部结构不对称的C类，如有手巾袋的男西装、主流时装周的高级成衣和高级定制发布的设计款。但当今中外时装院校的毕业设计发布作品，以及以学生为主要参赛主体的时装设计比赛的服装设计作品，则多为非A类即B类，若是C类则往往会被质疑“显得”不够有“设计感”。这样的“设计感”已成为世界时装设计院校设计作品的主流“面貌”，其现状之大同、趋势之普遍，非常显性。这个现象是因为年轻学生在初设计时有更多的内容想表达，是设计的本性所驱，但一定程度上也是趋同“设计感”的迎合设计。对这一现象需要正确认识和引导理解。对那些长久流传的服装大师经典设计，要认真分析为什么其为“对称结构”但“设计感”非常强，这个“设计感”强度体现在广度和长度两方面，即广度是被赞赏、被传播、被穿着的人群广度，长度是被欣赏、被流传、被致敬的时间长度。设计和设计感到底是什么？这需要正确的认知和理解。要知道企业和市场的需求，服装结构以对称结构为主流，适穿易穿、舒适好看是赢得市场、产生价值的秘笈。

二、规则结构/不规则结构

不规则结构是相较于规则结构而言的。我们把常穿常见的服装结构称为规则结构，把不常穿不常见的称为不规则结构。那么什么是规则结构呢？目前把20世纪后最典型的服装造型结构称为规则，有常用的省道、分割线等，包括它们的位置方向和量，而把一些与之不同的称为非规则。西式服装经历了从12世纪到20世纪的丰富演变，服装造型结构出现过多样形式，从早期的探索、摸索和随意，逐渐发展到了后期的稳定。稳定下来的常用规则造型和结构是在审美和功能方面最具集约化的，是最经典的。一些所谓的不规则结构在历史中都可以被找到，所以说，规则结构不是乏陈结构，不规则结构不等于创新结构，这需要深度学习和理解。

三、结构主义/解构主义

还有一组概念就是“结构主义”和“解构主义”。“规则结构”似乎近似于“结构主义”，而“解构主义”又多为“非规则结构”。“解构主义”的主旨思想是打破规则。20世纪60年代开始，“解构主义”在服装造型结构设计中具有众多拥趸，从80年代到21世纪初发展至鼎盛，然后趋势回落至今。但这类“解构主义”服装就算在鼎盛时期也基本是发布于时装周T台上，传播于时尚杂志里，真正入店上架销售和穿着的很少，之后在各大时装周的品牌发布中占比越来越少，而经典的“结构主义”回归。但当下在院校学生设计作品中它还是占绝对强势。这一现象的驱动力是学生的设计本心还是学生的设计迎合，不得而知；这样的学生设计是提升了设计价值还是远离了设计本质，认知各有不同。但业界将这些设计归类为“学院派”，这也值得注意。认知设计，做真正的设计、深入的设计，是教学的方向也是学习的目的。

1.1.4 关于现代方法/古代方法，先进技术/传统技艺

服装造型经历了历史的演变，有着不同的形式分类，那么服装结构设计方法必然也是发展的并与其相对应的。

实现现代服装造型需要采用现代结构设计方法，有效和高效解决现代服装造型问题必然需要先进技术。在稀少的古代服装文献资料中，有关古代服装结构设计方法的记载更是寥寥无几。传统的服装裁缝技艺在

现代服装文化和现代服装产业的大背景下，已如繁华都市中的萤火虫般逐渐消失但弥足珍贵，关于传统服装裁剪技艺的研究和传承，也是在现代背景下以现代思想用现代手段与现代方法去探索和追寻的结果。

一、有关服装结构设计先进技术

在畅想中的，目前普遍的就是有了一款服装（实物、照片或图稿）后，就可以完全由人工智能完成结构设计，运用大数据、机器学习、三维造型自动将其解析为二维结构以及三维打印等，至于前端的服装造型是人脑意念产生还是也由人工智能设计，以及后续的输出是裁剪面料还是直接织造或打印，这些都姑且不论，反正就是人工智能实现自动制板。

在实现中的，就是目前的服装纸样设计CAD技术，从20世纪70年代的产生到如今，业界归纳已从第1代演绎到第4代，从起初的解决推码、排料问题到制板，之后演绎到自动推码、自动排料和快速制板。之所以说是快速制板而不是自动制板，是因为目前只实现了针对旧款式即已完成款式的服装制板路径记录来完成一键化制板，或针对新款式的通过部件样板的模块化组合完成整体制板。前者的问题是只能针对固定款式，后者的问题是针对新款式的款式分析、部件判断以及模块组合都还需要人工判断，且需要较高专业能力的人工判断。目前在产业中这类快速制板的方法被称为“套板”。

二、有关服装结构设计现代方法

服装结构设计方法对应服装造型，简单造型的服装结构也简单，复杂造型的服装结构就费解。目前服装结构设计方法基本分为平面结构设计方法和服装立体裁剪方法，在实际应用中还有两者相结合。

（1）平面结构设计方法就是通过数学的平面几何方法，直接绘制样片的二维结构，二维结构对于三维造型的对应性和准确性需要通过做样衣来检验。其有短寸法、比例法、原型法。

1）短寸法就是每一根线条都根据一个数值来进行服装结构绘制的方法。

2）比例法就是把绘制服装结构的数值与人体关键部位的数值相关起来，这个相关以比例公式的形式表达，在研究中多为归纳的精确性高的三次或二次方程，在应用中多简化为精准度稍微降低但可以接受的方便计算的一次方程。

3）原型法准确地说应该叫基础纸样法，也就是在一个基本服装结构的基础上，通过结构调整变化获得新服装结构。这个基本服装结构称为基础型，基础型与新造型越相似，需要结构变化调整的内容就越少，在产业中有较多的基础型积累和选择，就称之为“套版”。在教育中学习总是从头开始，这个“头”是最简单最基础的服装，所以往往就把这个最简单的基础型称为“原型”，也就把这种方法称为“原型法”了。

（2）服装立体裁剪是指直接用一块布覆在人体模型上，通过剪切、折叠、旋转的立体构成手法，获得三维的服装造型，然后取下布样片并进行平面整理，拓印纸样或电脑读图，从而获得样片的二维结构。

上述两种方法殊途同归。对于同一个服装款式，也就是同一个服装三维造型，无论是平面结构设计还是立体裁剪方法，它们只是技术途径不同，但其技术结果也就是获得的二维结构必是一致的。在教学中是两门课程，分列而行；在设计实践中择优而为，哪个适合就用哪个，擅长哪个就用哪个，而且若两者结合运用则思路更清晰、执行更高效。

目前针对二维平面结构设计的快速CAD制板设计和自动制版设计研究已有一定成果并在推进中，而针对服装立体裁剪的CAD模拟设计还在探索中，尚无可用的成果。在新一代的AI设计技术环境下，关于服装结构和纸样的设计起步探索，令人期待。

1.2 服装结构设计理论体系

1.2.1 关于服装学科

服装作为学科，成为高等教育专业，其历史不足百年。国内服装专业起始于1980年代，早期由丝绸专业类院校、纺织类院校、工艺美术类院校陆续开设。国内服装专业初设时专业名称为“服装”，开设的院校有工科类院校和艺术类院校两类，学生的入学录取也就为两个入口，即单文化类考试成绩录取和艺术类的绘画加文化类考试录取。早期的专业教师队伍多由纺织类专业教师、艺术类专业教师以及一些企业引进的技工构成；早期的实验室和实验设备寥寥，实验室的缝纫机是家用缝纫机；早期的课程是摸索着构建的，早期的课程教材没有典籍，基本为讲义。后来各校逐渐选派教师外出进修、出国学习。早期对我国服装专业影响最大的是日本，如日本的文化服装学院，随着教师们的求学知识带回以及日本服装杂志和书籍的输入传播，以日本“文化原型”“登丽美原型”为核心的日本服装结构理论对国内服装教育影响深远。教师们逐渐地到更远更多的院校去留学与交流。如今世界的各著名服装院校几乎都成为教师们去学习的地方，甚至这些院校的课堂里中国留学生已占了很大的比例。

如今，全国开设服装类专业的高等院校已数百所。服装学科已经形成为完整的中职、高职、本科、硕士、博士学科体系，这一学科体系从学科目录和招生录取上来看还是双线的，即工学学科的服装设计与工程专业、艺术学科的服装与服饰艺术设计专业。其学位类型和专业名称不同，但其中许多的专业课程相同或基本相同，特别是服装设计和服装结构设计的理论体系无差异，只是专业课程的配置安排和课时比例不同，而且教学内容的执行又和教师的偏长有一定的关系，因此借以学生的差异，培养的方向一致但结果“花草”是不同的。

表1.2.1.1为东华大学服装设计与工程专业的本科课程体系，表1.2.1.2为东华大学服装与服饰艺术设计专业的本科课程体系。

表1.2.1.1 服装设计与工程专业的教学计划

课程类别	课程名称	学分	课程类别	课程名称	学分	课程类别	课程名称	学分
通识教育1	思想道德修养与法律基础	3	学科基础	工程力学	3	专业方向	针织服装基础工艺	3
	马克思主义基本原理	3		概率论与数理统计B	3		服装生产管理	2
	形势与政策（1）	0.5		服装材料（1）	2		女装结构设计(1)	2
	形势与政策（2）	0.5		服装材料（2）	2		数据分析方法与应用	3
	形势与政策（3）	0.5		服装人体工效学	2		服装纸样设计CAD	2
	形势与政策（4）	0.5		成衣工艺学	2		服装立体裁剪（1）	3
	毛泽东思想和中国特色社会主义理论体系概论Ⅰ	2.5		服装工程导论	1		服装立体裁剪（2）	4
	毛泽东思想和中国特色社会主义理论体系概论Ⅱ	2.5		服装专业英语	2		女装款式设计	2

（续表）

课程类别	课程名称	学分
通识教育1	中国近现代史纲要	3
	体育类	4
	军事理论	2
	大学外语类	10
通识教育2	高等数学类	12
	线性代数A或B	2
	大学物理A（1）	4
	大学物理A（2）	3
	大学物理实验（1）	1
	大学物理实验（2）	1
	工程化学基础	2
	创新创业类	2
	文化素质类	6
	计算机类	5
综合实践	学术讲座（12次分散）	1
	社会实践	2
	军训	2
	安全教育	0.5
实践教学	服装市场调查与研究	2
	工程训练	1
	服装创作设计实践	4
	女装工艺（1）	2
	女装工艺（2）	2
	生产实习	1
	毕业实习	2
	毕业设计	14

课程类别	课程名称	学分
学科基础	工程制图	2
	信息检索与资源利用	1
	机织面料织绣染改造设计	1.5
	服饰配件设计	2
	服装史	1.5
	服装心理学	1.5
	服装广告设计	2
	服装表演与展示	1.5
	手工印染	1.5
	时装摄影	2
	服装消费行为学	2
	服装舒适性与功能	2
	服饰色彩与图案	3
	形象设计	1.5
	男装款式设计	2
	实用管理入门	3

课程类别	课程名称	学分
专业方向	服装市场营销	3
	女装结构设计（2）	4
	服装电脑效果图	2
	服装手绘效果图	2
	服装虚拟仿真技术	2
	服装智能生产	2
	针织服装设计与制作	3
	男装结构设计	2
	服装厂设计与现场管理	2
	服装零售管理	2
	服装商务管理	2
	时尚供应链管理	2
	女装结构设计（3）	3
	市场贸易准入	1.5
	时尚媒体	1.5
	服装买手实务	2
	服装立体裁剪（3）	3
	服装款式设计CAD	2
	女装工艺（3）	3
	男装工艺	2

表1.2.1.2 服装与服饰艺术设计专业的教学计划

课程类别	课程名称	学分	课程类别	课程名称	学分	课程类别	课程名称	学分
通识教育1	思想道德修养与法律基础	3	学科基础	女装设计	2	学科方向	运动装设计	2
	马克思主义基本原理	3		男装设计	2		内衣设计	2
	形势与政策（1）	0.5		服装结构设计（1）	3		职业装设计	2

（续表）

课程类别	课程名称	学分
通识教育1	形势与政策（2）	0.5
	形势与政策（3）	0.5
	形势与政策（4）	0.5
	毛泽东思想和中国特色社会主义理论体系概论Ⅰ	2.5
	毛泽东思想和中国特色社会主义理论体系概论Ⅱ	2.5
	中国近现代史纲要	3
	体育类	4
	军事理论	2
	大学语文	2
	应用写作	2
	大学外语类	10
通识教育2	色彩	2
	素描	2
	创意绘画	2
	计算机设计软件基础	3
	设计概论（1）	2
	设计概论（2）	1
	图案	2
	美术史	3
	工艺美术史	3
	创新创业类	2
	文化素质类	4
综合实践	学术讲座（12次分散）	1
	社会实践	2
	军训	2
	安全教育	0.5

课程类别	课程名称	学分
学科基础	服装结构设计（2）	3
	服装手绘效果图技法	2
	服装设计大赛创作	2
	童装设计	2
	针织服装设计	2
	中国服装艺术史	2
	构成设计	3
	基础设计	2
	专业技法表现	2
	西方服装艺术史	2
	服装数码效果图技法	2
	服装材料设计	2
	品牌服装设计	2
	服装创意结构设计	2
	服装生产与经营管理	1.5
	中国少数民族服饰	1.5
	时装发布组织	1.5
	染织纹样史	1.5
	服装配饰设计与制作	3
	专业论文写作基础	2
	服装社会心理学	2
	横编针织面料设计与开发	3
	时装摄影	2
	设计大师作品分析	2
	人物形象设计	2
	服装流行预测与应用	2
	服装CAD	2
	服饰陈列与橱窗设计	3
	信息检索与资源利用	1

课程类别	课程名称	学分
学科方向	国际服装前沿设计	2
	DT数绘艺术创作与产品应用	2
	作品集制作指导	2
	服装面料纹样与塑型设计	2
	可持续时尚设计	2
	时装设计作品集（国际合作）	2
	毛皮服装设计	2
	礼服婚纱定制设计	2
	创意集成WORKSHOP	2
	刺绣工艺与设计	3
	手工艺创作	2
	专业交叉创作实践	2
	创意立体裁剪	3
	水晶创意与技术	2
	服装品牌标识系统	2
	金属饰品制作	2
实践教学	服装工艺与制作（1）	3
	服装工艺与制作（2）	3
	立体塑型技术	3
	专业基础工艺	2
	考察资料整理及采风秀	1
	设计实习（1）	1
	设计实习（2）	1
	毕业综合创作实践	5
	手工印染制作	2
	服装企划案电脑实训	1
	市场调研	1
	专业考察（1）	2
	专业考察（2）	2
	毕业调研	1
	毕业展览	1
	毕业设计	7
	毕业论文（答辩）	5

可以看出，两个专业的教学体系都由5个板块构成：通识教育、学科基础、专业方向、综合实践和实践教学。其中通识教育根据课程可分为“通识教育1”板块和“通识教育2”板块。相比较来看，在“通识教育1”板块和综合实践板块，二者的课程基本一致，无明显的专业性差异；“通识教育2”板块和专业的学科方向显性相关，表现出明显的工科学科和艺术学科特性；在专业基础课程和专业方向课程以及综合实践课程方面，工学学科的课程从材料、设计、结构、工艺到营销的纵向布局体系化特征明显，而艺术学科的课程比较集中在中端，在设计节点横向延展体系化特征明显。相比较来说，艺术学科的款式设计课程明显多于工学学科的，但二者在结构设计课程上差异不大，工学学科会略微多于艺术学科的。

1.2.2 关于服装设计与服装结构设计

无论对于服装设计与工程还是服装与服饰艺术设计专业，服装都是专业的核心，有关服装的课程都是专业的骨干课程。

按服装的生产流程可分为：定位策划—开发设计—生产销售。服装设计和服装结构设计位于开发设计阶段。

按服装的生产形式可分为：定制、成衣。定制可为单件定制，也可为批量定制；成衣也可为单件或批量成衣。其区别在于服装是按消费者的订单设计、加工，还是生产方先设计、加工服装，然后服装在市场匹配消费者的购买。定制的款式样板以及面料工艺根据消费者意愿基于消费者特征完成，服装包含和体现个性化特征因素，这个个性化特征为下单者的信息，款式设计和结构设计满足个性化特征和下单者意愿。成衣为基于生产者对目标消费者的判断，预判预产服装，服装包含的是设计者的预判信息，服装销售的成功与否在于生产者预判的情况，这个预判包括面料款式、样板尺寸、售价服务等。

按服装的生产方式可分为：个人作业和流水线作业。个人作业可以是从定位策划到开发设计甚至到生产销售的个人作业，也可以是定位策划到开发设计的个人作业，甚至只是开发设计的个人作业，但核心内容是开发设计阶段的单人完成。流水线作业的整个流程可分解为：企划—面辅料—款式设计—样板设计—工艺设计—封样—推挡—工艺单—流水线缝制—整烫—检验—包装—入库—销售。其中，流水线缝制又是分解一件服装的缝制工序，多人流水传递协作完成。个人作业，指服装设计和服装结构设计由一个人承担完成；流水线作业，指服装设计和服装结构设计由设计师和样板师分别承担且协作完成。

表1.2.2.1和表1.2.2.2为服装设计与工程专业和服装与服饰艺术设计专业核心课程的板块分布。

表1.2.2.1 服装设计与工程专业核心课程板块

课程类别	课程名称	学分
企划定位	服装工程导论	1
	服装史	1.5
	服装心理学	1.5
	服装市场调查与研究	2
	信息检索与资源利用	1
面辅料设计	服装舒适性与功能	2
	服装材料（1）	2

课程类别	课程名称	学分
设计展示	时装摄影	2
	服装表演与展示	1.5
	服装广告设计	2
	时尚媒体	1.5
	服装创作设计实践	4
设计展示	实用管理入门	3
	服装厂设计与现场管理	2

（续表）

课程类别	课程名称	学分
面辅料设计	服装材料（2）	2
	服饰色彩与图案	3
面辅料设计	机织面料织绣染改造设计	1.5
	手工印染	1.5
款式设计	服装电脑效果图	2
	服装手绘效果图	2
	女装款式设计	2
	男装款式设计	2
	服饰配件设计	2
	服装款式设计CAD	2
结构设计	服装人体工效学	2
	女装结构设计（1）	2
	女装结构设计（2）	4
	女装结构设计（3）	3
	服装立体裁剪（1）	3
	服装立体裁剪（2）	4
	服装立体裁剪（3）	3
	男装结构设计	2
	服装虚拟仿真技术	2
	服装纸样设计CAD	2
工艺设计	女装工艺（1）	2
	女装工艺（2）	2
	女装工艺（3）	3
	男装工艺	2
	针织服装基础工艺	3
	针织服装设计与制作	3
	成衣工艺学	2
生产管理	工程训练	1
	生产实习	1
生产管理	服装智能生产	2
	服装生产管理	2
销售管理	数据分析方法与应用	3
	服装消费行为学	2
	时尚供应链管理	2
	市场贸易准入	1.5
	服装买手实务	2
	服装市场营销	3
	服装零售管理	2
	服装商务管理	2
毕业设计	毕业实习	2
	毕业设计	14

表1.2.2.2 服装与服饰艺术设计专业核心课程板块

课程类别	课程名称	学分
设计基础	素描	2
	色彩	2
	图案	2
	创意绘画	2
	专业技法表现	2
	计算机设计软件基础	3
	服装手绘效果图技法	2
	服装数码效果图技法	2
	构成设计	3
	基础设计	2
	设计概论（1）	2
	设计概论（2）	1
	美术史	3
	工艺美术史	3
	中国服装艺术史	2
	西方服装艺术史	2
	染织纹样史	1.5
企划定位	服装社会心理学	2
	服装流行预测与应用	2
	市场调研	1
	服装企划案电脑实训	1
	信息检索与资源利用	1
服装面辅料	服装材料设计	2
	服装面料纹样与塑型设计	2
	横编针织面料设计与开发	3
	手工印染制作	2
	刺绣工艺与设计	3
	手工艺创作	2
	水晶创意与技术	2
	金属饰品制作	2
款式设计	女装设计	2
	男装设计	2
	童装设计	2
	内衣设计	2
	职业装设计	2
	运动装设计	2
	毛皮服装设计	2
	针织服装设计	2
	礼服婚纱定制设计	2
	中国少数民族服饰	1.5
	服装配饰设计与制作	3
	品牌服装设计	2
	服装品牌标识系统	2
	服饰陈列与橱窗设计	3
	设计大师作品分析	2
设计实践	设计实习（1）	1
	设计实习（2）	1
	专业考察（1）	2
	专业考察（2）	2
	考察资料整理及采风秀	1
	创意集成WORKSHOP	2
	国际服装前沿设计	2
	可持续时尚设计	2
	作品集制作指导	2
	时装设计作品集（国际合作）	2
	服装设计大赛创作	2
	专业交叉创作实践	2
	创新创业类	2
生产	服装生产与经营管理	1.5
展示	时装摄影	2

（续表）

课程类别	课程名称	学分
	DT数绘艺术创作与产品应用	2
结构设计	服装结构设计（1）	3
	服装结构设计（2）	3
	服装创意结构设计	2
结构设计	立体塑型技术	3
	创意立体裁剪	3
	服装CAD	2
服装工艺	专业基础工艺	2
	服装工艺与制作（1）	3
	服装工艺与制作（2）	3
展示	人物形象设计	2
	时装发布组织	1.5
毕业	毕业调研	1
	毕业综合创作实践	5
毕业	毕业设计	7
	毕业展览	1
	专业论文写作基础	2
	毕业论文（答辩）	5

1.2.3 服装结构设计理论研究

服装结构设计理论是服装学科的重要支柱，是构成服装学科的核心理论。国内的服装结构设计理论随着服装学科的建立而起始，经过40年的发展，相关研究成果已成理论体系且可指导实践，研究人员蔚然成荫，研究层次已形成本、硕、博、教授、博导梯队，相关论文与书籍已有千篇万册。其中东华原型服装结构设计理论是东华大学服装学科的标志性成果，是国内最成熟且最具辐射力的服装结构设计理论。

服装结构设计理论研究主要包括服装人体科学研究、服装结构构成方法研究、服装结构设计技术研究等各板块。

（1）服装人体科学是研究与服装相关的人体信息，或者说设计制作服装所需要的人体信息。广义来讲包括人体体型、人体感触甚至心理反应；狭义来讲主要指人体体型研究，包括人体体型测量、人体体型特征分析、人体穿着服装的活动舒适性感受等；而人体穿着服装的保暖、透湿等感受发展为以材料学为基础的服装功能舒适性研究范畴，人体穿着服装的心理感受发展为以心理学为基础的服装心理学研究范畴。

（2）服装结构构成方法主要研究各类服装的构成方法。广义来讲包括各种技术途径的构成方法，包括以立体裁剪为主的立体构成方法、以平面演绎为主的平面构成方法以及线圈针织服装、三维打印服装的构成方法；狭义来讲，服装结构设计在国内服装学科体系中指以平面演绎为主的梭织类服装的平面构成方法，也称服装平面结构设计。主要的研究内容就是归纳演绎某类服装的平面构成方法，简便、精准地解析服装款式造型，也就是针对一个服装款式可以运用这种方法实现二维样片的个数以及各二维样片形状的绘制。

平面结构设计的方法可以归为三类：短寸法、比例法、原型法。短寸法是样片绘制的各控制部位均为直接的数值；比例法是样片绘制的主要控制部位为以人体体型数据为变量的比例公式；原型法就是样片的绘制以一个基础纸样为原型，针对变化调整控制部位。如图1.2.3.1所示。

（3）服装结构设计技术是平面结构设计方法付诸运用时的技术途径。目前的技术主要为二维CAD技术、三维虚拟仿真技术、数据库技术等。二维CAD技术不仅仅是鼠标和电脑桌面代替了笔和纸进行样片绘制，而是实现了样片设计的集成化，集成了制板和推码，实现了多号型的联动制板一体化生成，也就是一边绘制样板一边就同时产生了多号型样板，以及个性化尺寸的一人一板即时生成。

数字化样板的方便存储和便利查找与调取，在二维CAD技术环境下，使得原型法已演绎为常用的套板法。也就是调取与款式最相近的样板作为基础样板，而不是每个款式都从最基础的纸样原型开始，这样调整的内容更少、幅度更小，更易把握、效率更高。三维虚拟仿真实现了二维样板的样衣缝制以及三维造型确认和调整修改的计算机化，节约了缝制面料样衣的物料成本、时间成本以及人工成本。

目前只实现了针对二维样板的三维仿真缝制，还未实现针对三维服装造型的自动二维解析和样板生成。服装样板的自动化设计、智能化设计还未实现，但都处于快速化设计的研究阶段，其主要运用的是关键尺寸驱动样板变化技术、模块化组合设计技术。

如图1.2.3.2和图1.2.3.3为从三维人体扫描到二维CAD快速样板设计、到三维虚拟仿真试衣的数字化技术流程及操作实例，目前已完成实验室研究，并在一些生产实践中逐步得到应用和推广。

服装结构设计理论只发展了几十年的时间，目前在基础研究和新技术探索方面都还有一片大有可为、未来可期的领域。大规模的服装生产、大规模的从业人员，关乎民生、关乎产业，因此必然需保持持续的研究，探索进步与发展，这是服装先进制造的重要支撑。

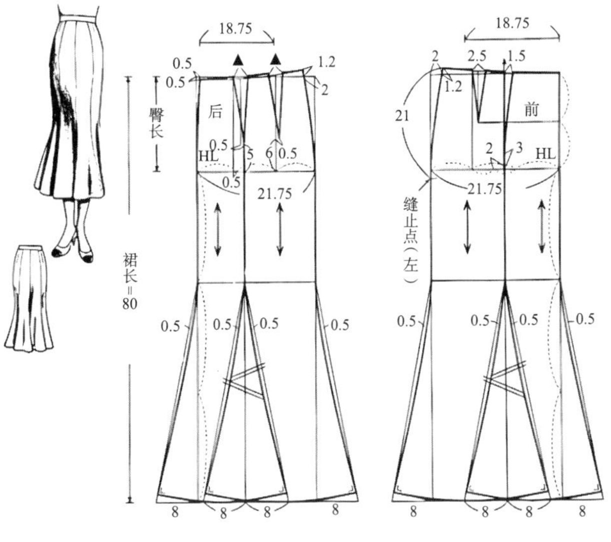

（a）短寸法

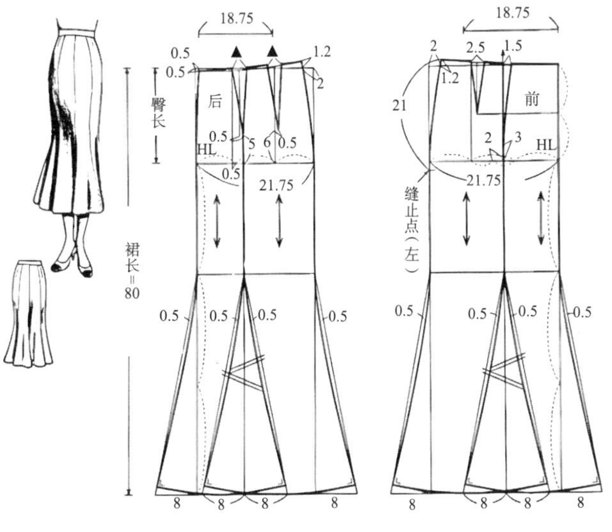

（b）比例法

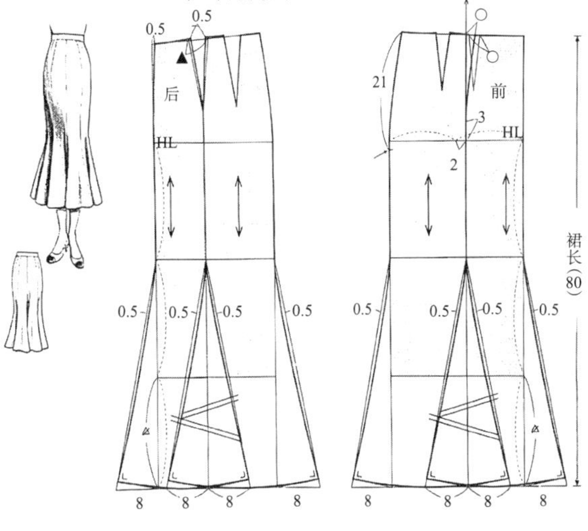

（c）原型法

图1.2.3.1 平面结构设计的短寸法、比例法、原型法[1]

[1] 日本文化服装学院编，张祖芳，等，译. 服装造型讲座② 裙子·裤子[M]. 上海：东华大学出版社. 2004.9.39页。

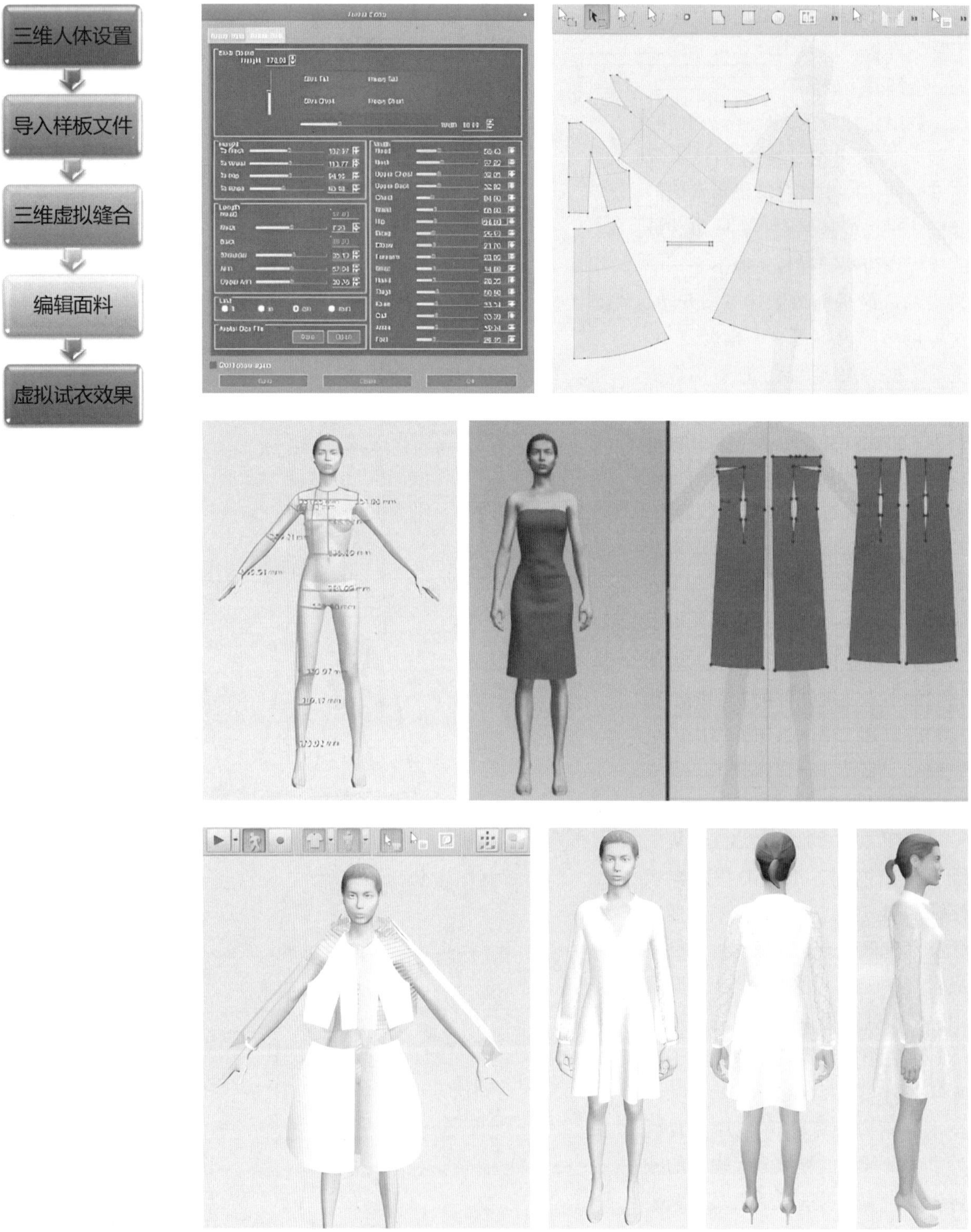

图1.2.3.2　服装样板快速设计一体化技术操作实例

三维人体扫描技术

三维人体扫描技术能够很大程度地缩短实验时间，提高体型数据的全面性，为样板设计的优化提供参考。

二维CAD样板快速设计技术

研究样板的快速生成主要通过三种方式达成：

① 建立样板模型；

② 通过扫描人体数据直接生成样板；

③ 通过三维虚拟试衣技术快速获得样板。

样板快速生成常用手段：模型建立；

关键技术：参数化设计。

三维虚拟试衣技术

基于数字化技术的高效设计方式正逐渐取代过去的样衣制作。设计师可在虚拟人台上进行三维款式设计，二维样片上会产生相应的联动修改，这促进了样板设计的高效。

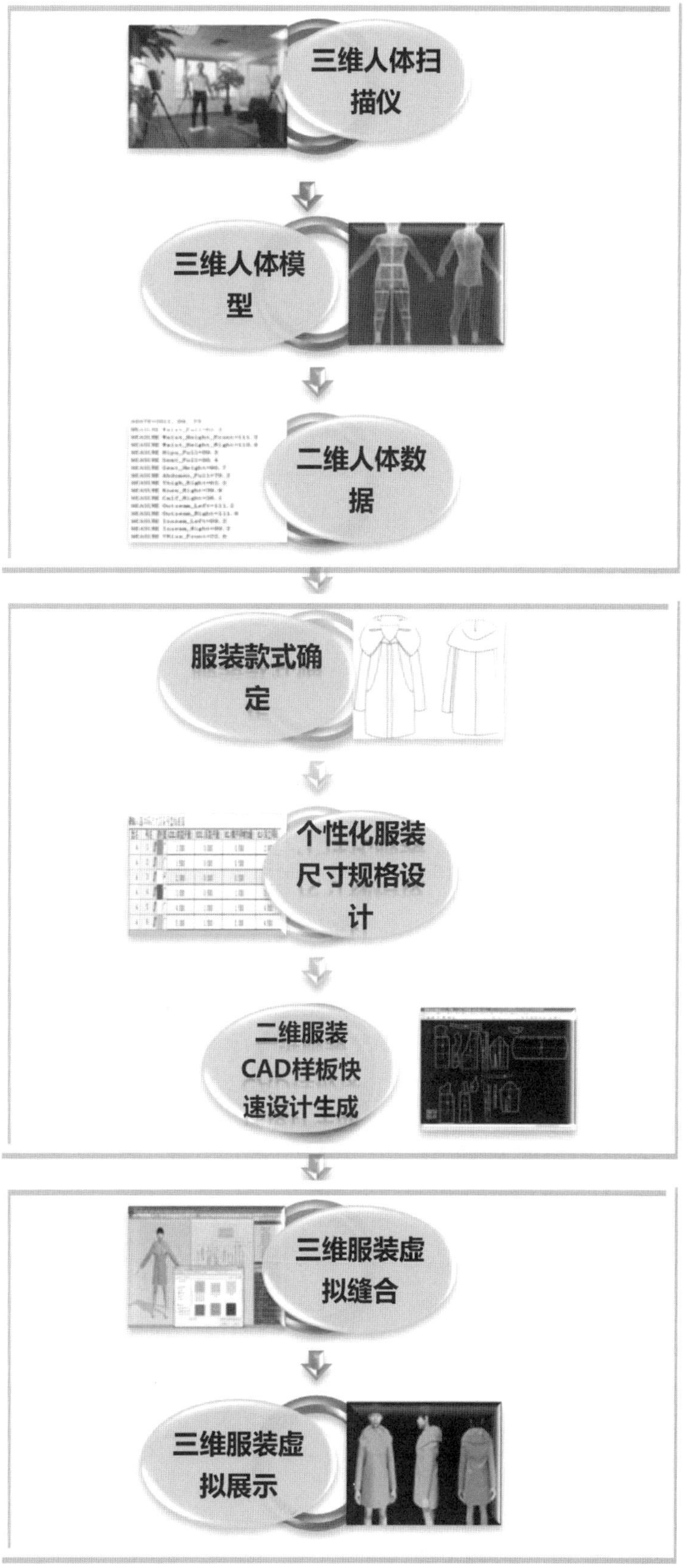

图1.2.3.3 服装样板快速设计一体化技术流程

第 2 章　服装与人体

2.1 服装结构与人体体型

2.1.1 服装廓形与人体体型

服装穿着于人体形成廓形。服装廓形与人体体型、人体对服装的支撑、服装面辅料的支撑性、服装与人体之间的空隙程度及空隙量分布有关。

服装廓形是服装的剪影，是服装造型的典型特征。服装廓形特征是服装年代特征及服装地区特征的标志，如表2.1.1.1和表2.1.1.2所示。

表2.1.1.1 中国历史典型服装廓形

 西周（曲裾式深衣） 公元前11—前3世纪	 秦汉（曲裾） 公元前3—3世纪	 魏晋（襦裙） 公元3—5世纪
 隋唐（齐胸襦裙） 公元6—10世纪	 宋元（褙子） 公元10—14世纪	 明（袄+马面裙） 公元14—17世纪
 清（旗装） 公元17—20世纪	 旗袍+学生裙 公元20世纪	

表2.1.1.2　欧洲文明典型服装廓形

 古埃及时期	 古希腊时期	 古罗马时期
 公元4—12世纪 拜占庭时期	 公元13—15世纪 哥特时期	 公元15—17世纪 文艺复兴时期
 公元17世纪 巴罗克时期	 公元18世纪 洛可可时期	 公元19世纪
 公元20世纪		

现代服装的创作，首先也是服装廓形的设计，服装的体积感与体积形态变化，是增加服装视觉冲击力的强力手段，是艺术服装设计的高效手法，如图2.1.1.1为世界著名服装设计品牌Comme des Garons的川久保玲2015春夏作品。但近年来世界设计院校的设计作品在这方面的趋同性，已到了湮灭服装创造性的程度，需要得到警示和慎思，如图2.1.1.2为“东华杯”中国大学生服装立体裁剪设计大赛的优秀设计作品。与之形成对比局面的是世界主流商业服装，或者说民众审美认同接受穿着的服装，则廓形合体，既不过度紧裹也不过度博大，这与现代人们的生活场合和活动方式有关，保持着适合适度舒适自然的主流特征，如图2.1.1.3为列世界服装销售额翘楚之位的Zara品牌2021年夏秋的店铺销售女装。

图2.1.1.1　川久保玲的Comme des Garons 2015春夏作品

图2.1.1.2　中国大学生服装立体裁剪设计大赛2017优秀作品

图2.1.1.3 Zara品牌的2021夏秋店铺销售女装

服装廓形有以图形符号表述，也有用文字词语描述，如箱型、郁金香型、鱼尾型等，但以英文字母描述最具辨识性和交流性。如图2.1.1.4为服装大师迪奥Dior的设计手稿，其中他以图形符号标注了各种服装廓形。

服装基本廓形归类为H型、A型、O型和X型，在此基础上可拓展为T型、V型以及基本廓形组合，如H+A、X+A等。如图2.1.1.5为一些基本廓形服装实例，图2.1.1.6为服装廓形与人体体型的关系透视图。

图2.1.1.4 克里斯汀 · 迪奥（Christian Dior）设计手稿

H型　　A型

图2.1.1.5　不同服装廓形款式实例

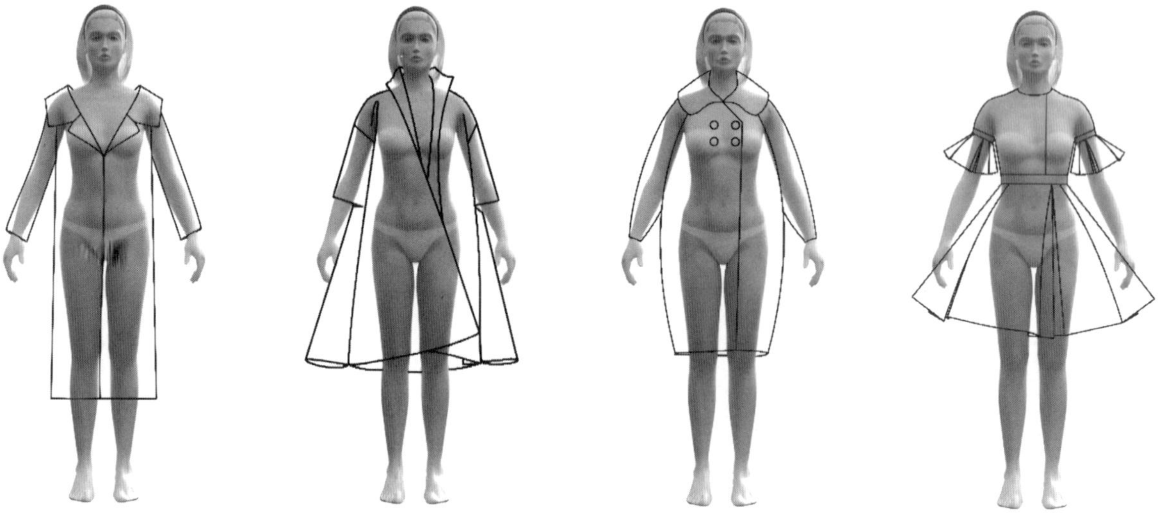

图2.1.1.6　不同服装廓形与人体的关系透视图

2.1.2 服装结构数据与人体体型数据

服装结构以人体体型为核心，服装结构数据和人体体型数据紧密相关，但服装结构数据并不等同于人体体型数据。

服装结构数据与服装品类以及服装造型相关，不同的服装结构设计需要的人体体型数据项目不同。比如半截裙只需要腰部以下的下体数据，而连衣裙还需要上体数据；X型服装需要腰围数据，而H型和A型服装不需要。服装结构数据相关于对应部位的人体体型数据，但两者多数并不等值。比如裤长、裙长与腿长对应相关，但裤长、裙长有长短的变化；袖长与手臂长对应相关，但袖长同样有短袖、中袖、长袖的变化，就算是长袖，也会因袖口线超过臂长测量点（手腕骨）的长度的长短变化而形成袖长变化，如图2.1.2.1所示。

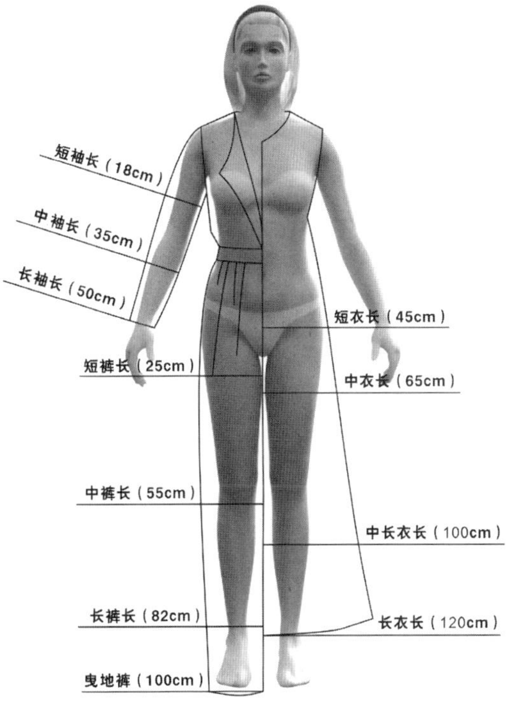

图2.1.2.1 不同衣长、袖长、裙长和裤长与人体的对应关系

同样，服装胸围、腰围、臀围等围度尺寸一般也大于人体的胸围、腰围和臀围等对应的人体体型数据，这之间的差值称为松量。服装松量是人体穿着对服装舒适度的基本要求，比如呼吸、坐下、抬臂、弯腰等人体基本活动都需要服装松量来满足人体体型变化的需求。松量的不足会造成服装对人体的压迫束缚，产生人的不适感；松量的不足和不协调也会形成服装的衣褶皱纹，影响造型的美观。无弹性面料服装，其松量值为正，如紧身旗袍的胸围、腰围、臀围的松量在2 ~ 3cm以上，合适的立领、衬衫领的领围松量也在2cm上下；弹性面料紧身服装，其围度的松量值可为负，松量由面料横向弹性伸长量转化提供。

服装结构数据也称为服装规格，根据其性质用途可分为示明规格和技术规格。示明规格是面向服装消费者或穿着者的简明标识，如160/84A或165/88A等，是指这件服装的结构数据是基于身高160cm、胸围84cm、腰围66 ~ 70cm，或者是身高165cm、胸围88cm、腰围70 ~ 74cm而设定的。技术规格是针对服装样片结构设计、服装工艺缝纫以及服装成品检验的详尽指标，是用来指示设计与生产的。如表2.1.2.1所示为一件外套的示明规格和技术细部规格。

定制服装的服装规格是针对确定的定制人的，服装规格设计的依据就是定制人的体型数据和穿着偏好；成衣服装的服装规格是对于不确定的购买人的，服装规格设计的基础只能是可参考的体型数据和设计者对于目标消费者的穿衣偏好判断。定制人的体型数据来自于直接的体型数据测量，而成衣规格设计参考的体型数据来自于公开的人体体型测量数据或者企业内部的技术资料。国内成人体型数据可参考国家标准GB/T 1335.2—2008和GB/T 1335.1—2008，青少年人体体型数据可参考国家标准GB/T 26158—2010。

表2.1.2.1　示明规格和技术细部规格设计表例

<table>
<tr><th>示明规格：160/84A</th><th colspan="3">细部规格：　　　　　　（单位：cm）</th></tr>
<tr><td rowspan="27">款式编号：KL-000001

款式描述：
衣身廓形：H型
结构要素：省道
BL以上的曲面量处理：
前片—袖窿松量、撇门、纵向分割线
后片—袖窿松量、横向育克分割线</td><td>部位</td><td>说明</td><td>尺寸</td></tr>
<tr><td rowspan="2">衣长</td><td>后衣长</td><td>48</td></tr>
<tr><td>前衣长</td><td>50</td></tr>
<tr><td>胸围</td><td>松量16</td><td>100</td></tr>
<tr><td>下摆围</td><td>与胸围变化量-3</td><td>97</td></tr>
<tr><td>肩宽</td><td>变化量0</td><td>38</td></tr>
<tr><td>袖窿深</td><td>变化量1</td><td>—</td></tr>
<tr><td>横开领</td><td>变化量1.2</td><td>—</td></tr>
<tr><td>前直开领</td><td>2</td><td>—</td></tr>
<tr><td>后直开领</td><td>0.5</td><td>—</td></tr>
<tr><td>门襟宽</td><td>—</td><td>4</td></tr>
<tr><td>纽扣间距</td><td>均分</td><td>—</td></tr>
<tr><td>袋盖宽</td><td>—</td><td>9</td></tr>
<tr><td>袋盖高</td><td>窄处4宽处5</td><td>4~5</td></tr>
<tr><td>后立领高</td><td>—</td><td>2.5</td></tr>
<tr><td>后翻领宽</td><td>—</td><td>3.5</td></tr>
<tr><td>前立领高</td><td>—</td><td>0.5</td></tr>
<tr><td>前领角宽</td><td>—</td><td>4.5</td></tr>
<tr><td>总袖长</td><td>—</td><td>50</td></tr>
<tr><td>袖克夫宽</td><td>—</td><td>4</td></tr>
<tr><td>袖肥/2</td><td>—</td><td>16</td></tr>
<tr><td>袖口/2</td><td>—</td><td>8.5</td></tr>
<tr><td>袖衩高</td><td>—</td><td>5</td></tr>
<tr><td></td><td></td><td></td></tr>
<tr><td></td><td></td><td></td></tr>
<tr><td></td><td></td><td></td></tr>
</table>

2.1.3　服装造型元素与服装结构元素

服装由平面形态的面料形成以人体体型为核心的三维形态服装造型，是由造型元素和结构元素构成的，两者相关对应，但两者不是一样东西。造型元素呈现在服装的三维造型状态中，结构元素在服装的二维结构样片中呈现。一个呈现在服装的款式图中，一个呈现在服装的结构图中，绘制方法也不同。

常用的服装造型元素和服装结构元素有：省道、分割线、衣褶、衣裥、波浪、垂荡、编拼、堆积。其中省道、分割线、衣褶、衣裥、波浪出现的频率更高。

（一）省道

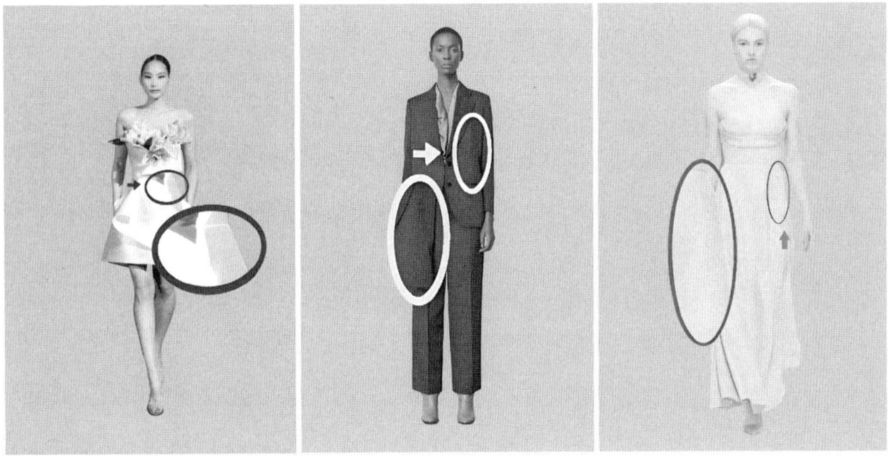

图2.1.3.1 省道

（二）分割线

图2.1.3.2 分割线

（三）衣褶

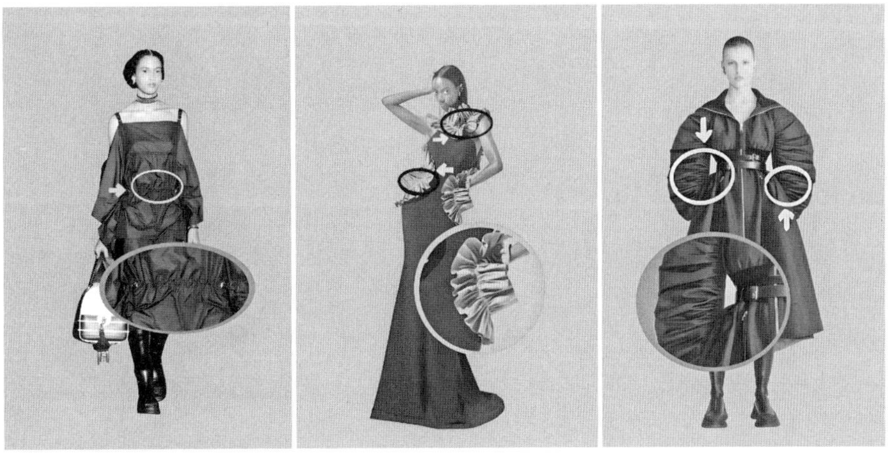

图2.1.3.3 衣褶

（四）衣裥

图2.1.3.4　衣裥

（五）波浪

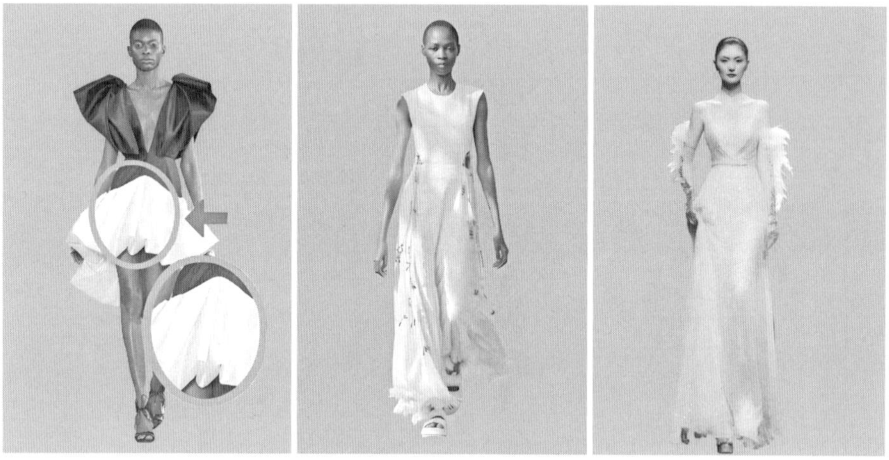

图2.1.3.5　波浪

（六）垂荡

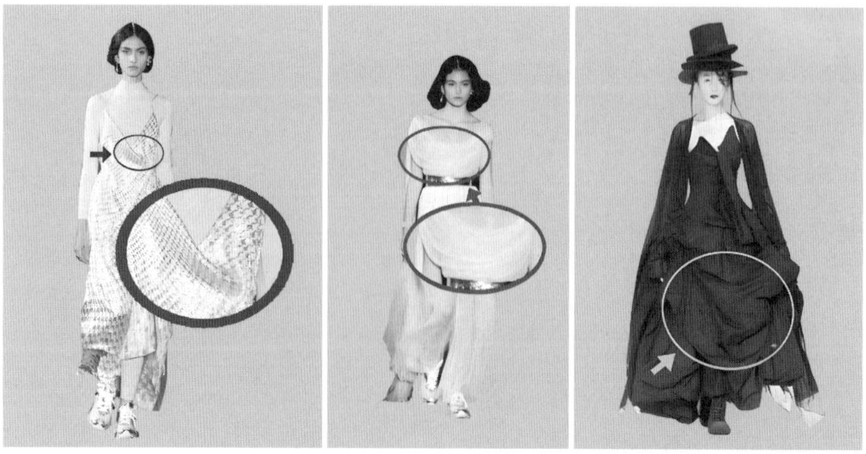

图2.1.3.6　垂荡

（七）编拼

图2.1.3.7 编拼

（八）堆积

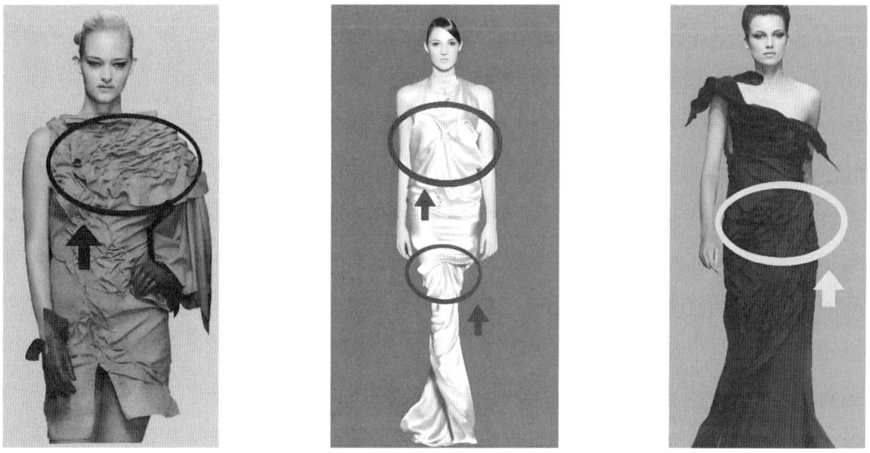

图2.1.3.8 堆积

2.2 人体体型测量技术与人体体型特征分析

2.2.1 人体体型测量技术

人体体型测量是人体体型数据的来源，人体体型测量工具的发展是服装人体科学发展的重要支撑。人体体型测量工具已由皮尺发展至三维扫描测量设备。目前皮尺因其简洁实用，还相当普及；三维扫描测量设备出现至今已有几十年，但由于其价格昂贵、使用要求高，至今主要被用于科研领域，用于产业/商业场景中仍不多。随着手机技术的发展，基于手机摄像的体型测量技术在研究突破中，其便利性、应用性可期。人体截面测量、人体外轮廓线摄影和莫尔干扰条纹计测是三维扫描测量设备产生前的过渡性研究设备，现已被人体三维扫描设备替代。

按照人体测量数据的属性，可将人体测量方法划分为一维、二维和三维人体测量法。其中，一维人体测量主要为马丁测量法，利用各种测量工具得到身高、腰围、臂长等一维数据；二维人体测量中包括角度计测法、断面计测法、照相计测法和外轮廓计测法，以及从三维测量展开而得到的体表展开图等；三维人体测量法包括立体摄影法、激光测量法、莫尔测量法、投影条纹测量法以及发展中的非接触式三维人体测量法。

依据测量时是否接触人体，可将测量方法分为接触式测量法和非接触式测量法。接触式测量法包括马丁测量法（Martin法）、滑动量规法（sliding gauge法）和复模法（replica法）。非接触式测量法包括摄影照相法、莫尔图法（Moiree topography法）、着装变形测试法和3D扫描系统。目前，接触式测量方法中使用最多且为世界通用的测量仪器是马丁测量装置，非接触测量法中较为先进的是三维扫描系统。依据非接触式测量时采用的照明方式的不同，将非接触式三维人体自动测量分为被动式和主动式两种。被动式又分为单目视觉、双目视觉和三目视觉等方法，主动式按投射光源的不同又可分为基于激光的扫描技术、基于普通光的扫描技术、基于红外线的扫描技术以及基于X射线的扫描技术等。光学三角测量法是光学三维测量的基本方法，其后的相位测量法也是以光学三角测量法为基础，相关原理和理论研究对其应用研究有着极大的重要性。

依据常用的测量工具来分类，目前常用的测量方法有皮尺、马丁测量仪和三维人体扫描仪等测量方法。

（1）皮尺测量法。主要使用工具为皮尺，是服装制作中传统的人体体型测量方法，现今在设计生产实践中仍被广泛运用。其数据特征是：测得的数据全部为长度和围度的二维数据，无法测量获取有关角度、厚度、曲面度等方面的人体体型数据，数据的精确度单位为毫米，但数据的准确性受到测量者的影响较大。方法便捷简单，适用于一般服装设计制作的人体体型数据获取。

（2）马丁测量仪测量法。主要工具为马丁测量仪、皮尺、角度计等，除了长度和围度等尺寸外，可以测量人体部位的厚度、角度等，在人体体型研究和服装基础样板研究中得到广泛应用并作出了很大贡献。但测量工具多、测量操作繁复，对测量者需要专门培训，测量耗费时间长，而且测得的数据仍全部为二维数据，人体的曲面形态仍无法得到全面描述和表达，在设计生产实践中未得到较多运用。

（3）三维人体扫描仪测量法。主要工具为三维人体扫描仪，以非接触光学测量为基础，使用视觉设备来捕获人体外形，获得三维形态和二维数据，主要方法有激光法、白光相位法等。数据特征为三维人体模型和二维人体数据，包括人体纵横截面，围度、厚度、宽度、高度等，其中二维数据可达数百个。该方法的测量速度为一瞬间，是先进的人体测量技术，已在人体体型测量和服装结构设计研究中得到广泛运用，也在服装产业技术升级中得到一些推广和使用，但由于设备体积大、对测体环境和测体着装要求有限制要求，且设备价格高，提取的数据准确性不稳定等，各种三维人体扫描仪都未得到产业的普及运用。近年来基于手机摄像的手机三维人体扫描技术是研究突破的热点，目前已有一些探索性成果，相信在不久的将来势必成为便利的三维人体扫描设备，对未来的服装人体数据获得带来巨大的便利性，为人体体型测量研究和服装设计生产实践提供有力支持。

2.2.2 人体体型数据描述

人体体型数据的描述，从类型上可分为二维数据描述、二维图形描述和三维模型描述，从形式上可分为数值、图形和人台。数值形式包括长度、围度、角度等；图形形式包括轮廓图（如正面图、背面图、侧面图）、截面图（如胸围、腰围、臀围等横截面图，人体中心的纵截面、臂根围截面等）；人台包括实体人台和虚拟人台。

一、基于皮尺的服装设计制作用人体体型测量部位与计测方法

皮尺测量精度有限，但使用方便、操作简单，仍是服装生产中最常用的人体测量工具。正确的测量方法是准确测量人体部位尺寸的关键。测量可分为净体测量和着装测量。着装测量时需要标注着装情况，如穿着文胸和内裤，穿着文胸、内裤及紧身内衣，或穿着文胸、内裤及紧身无领短袖T恤和紧身薄牛仔裤等。测量时，被测量者放松立正站立，双脚自然并拢，双臂自然下垂，双肩自然放松，视线平视前方，呼吸保持平稳；测量者手持皮尺，按各部位的测量方法进行顺序测量和记录，各部位的测量关键点要找准，要保证围度的水平，皮尺的松紧要适度，测量时视线尽量与所测量的部位保持水平，方便观测和准确观测。如图2.2.2.1所示。

针对不同品类的服装，所需要获得的人体部位项目和要求不同。比如针对裤装，只需要测量腰部以下的人体部位尺寸，针对文胸则只需要测量净体的胸部尺寸。对于日常的服装设计制作，用皮尺测量时一般可以选择测量获得以下人体部位尺寸，如图2.2.2.2所示。

（1）身高：背面量取头顶到脚后跟地面的高度。

（2）颈围：脖颈中间部位处一周的围度。

（3）颈根围：通过BNP、SNP、FNP的颈根处一周的围度。

（4）胸围：通过BP水平一周的围度。

（5）下胸围：通过乳房下缘水平一周的围度。

（6）腰围：腰部最细处水平一周的围度。

（7）腹围：腹部最丰满处水平一周的围度。

（8）臀围：臀部最丰满处水平一周的围度。

（9）肩宽：背面量取从左SP自然通过BNP到右SP的长度。

（10）前胸宽：正面量取从左前腋点自然水平到右前腋点的长度。

（11）后背宽：背面量取从左后腋点自然水平到右后腋点的长度。

（12）乳间距：左右BP的间距。

（13）背长：背面量取从BNP自然到WL的长度。

（14）后腰节长：背面量取从SNP自然经过肩胛骨部位到

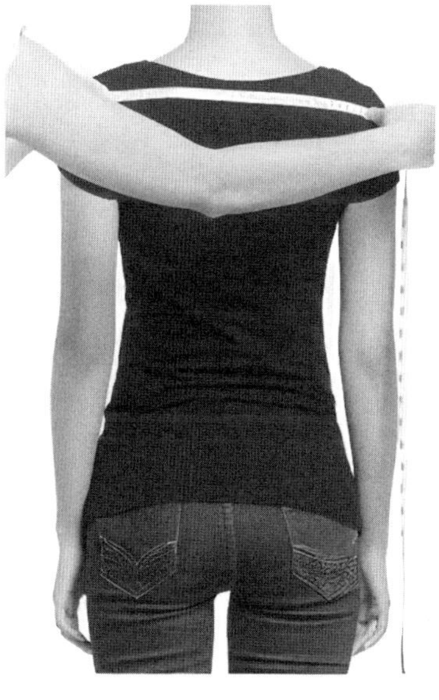

图2.2.2.1 采用皮尺进行人体体型数据测量

WL的长度。

（15）前腰节长：正面量取从SNP自然经过胸乳部到WL的长度。

（16）胸高：正面量取从SNP自然到BP的长度。

（17）手臂长：侧面量取从SP自然经过肘部到手腕的长度。

（18）肘长：侧面量取从SP自然到肘部的长度。

（19）手臂围：手臂最丰满处水平一周的围度。

（20）腿长：侧面量取WL到脚踝骨点的高度。

（21）膝长：侧面量取WL到膝盖中部的高度。

（22）上裆长：正面量取WL到大腿根部的高度。

（23）上裆围：从WL前中心点自然通过裆部到WL后中心点的长度。

（24）大腿围：大腿处最丰满一周的围度。

（25）小腿围：小腿处最丰满一周的围度。

（26）体重：附加体重计测量体重。

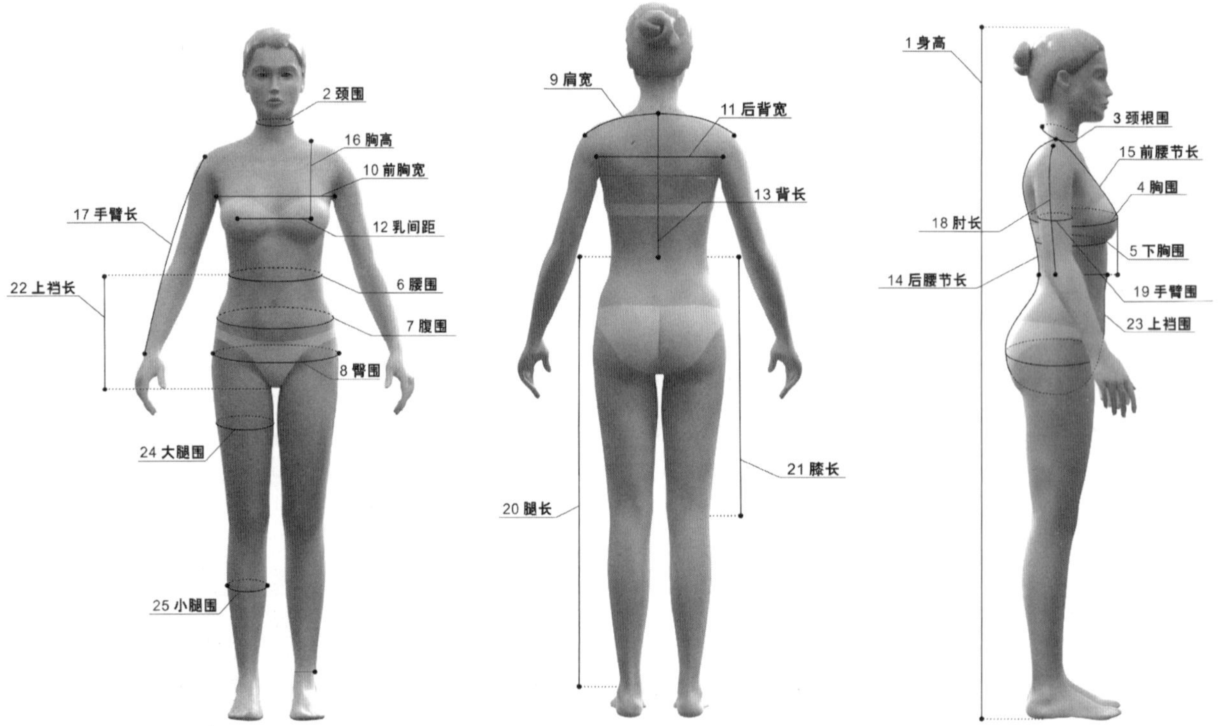

图2.2.2.2 服装设计制作中常用人体体型测量部位与计测方法

测量时需制表登记被测者的基本信息、测体信息和测体数据，如表2.2.2.1为某一被测者的测体数据信息表。

表2.2.2.1 人体测量数据信息表例

人体体型数据测量记录表					
测量人			测量时间		
记录人			测量地点		
测量者基本信息					
姓名			生源地		
学号			现居住地		
年龄			联系方式		
测量者体型数据（cm）					
1	身高	158.7	14	后腰节长	40.2
2	颈围	37	15	前腰节长	42.2
3	颈根围	40	16	胸高	26.5
4	胸围	90.5	17	手臂长	53
5	下胸围	78.3	18	肘长	32.5
6	腰围	72.7	19	手臂围	31.5
7	腹围	89.4	20	腿长	99.3
8	臀围	98.7	21	膝长	56
9	肩宽	38.9	22	上裆长	24.5
10	前胸宽	34.5	23	上裆围	70
11	后背宽	36	24	大腿围	54.8
12	乳间距	18.2	25	小腿围	34
13	背长	37.8	26	体重（Kg）	58
着装情况备注		上身着装：文胸＋薄紧身衣			
		下身着装：内裤＋薄紧身裤			
测量工具		皮尺、体重计			
其他备注					

二、基于马丁测量仪的人体体型研究用人体体型测量部位与计测方法

马丁测量仪作为测量项目全面且精准度高的接触式人体体型测量仪器在服装人体体型研究中担任着重要的角色，在三维人体扫描仪出现前是最主要的人体体型数据测量仪器，在三维人体扫描仪出现后仍

作为重要的测量仪器在人体体型研究中被持续运用。马丁测量仪包括：测高仪、触角仪、杆状仪、弯角规、游标卡尺等，整套仪器用全镀镍金属制成，因而温差所引起的测量器具的误差小，测量精度高。在使用时，一般还配备软尺、角度计和体重计等共同使用。如图2.2.2.3所示。

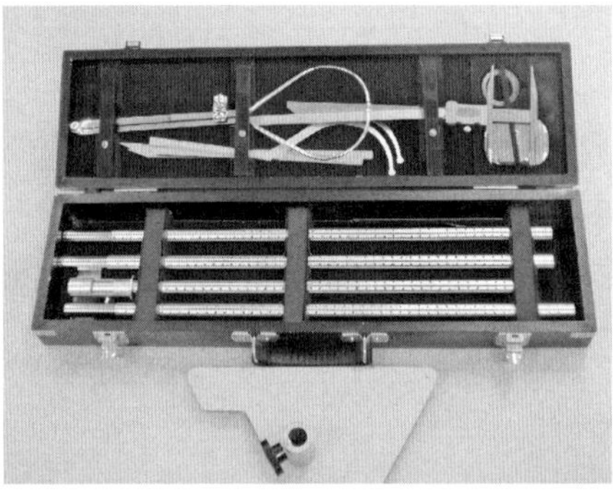

（a）盒装设备及测高仪底座

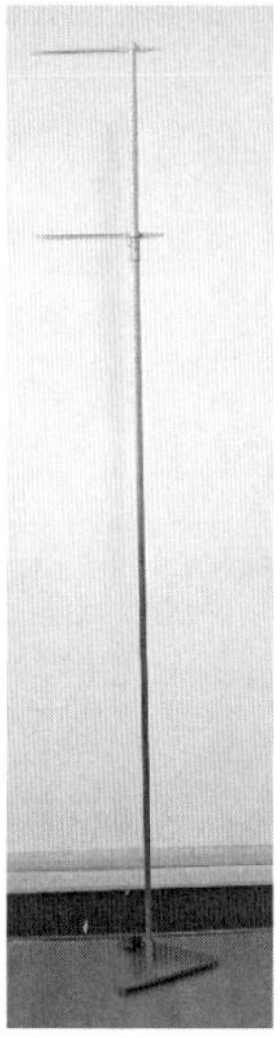

（b）测高仪

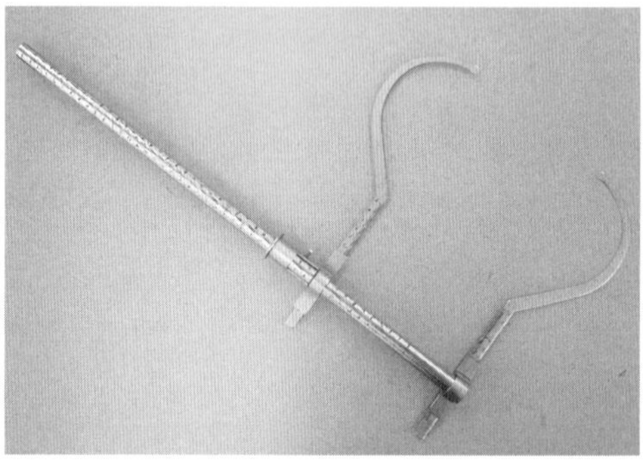

（c）触角仪

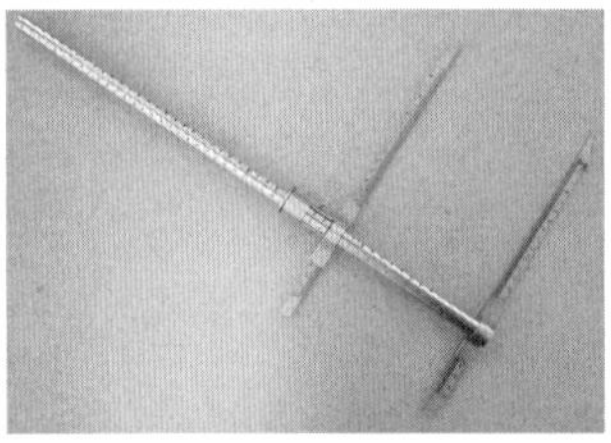

（d）杆状仪

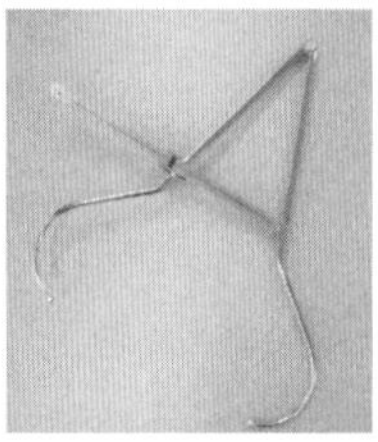

（e）弯角规

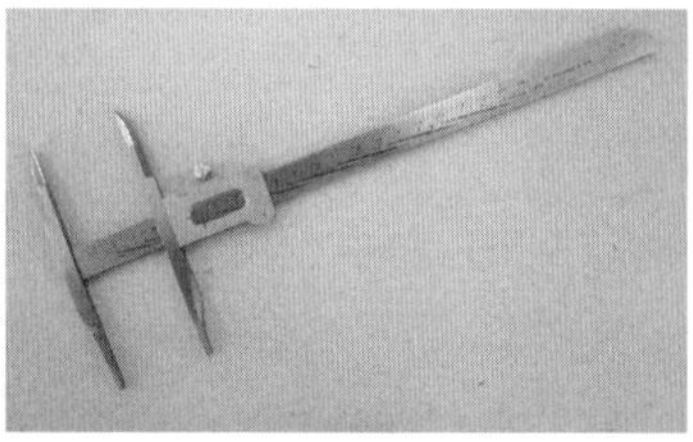

（f）游标卡尺

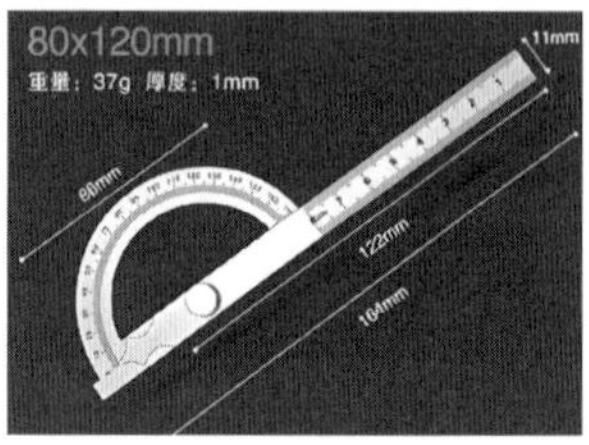

（g）角度仪

图2.2.2.3　马丁测量仪及角度仪

马丁测量仪组合皮尺和角度仪测量的人体部位项目除皮尺可以测量的横向、围度和纵向项目外，还可以进行一些有关人体宽度、厚度、角度等项目的测量，测量项目和方法可参见GB/T 16160—2017《服装用人体测量的尺寸定义与方法》。

三、基于三维人体扫描仪的三维人体模型、二维截面提取和二维数据提取

三维人体扫描仪从20世纪末产生后，首先在服装院校和科研单位的服装人体测量研究中得到应用和逐渐普及。经过几十年的发展，三维人体扫描仪也有一定的迭代更新，目前除了固定封闭舱体式，也研发出了可在开放日常环境中使用的移动设备或手持设备，并逐渐向相机或手机摄影方向研究发展。但在目前高校和科研单位中，仍然以固定舱体式的三维人体扫描仪为主要的使用设备，且从使用的便利性、使用的成本方面都还有一定的限制，一些项目的数据获取也还存在一定的局限以及误差。因其使用便利性的限制和使用成本的高昂，至今三维人体扫描仪在服装产业生产实践中仍得不到推广和普及，使用者寥寥。

三维人体扫描仪的测体根据设备的不同对着装有不同的要求，一般要求净体或穿着紧身内衣，有些设备对紧身内衣的颜色有一定的要求，一些新研发或迭代升级的设备也可适应着装测量，获得着装人体数据，甚至通过算法获取着装测量的净体人体数据。

三维人体扫描获得的人体数据是一个三维模型数字化文件，导出的可有“.bin”“.obj”“.rbd”“.wrl”等后缀的文件格式，在配套的软件系统或一些通用的AutoCAD或3DMax等软件系统中可获取有关高度、长度、围度、厚度等人体数据，这些数据项目根据系统设置或自定义选取不尽相同。比如［TC］^{2}三维人体扫描仪NX-16版本，扫描系统通过白光投射，6 ~ 8秒完成扫描，可捕获数据点60万到80万，扫描点精确<1mm，点距<2mm，测量精度<3mm，系统中数据是单向流动的，依次为图像、3D点云、人体模型、尺寸信息，主要为“.bin”“.obj”“.rbd”“.wrl”“.ord”后缀的文件格式，见表2.2.2.2。

表2.2.2.2 ［TC］^{2}三维人体扫描系统输出的数据形式

文件格式	文件大小	文件描述
.bin	7M左右	3D点云模型的二进制文件
.obj	3M左右	3D模型通用文件，适合用于3D软件模型之间的互导
.rbd	300K左右	基于BMS提取系统的人体模型文件
.wrl	5M左右	VRML虚拟现实模型文件
.ord	10K左右	尺寸信息文件，可用记事本、Excel或Word等打开

其中“.ord”后缀文件为尺寸文件，一个个体的尺寸信息文件共295项，前29项为被测者的背景信息，42项为坐标位置信息、1个关节数量项目、1个标志点数量项目、222个尺寸信息。如图2.2.2.4所示。

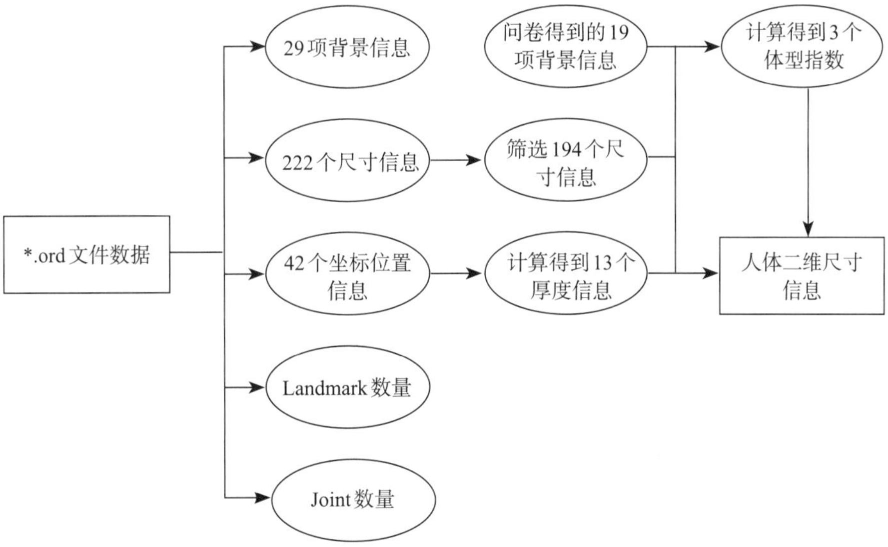

（a）“*.ord”后缀文件包括的数据信息

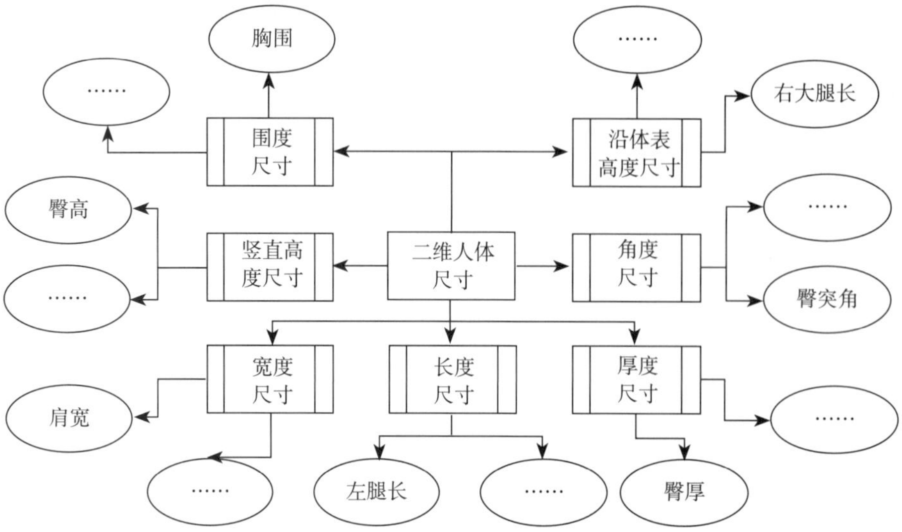

（b）人体数据的类型归类

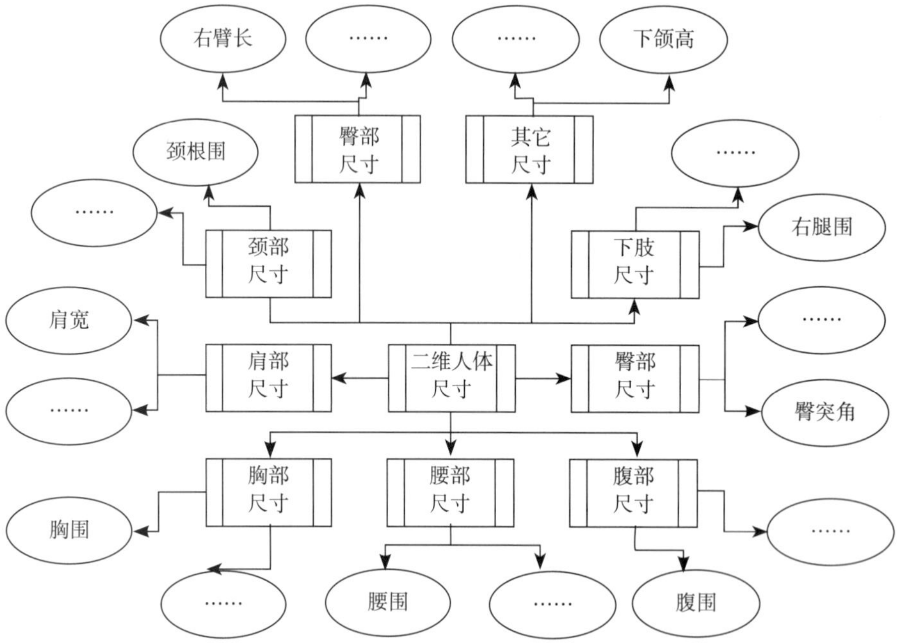

（c）人体数据的部位归类

图2.2.2.4 ［TC］^{2}系统输出的“.ord”后缀文件包括的数据信息

另外，通过AutoCAD或3DMax等软件系统，还可以获得三维模型图像、二维截面图像、二维轮廓图像等，用以表达和描述人体特征。

2.2.3 人体体型特征分析

人体体型特征分析是建立在人体体型测量数据分析基础上的，分析内容和结果与数据形式和数据内容有关，当然分析内容和结果也与测量样本有关，针对个体测量分析的是个体体型特征，针对群体测量分析的是群体体型特征，群体的范围和规模决定分析结果的适用范围和适用程度。

人体体型特征的表述形式有数据和文字描述、人台和原型。数据和文字描述多体现为国家有关服装人体的标准以及各研究单位研究人员基于相关研究发表的学术论文，具有一定的指示作用。

一、国家人群体型特征相关标准

我国最具普遍指导意义的服装用国家人体体型特征相关标准为《服装号型》，分为女子、男子和儿童分册。

我国自1974年起开始着手制定《服装号型》标准，经过了人体测量调查、数据计算分析、草拟标准、推荐试行、修改完善标准几个工作阶段后，于1981年6月1日批准在全国正式实施GB1335—1981《服装号型》国家标准；1986—1988年，我国再次进行了全国性的人体尺寸抽样测量，范围覆盖国内16个省，在此基础上初步建立了国家级人体尺寸基础数据库，并据此制订了国家标准GB 1335—1991《服装号型》；之后进行了第三次更新，现行标准为GB 1335—2008《服装号型》。在此标准中主要以人体数据形式描述了体型总体特征以及地区体型特征和分布占比等，展现了我国人体体型特征的总体概貌，可以作为服装设计生产的基本指导和参考。

（一）体型描述及分类

以GB/T 1335.2—2008《服装号型 女子》为例，体型的描述以号型加体型分类构成。比如160/84A，其中160为号，84为型，A为体型分类。

（1）号：人体的身高，以厘米为单位表示。

（2）型：人体的上体胸围或下体腰围，以厘米为单位表示。

（3）体型分类：以人体的胸围与腰围的差数为依据来划分的人体类型。体型划分为四类，分类代号分别为Y、A、B、C。Y体型表示胸围与腰围的差数在19 ～ 24cm；A体型表示胸围与腰围的差数在14 ～ 18cm；B体型表示胸围与腰围的差数在9 ～ 13cm；C体型表示胸围与腰围的差数在4 ～ 8cm。

（二）中间体体型数据及号型系列

群体体型数据符合正态分布规律，根据数据分析获得各体型的中间体体型数据，再以5cm间隔分档身高、4cm间隔分档胸围、4cm或2cm间隔分档腰围，形成5.4或5.2号型系列。

服装号型标准展示了各体型中间体的关键部位数据，以及各体型系列的关键部位数据变化档差。见表2.2.3.1和表2.2.3.2所示。

表2.2.3.1 各体型中间体的关键部位数据（单位：cm）

部位	Y	A	B	C
身高	160.0	160.0	160.0	160.0
颈椎点高	136.0	136.0	136.5	136.5
坐姿颈椎点高	62.5	62.5	63.0	62.5
全臂长	50.5	50.5	50.5	50.5
腰围高	98.0	98.0	98.0	98.0

（续表）

部位	Y	A	B	C
胸围	84.0	84.0	88.0	88.0
颈围	33.4	33.6	34.6	34.9
总肩宽	40.0	39.4	39.8	39.2
腰围	64.0	68.0	78.0	82.0
臀围	90.0	90.0	96.0	96.0

表2.2.3.2 各体型系列的关键部位数据变化档差（单位：cm）

号型分档	关键部位	Y	A	B	C
身高档差5	颈椎点高	4	4	4	4
	坐姿颈椎点高	2	2	2	2
	全臂长	1.5	1.5	1.5	1.5
	腰围高	3	3	3	3
胸围档差4	颈围	0.8	0.8	0.8	0.8
	总肩宽	1	1	1	1
腰围档差4	臀围	3.6	3.6	3.2	3.2
腰围档差2	臀围	1.8	1.8	1.6	1.6

（三）地区体型占比分布

服装号型标准中还展示了各地区的体型分布占比情况，占比分布的不同表达了地区体型总体特征的不同。见表2.2.3.3所示。

表2.2.3.3 各类体型的地区分布占比（%）

地区	Y	A	B	C
总体	14.82	44.13	33.72	6.54
东北、华北地区	15.15	47.61	33.22	4.47
中西部地区	17.50	46.79	30.34	4.52
长江下游地区	16.23	39.95	33.18	8.78
长江中游地区	13.93	46.48	33.89	5.17
广东、广西、福建地区	9.27	38.24	40.67	10.86
云、贵、川地区	15.75	43.41	33.12	6.66

另外，GB/T 1335.1—2008《服装号型 男子》和GB/T 1335.3—2009《服装号型 儿童》，分别展示了我国男子和儿童的体型总体特征。

二、其他国家人群体型特征相关标准

基于国家人群体型测量和体型特征分析形成的指导标准，也是一个国家服装业发展成熟程度的标志。不同国家的人群有不同的群体体型特征，对国家群体特征的整体掌握、细分分析以及跟踪更新是指导国家服装工业生产的有力保证。

（一）日本JIS标准

JIS，全称Japanese Industrial Standards，即日本工业标准，是由日本工业标准调查会（JISC）组织制定和审议的，是日本国家级标准中最重要、最权威的标准之一。其中，有关内容为日本人体衣用JIS号型规格：将日本成年女子的身高分为R（Regular）、P（Petite）、PP（Petite Petite）、T（Tall）4档，分别对应身高158cm、150cm、142cm、166 cm；胸围为74 ~ 92 cm时每3 cm为一档划分，胸围为92 ~ 104 cm时每4 cm为一档划分；根据臀围数据不同将体型分为A、Y、AB和B型；各体型的腰围数据与女子年龄相关。

具体的女性体型划分四类：

（1）A体型：在身高与胸围的组合过程中，出现频率最高的臀围尺寸数据所代表的人群，臀胸差为−3 ~ 13cm。

（2）Y体型：较A体型臀围尺寸减小4 cm，其臀胸差为−3 ~ 8cm。

（3）AB体型：相较A体型臀围增大4 cm，胸围小于或等于124 cm，臀胸差为1 ~ 16cm。

（4）B体型：较A体型臀围尺寸增大8 cm，其臀胸差7 ~ 17cm。

该分类方法在已知A体型数据标准的情况下，可以通过简单的加减推演出Y、AB、B体型的身体数据。

另外，日本女装规格9Y2和日本文化式女装规格也有一定的影响力。与我国服装号型表示方法相似，日本女装规格9Y2的分类方法也是由胸围代号、体型代号、身高代号三部分组成。比如，该规格的中间体为9Y2，对应的人体为胸围82 cm、较瘦高体型（少女型）、身高为155cm的女体。日本文化式女装规格系列是由日本文化服装学院主持的人体尺寸信息测量采集、研究分析和公开发布，并有对应的文化式人台和文化原型，其中将女子的体型分为S、M、ML、L和LL五类。

（二）美国ASTM标准

ASTM，全称为American Society of Testing Materials，是由美国材料实验协会制定的有关材料、产品、系统和服务等领域的特性和性能标准、试验方法和程序标准，具有广泛的影响力和指导性，第七部分为与纺织品相关的内容。按年龄先将群体分为少女、女士、中老年等群组，再组合身高特征将各年龄群组细化分类为一般、瘦小和高个群组，提供了主要的人体体型数据，如表2.2.3.4所示。

表2.2.3.4 美国女子各类中间体主要体型数据

体型种类	身高（cm）	体重（kg）	胸围（cm）	腰围（cm）	臀围（cm）
少女体型	159.5	56.72	87.37	76.53	95.79
瘦小少女体型	148.56	54.27	89.6	79.23	95.64
女士体型	165.02	63.32	91.76	80.85	99.96
瘦小女士体型	155.41	56.31	89.52	78.55	96.37
高个女士体型	173.58	74.13	98.14	86.95	105.85

（续表）

体型种类	身高（cm）	体重（kg）	胸围（cm）	腰围（cm）	臀围（cm）
中老年女士体型	165.79	97.69	120.18	109.41	124.14

三、东华大学中国人体体型数据平台

人体体型数据在服装设计生产中有着重要的作用。人体体型的大数据基础是服装设计制造中号型归类和规格设计的重要依据。建立数据库平台实现人体体型大数据的数字化储存和检索，为研究人体体型特征、群体体型特征变化，为企业生产制造都可提供必要的数据支持和技术支撑。

国内外对此方面的研究都在持续积极地探索中。关于人体体型数据库的建立，英国、美国、日本和韩国等国家开始较早且有了较权威的数据库平台；国内起步较晚，仍处于探索起始阶段。我国服装业规模巨大，随着服装生产制造的品质要求提升，对人体体型的研究以及人体体型大数据的查询成为必然。

Size CHINA by DHU三维人体数据库平台由东华大学于2013—2015年研究与建立，平台基于国内服装用人体数据库的应用需求，分别从使用用户、人体体型数据和模型文件等方面入手，运用ACCESS数据库管理系统和ASP动态网页技术，结合VBScript脚本语言等，构建人体数据库平台，实现体型数据和模型文件的储存和共享。

（一）主要功能

Size CHINA by DHU三维人体数据库平台是对［TC］^{2}三维扫描仪获取的尺寸文件和模型文件进行利用和存储，提供了基于网络的人体体型数据储存和共享平台。登陆该平台的有管理员和普通用户两种身份，他们拥有不同的权限。管理员的主要职责包括管理数据库用户、维护数据、检索统计、体型判别及处理普通用户对数据库的申请需求等；普通用户则拥有对数据进行查询、统计以及申请下载等操作权限。其中管理员平台主要功能模块有：

（1）用户管理：对使用该网站平台的所有用户，包括普通用户和管理员的账户信息进行添加、修改和删除。

（2）数据维护：数据维护是三维人体数据库平台最重要的功能，指将个体体型数据添加至数据库平台，并进行维护修改和删除等操作。

（3）检索统计：对身高、体重、胸围、颈围、腰围等15个数据进行平均值、最大值、最小值、标准差和总体标准差等的统计分析。

（4）体型判别：基本实现依照四种体型分类方法进行体型判别，即国标法体型分类方法、国际法体型分类方法、日本体型分类方法和德国体型分类方法。

（5）订单管理：处理普通用户提交的查看检索结果的申请，可进行允许普通用户查看、删除和直接查看结果等操作。如图2.2.3.1所示。

普通用户平台的“检索统计”模块和“我的查询”模块是紧密联系的。

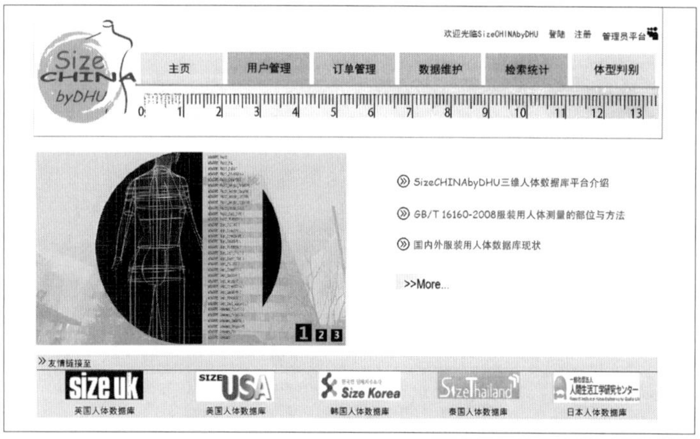

（a）未登录时的管理员平台主页面

普通用户在“检索统计”相关页面选择检索条件后，加入“我的查询”，可看到查询的状态为“提交订单”；管理员审核允许后，查询状态变为“已完成”，此时根据用户查询的类型，可查看相应的查询结果。用户查询的类型分为个体整套数据、个体数据及统计量、个体部分尺寸三种。

普通用户平台还有“我的账户”模块，可对除身份、用户名和真实姓名以外的账户信息进行修改和维护；“关于我们”模块可查看平台介绍文档及开发者的相关信息。如图2.2.3.2所示。

(b)用户登录页面

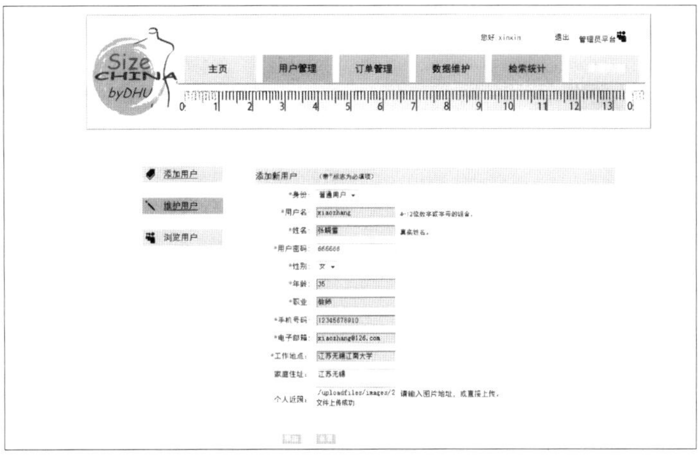

(c)添加用户

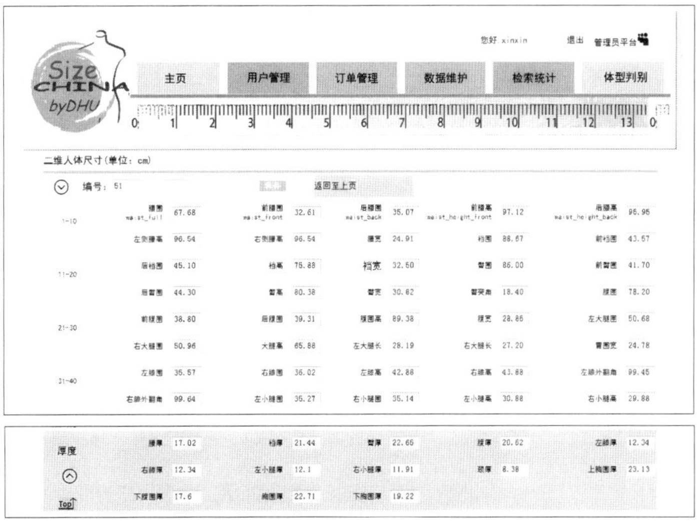

(d)提取个体二维尺寸数据

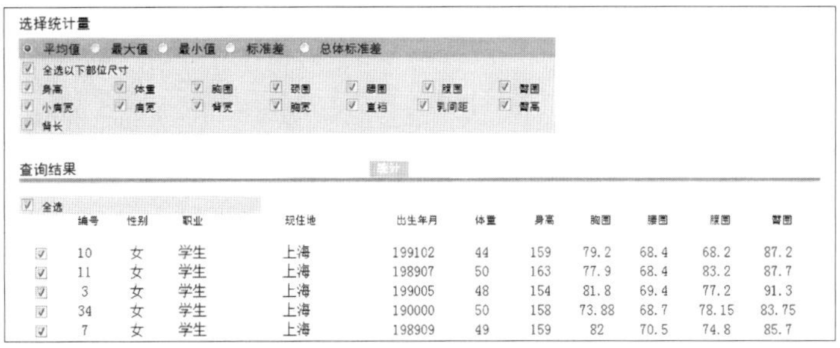

(e)对筛选个体某些部位做统计

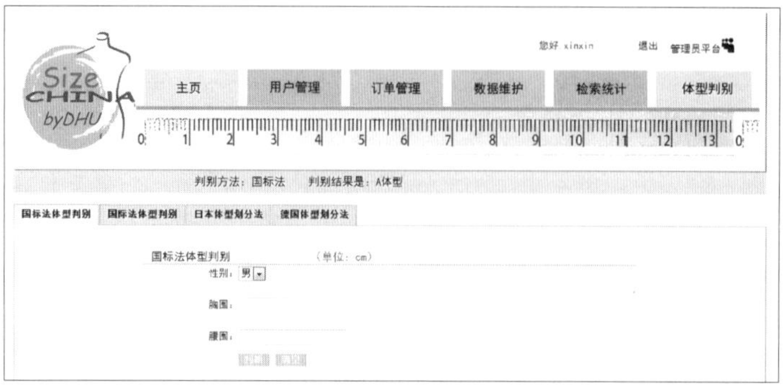

（f）国标法体型判别结果显示

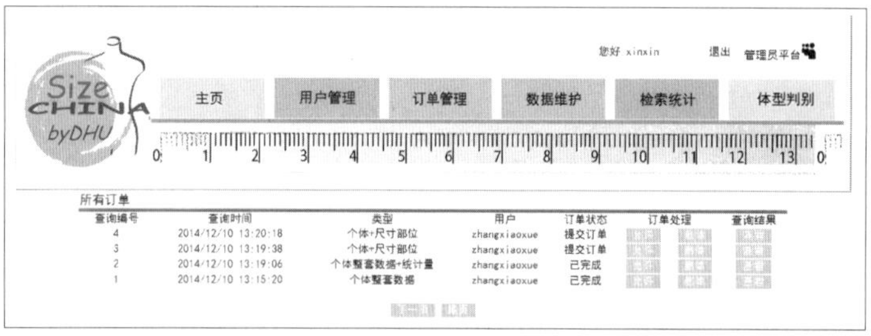

（g）订单管理

图2.2.3.1　Size CHINA by DHU 三维人体数据库平台管理员功能页面

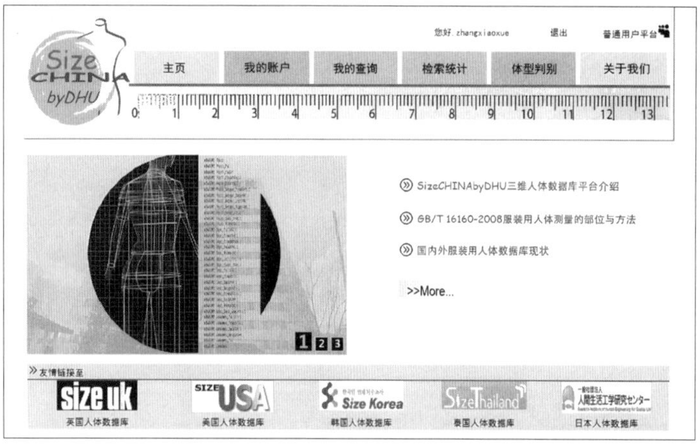

图2.2.3.2　Size CHINA by DHU 三维人体数据库平台普通用户查询页面

五、其他服装用人体数据库

（一）国外服装用人体数据库

国外的大型人体数据库，有各自对应的数据库网站或网页链接，查到的有7个可供查询使用。这7个人体数据库分别为英国的SizeUK和ShapeGB、美国的SizeUSA、泰国的SizeThailand、韩国的Sizekorea、日本的Size-JPN9294和Size-JPN0406人体数据库。

英国人体数据库SizeUK项目始于2001年，是世界上首个采取人体扫描作为首要手段来获取测量数据的全国性人体尺寸调查。该项目由政府牵头，全国17个零售商以及众多院校、公司机构等参与合作。现在SizeUK中的数据由英国Sizemic公司代为销售，为众多服装企业及相关研究提供有偿服务。SizeUK数据库是针对英国17岁以上的人体进行测量建立的；2009年，英国又开展了名为ShapeGB的针对0 ~ 17岁年龄段的人体数据库项目。Shape GB是一个半公半私的由6个主要零售商、5所院校及一些公司和机构进行合作的项目。2013年初，Manchester Metropolitan University 和ASOS服装公司等的合作项目 Size Nottingham对360位老年人体型数据进行收集。

美国的SizeUSA和SizeUK较为相似。使用SizeUK和SizeUSA数据库可生成24000页的报告，包括每个测量项目的含义、最大值、最小值、频数（总共的或依照年龄、地区、群体和民族等分类的），所选群体的三维体型分析，测量数据和三维体型的相关性分析表等。2007年，Maria C. Ruiz等为SizeUK人体数据库开发了一系列的三维体型分析工具。

泰国的SizeThailand由政府和服装企业等投资，政府、纺织机构、服装企业和高等院校等共同参与完成。SizeThailand历时14个月，覆盖泰国全国5个地区，设置了13个数据信息采集点，收录了13442个个体的人体数据信息。最终得到每个被测者的超过140个的人体尺寸数据，三维人体形状以及一些健康、饮食、生活方式等信息。

韩国的SizeKorea是由韩国技术标准院为了构建依据性别和年龄层而变化的身材指数数据而进行的调

查。该调查始于1979年，每隔5 ~ 7年就会进行一次，截止目前已进行了6次调查。其中，第6次调查是针对14016名7 ~ 69岁的男女人体进行直接测量，其测量项目包括身高、胸围和体重等126项；另外还选择了848名20 ~ 30岁的男女进行三维扫描。

日本的Size-JPN9294和Size-JPN0406人体数据库是由日本的HQL机构完成。在1992—1994年，HQL运用手工测量、马丁测量仪和三维扫描仪相结合的方法，建立起年龄覆盖7 ~ 90岁的人体数据库Size-JPN9294。2004—2006年，该机构对上述数据库进行更新和补充，形成Size-JPN0406。此外，HQL还对人体局部形态建立起数据库，比如手等；对在日本居住的外国居民建立起专门的数据库，对儿童和老年人等均有相应的数据库。

Body Browser是Google于2012年初对所有用户公开的人体数据库。该数据库是Google团队基于HTML5的WebGL 3D技术，运用Zygote Media Group提供的人体图像开发而成[1]。简单地说，用户可以通过谷歌浏览器在http://bodybrowser.googlelabs.com上浏览人体数据模型包括人体模型、肌肉、骨骼甚至是内脏和血管等的三维视图。然而，这实际上只是提供给用户直观的三维人体模型进行浏览，人体模型浏览可按性别、人体表面皮肤、骨骼、内脏和血管等方式进行。

（二）国内服装用人体数据库

国内人体数据库，检索到的有3个可供查询使用。它们分别是苏州大学的人体数据库SizeCN、西安工程大学的中国西部三维人体数据库和“北服–爱慕人体工学研究院”的人体数据库。

苏州大学的SizeCN从2006年起，耗时6年才构建完成。至该平台搭建好时，已收录3000多人的体型信息，以体表大类数据为主，可以推算出人体细部尺寸。该项目实现了多元人体测量数据的自动处理和特征的智能提取；建立了2D手工测量数据与3D自动测量数据的关联关系；通过对数据分析验证、手工和3D测量技术规范制定、归类及产业数据提取、数据容量与分配的抽样方法等体系内容的研究，完成了大类服装人体信息数据库建设。

西安工程大学的人体数据库是依托项目“中国西部三维人体数据库的建立及应用研究”完成的。研究人员选取实体关系（E-R）模型设计数据模式，采用MS SQL Server 2000作为数据库，结合C/S和B/S结构系统的各自的特点，建立了三维人体数据库的物理结构[2]。它实现了以陕西省服装工程技术研究中心为基地的内部、外部信息的保存与共享。三维人体数据库系统实现了包括背景信息、测量数据及扫描信息的录入，以及系统维护、权限管理等功能。同时，它可以为个人、企业和科研人员提供三维人体测量数据的浏览、查询和统计分析的功能。

“北服–爱慕人体工学研究院”的人体数据库，收录有文胸相关尺寸数据。截止到2008年，该研究所陆续为数千名中国女性进行人体测量，建立了中国女子人体体型数据库，征集有效数据近百万条。该体型数据库可按不同年龄段、身高段、出生地等条件进行查询和简单数据分析。此外，该研究所还开发了人体体型数据分析与管理软件。

2.2.4 实体人台与虚拟人台

人台是基于人体体型数据转化的人体模型，为服装设计制作和展示阶段中代替真人人体而产生且被使用，故其在满足使用功能的前提下相似于人体但不等同于人体。

[1] http://zygotebody.com/.
[2] 黄新民．基于C/S和B/S混合模式的三维人体数据管理系统的研究与实现[D]．西安：西安工程科技学院，2006.03.

图2.2.4.1 服装人体模型

服装设计制作用人台与展示用人台还有些不同。比如，许多服装设计制作用人台只有躯干，或配有下肢或上肢，一般没有头足，而展示用人台多有头足；一般服装设计制作用人台的表层为可别插大头针的材料，肢体无动态，服装展示用人台的肢体有直立有动态，材料多为硬质材料，有些人台表面也有覆盖布面材料但只为装饰用。一些服装定制店为展示其制作工艺的特征，也以设计制作用人台作展示人台之用。为了便于区分，狭义上讲人台指服装设计制作用人台，服装展示用人台称人体模型。如图2.2.4.1所示为人体模型。

人台发展到现阶段，可分为实体人台和虚拟人台两类。

实体人台为实际服装设计制作中所使用，虚拟人台为虚拟仿真服装设计中制版试衣展示所使用。两者在体型上已达到和实现互通，也就是实体人台有对应的虚拟人台，但虚拟人台有数字化体型调节的功能，越来越体现了其便利性，但实体人台在当下以及未来相当长的一个时期中，应该还是服装设计制作中不可或缺的重要工具之一。实体人台的制作也逐渐从当初的人工刻模生产发展到了3D建模数字化刻模的生产模式。无论实体人台和虚拟人台从理论上都实现了从三维人体扫描到虚拟人台到实体人台的个性化人台生产模式，但由于生产成本的高昂和个性化人台的使用频次，目前服装生产实践中使用的基本都为群体体型人台。所谓群体人台，就是基于群体体型测量和体型特征分析后根据中间体体型数据建立的人台。所以这个人台就和群体体型测量的群体样本情况有关，样本情况包括地域、性别、年龄、抽样数量、测量着装情况、测量仪器、测量项目和方法、测量的精准度等；这个人台也和基于体型测量获得的数据进行的数学回归分析有关，数学回归分析包括选用的数学方法、分析的项目以及保留的精度等有关；这个人台还和基于回归分析获得的中间体体型数据制作人台的标的有关，制作人台的标的包括制作人台时人台的使用场合、精度要求和工艺保证等，使用的场合是指针对不同的服装品类，人台的表达部位不同，比如对于做上衣的场合，全身人台不如上半身人台方便适合，对于针对大衣的操作，加放了着装变化量的人台比净体人台更适合。如图2.2.4.2为一些不同品种的实体人台。

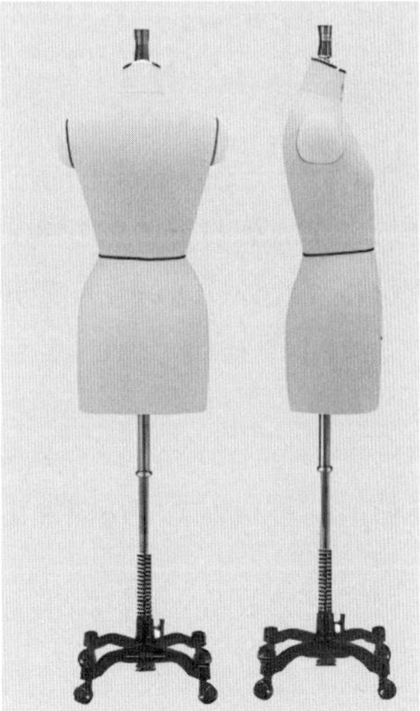

（a）女上衣或短裙人台

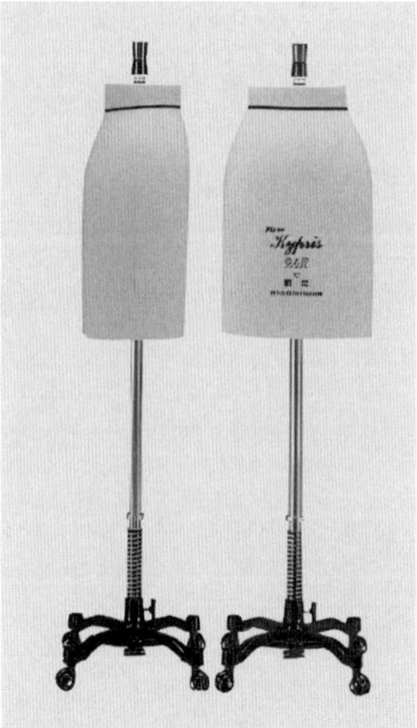

（b）女半裙人台

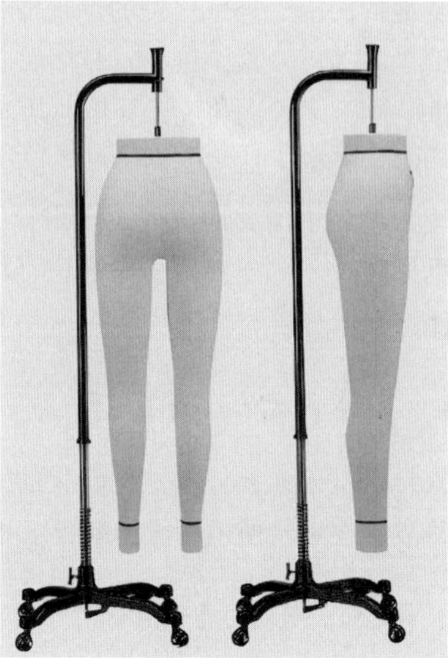

（c）女裤装人台

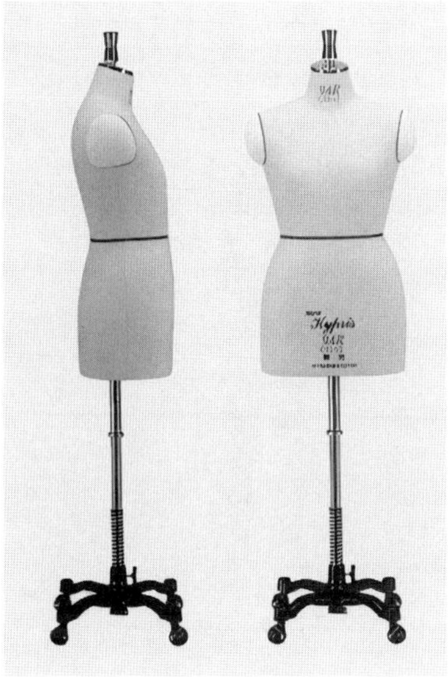

（d）女着装体人台

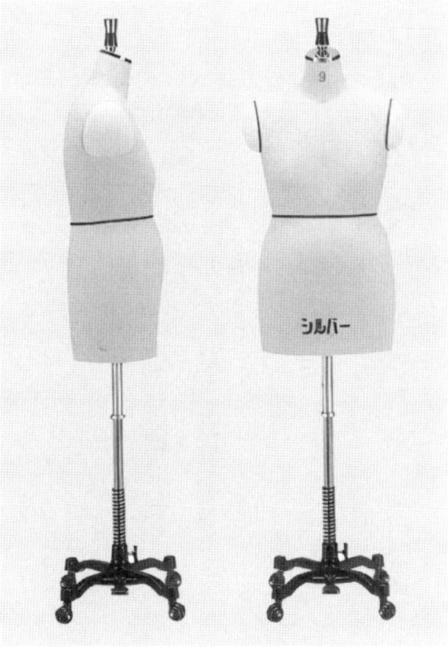

（e）老年女装人台

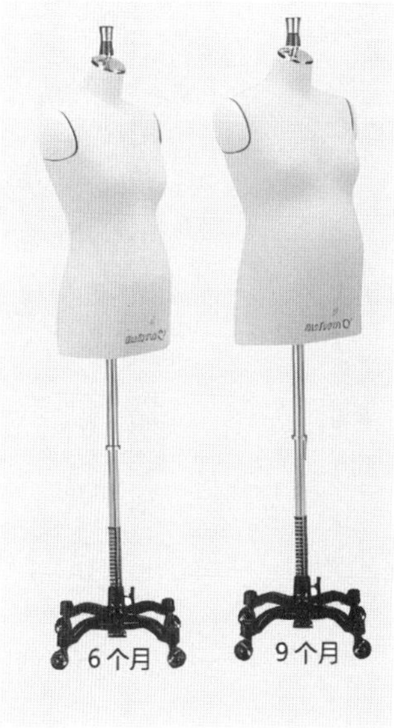

（f）孕妇装人台

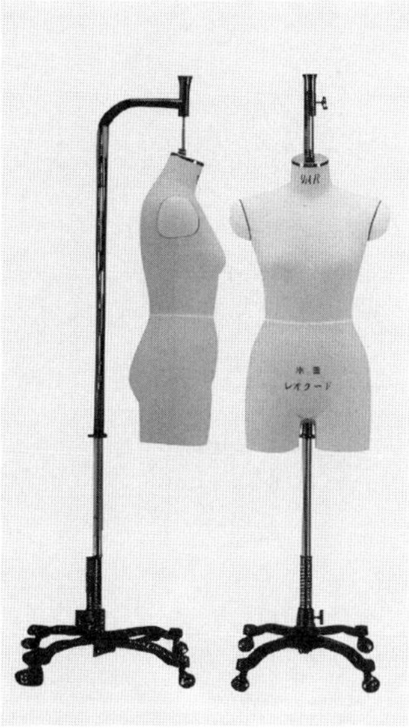

（g）女泳衣人台

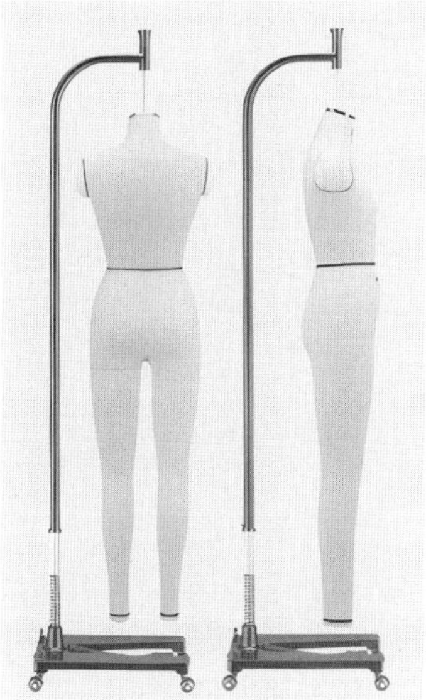

（h）女全体人台

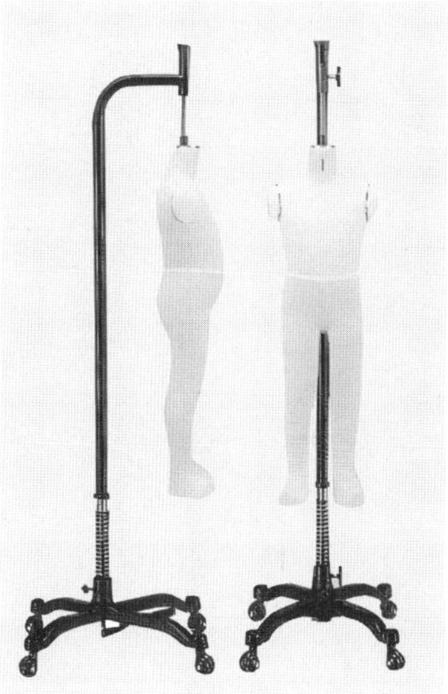

（i）女童装人台

图2.2.4.2 不同品种的实体人台

实体人台是样板设计和样衣试样的重要工具，使用方便、效果直观，但由于它不能活动，所以有关样衣穿着的舒适度情况和人体活动时服装的变形情况，还需结合真人穿衣试样检查。虚拟人台在一定程度上弥补了这方面的缺陷。虚拟人台不仅是有与实体人台一样形式的人台，还更是与人体模型一样的人台，所以虚拟人台其实是模糊了人台和人体模型的区别，并且有抬举手臂、行走、弯腰、坐下等模拟人体动作的功能，还可以通过调节参数调整人体体型、五官、头发、肤色等，虚拟试衣时还可以配套穿着内搭服装。虚拟人台逐渐成为服装结构设计样板制作的有力技术手段。如图2.2.4.3为一些不同形式的虚拟人台。

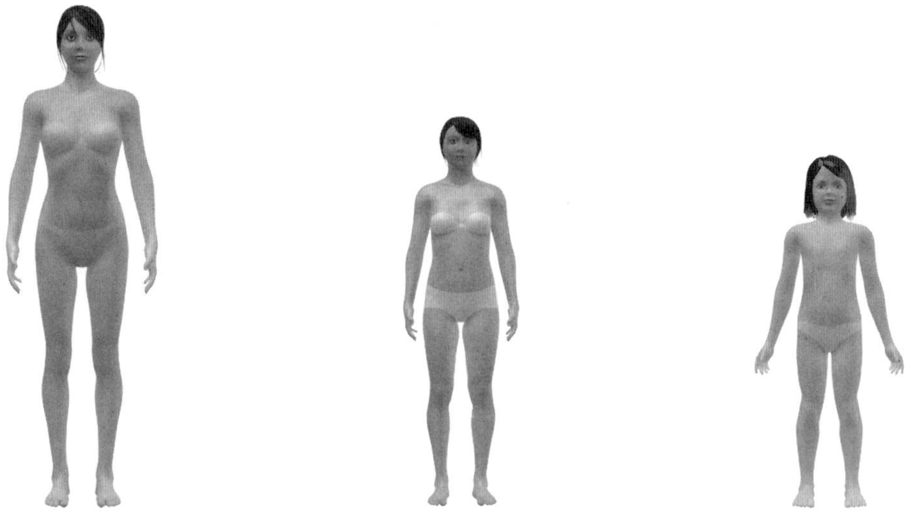

（a）Vstitcher 亚洲成年女体　　（b）Vstitcher 亚洲少女体　　（c）Vstitcher 亚洲儿童体

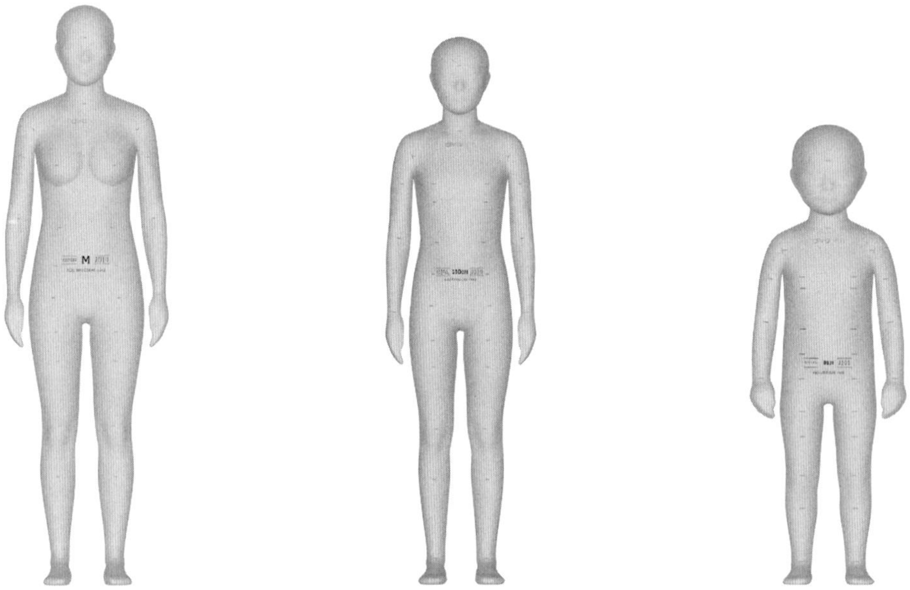

（d）Alvanon 中国成年女体　　（e）Alvanon 中国少女体　　（f）Alvanon 儿童体

图2.2.4.3　不同形式的虚拟人台

第 3 章　服装原型法与原型

3.1 原型法

原型法是以原型为基础，通过调整依据款式分析判断的新款式和原型款式之间的结构差异，从而进行新款式结构设计，完成纸样制图的方法。原型法的核心是原型、结构控制部位尺寸调整、省道转化及剪切/拉展的纸样变化。

原型一词来源于日文“原型”，英文为“Basic Pattern”。Basic Pattern方法是欧美服装生产实践和教学中主要采用的服装纸样设计方法，自1960年代被引入日本服装教育领域并在产业实践中也得到普及运用。在我国它是自1980年代服装学科建立后从日本学习引进，在教育领域被逐渐推广，在生产实践中逐渐得到应用，至今已达到了普及程度。

在教学中需要教授学生的服装款式品类多且款式多样，故一般所选用的原型就是各款式的“最大公约数”，也就是包含了最少的款式信息，但包含了必需的人体体型信息，这样在进行新款式设计时新款式和原型的结构差异较大，调整内容和幅度较大，纸样制图效率略低。而在产业实践中为了提高设计效率，在可能的情况下会选用在款式上和规格上与新款式最为接近的已有纸样作为基础纸样。这样从形式上看两者有一定的不同，为区分二者，就将教育中所用的包含最少款式信息的原型称为教育用原型，产业中包含更多款式信息的基础纸样称为产业用原型。书籍文献中所见的多为教育用原型。教育用原型常以研究单位名称来命名，如文化原型为日本文化服装学院研究发布，东华原型为东华大学研究发布。图3.1.1为2020年版东华女装原型，图3.1.2为第七版日本文化女装原型。产业用原型因为产业的技术保密性要求，所以可被公开查询到的信息很少。

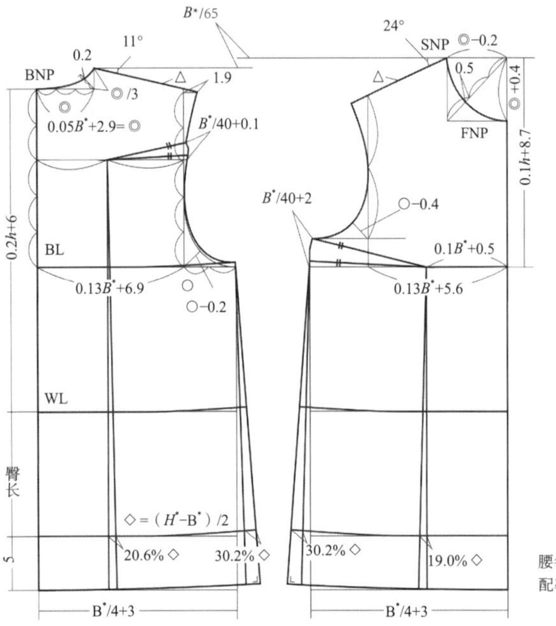

图3.1.1　2020版东华女装原型

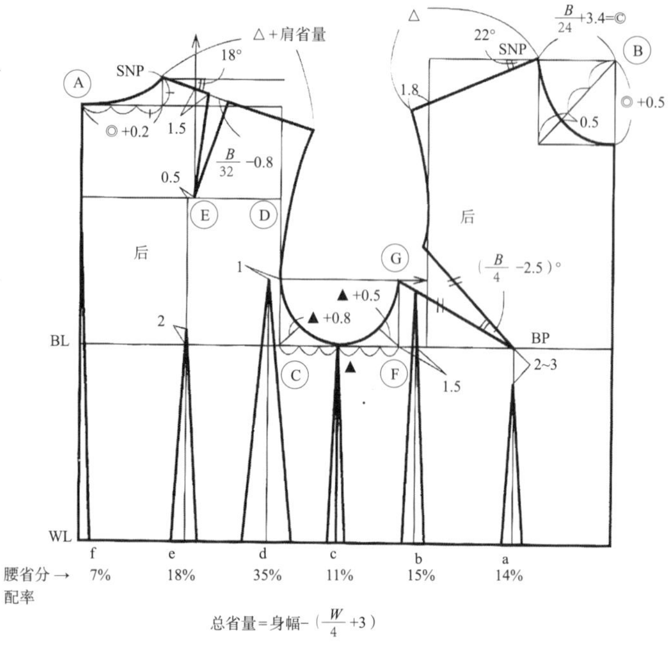

图3.1.2　第七版日本文化女装原型

3.1.1 原型法与比例法

比例法是指在纸样制图中的主要结构控制部位尺寸通过比例公式计算而获得。比例公式由数据分析回归而获得，且基于实验数据回归的公式多为三次函数方程或二次函数方程，为实践应用的便利将其简化为一元一次函数方程$y=kx+b$。其中：自变量x为身高、胸围、腰围、肩宽等；比例值k不仅反映了纸样针对的单个体型Y部位和X部位的相关关系，更是反映了系列纸样设计时因变量y基于自变量x的档差。比如，前衣片胸围=胸围/4−0.5cm，基于胸围4cm档差，所以前衣片胸围的档差为1cm。

原型法中原型的制图也采用比例法。原型的自变量被称为主成分，比如高度主成分为身高，围度主成分为胸围或腰围。不同原型的比例公式不同，主要是k的值不同，其反映了原型所对应群体的体型变化规律。

原型法被引入之前，比例法是我国服装纸样制图的主要方法。在服装院校逐渐以原型法为主的背景下，对于服装产业中一些未接受过院校学习的师傅们仍然沿用比例法。但随着服装学科教育的普及和服装CAD应用的普及，原型法和套板法在产业制板中逐渐成为主流。

3.1.2 原型法与套板法

广义来讲，套板法与原型法一致。在产业实践中为了区别服装纸样制板中直接用教学用原型为基础来制图，还是用可以获得的与新款式更为相似的纸样为基础来制图，将前者称为原型法，后者称为套板法。随着服装CAD在产业制板中运用的普及，数字化纸样存储、搜索、调用的便利，以及企业技术资料的积累，套板法在产业中的运用越来越普及且体现了其高效性。

3.2 原型

3.2.1 原型类型

原型包含的信息：一是人体体型信息，二是服装款式信息。所以原型的不同类型也是由这两方面的信息内容不同所决定的。

一、群体原型、个体原型

基于群体体型特征研究生成的原型为群体原型。针对特定个体体型特征研究生成或修订生成的原型为个体原型。

无论是东华原型还是文化原型都是群体原型。东华女装原型是基于中国年轻女子群体体型研究生成的原型；文化女装原型是日本文化服装学院基于日本年轻女子群体体型研究生成的原型。企业成衣生产或个人服装制作选择原型的依据，就是看成衣目标消费者或个人的体型特征与哪一原型研究样本的体型特征相似。

群体原型经过试样补正、纸样修正生成小群体原型或个人原型。也就是说企业成衣生产前需对企业用人台或试衣模特进行原型补正，生成适合企业目标消费者的企业原型，基于企业原型的设计生产更高效，成衣的合体性更完美；而针对某个人的个人定制，则需要针对个人体型进行原型的试衣补正，生成其个体原型，呈现个体体型特征，作为其后款式变化纸样设计的基础，制版效率和合体度会大幅度提升。基于地域差异生成的原型——日本原型、法国原型、英国原型。

国家地域的差异，人种的不同，人体体型特征有类群的特点，所以形成适合度更高的地域差异原型，如中国和其他国家的原型不同，中国按各地域划分研究的有华南、华东、西南、东北等群体体型原型。同样还有日本登丽美原型、法国原型、英国原型、美国原型等，如图3.2.1.1所示。

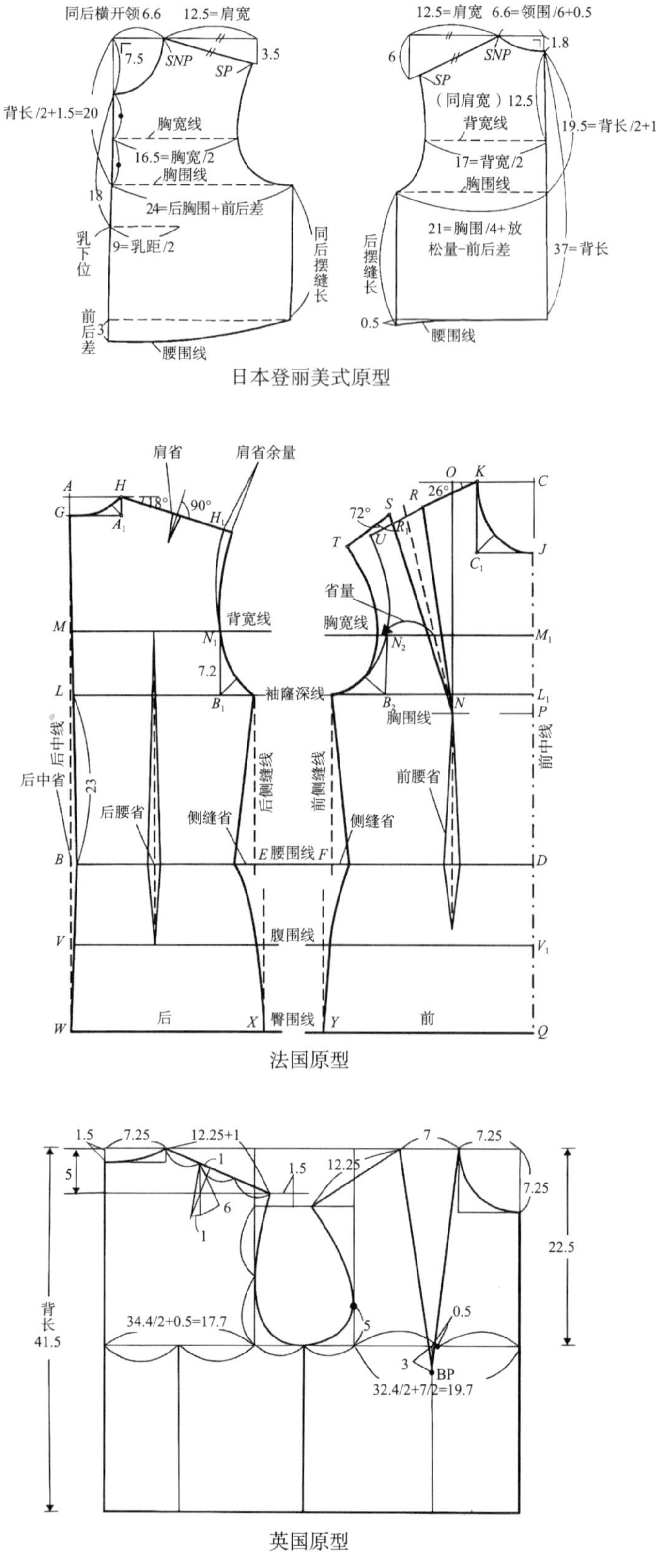

图3.2.1.1　不同国家地域的原型

二、基于性别差异的原型——男装原型、女装原型

基于性别差异的人体体型特征迥异，男装原型和女装原型的结构构成和尺寸数据有很大的差异。如图3.2.1.2为东华男装原型与女装原型的比较。

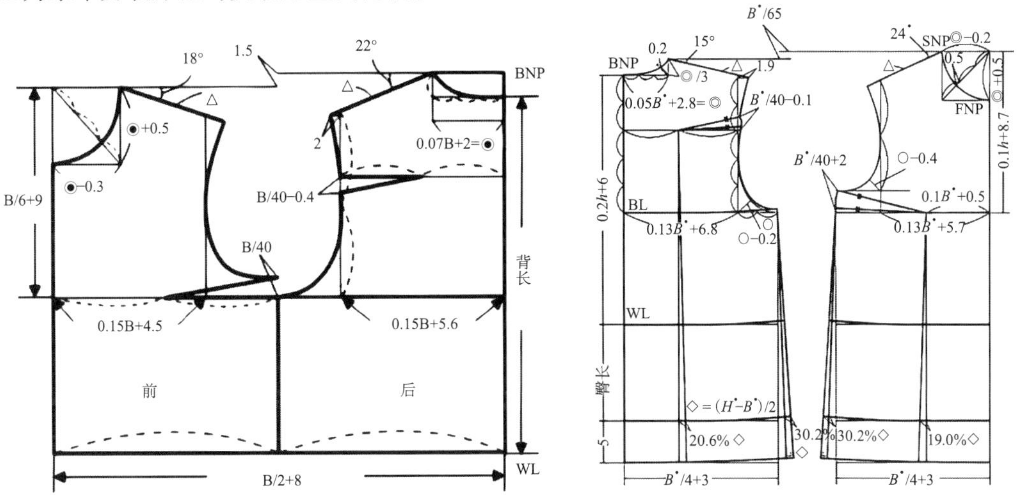

图3.2.1.2　东华男装原型（左图）与女装原型（右图）

三、基于年龄差异的原型——儿童原型、老年原型

人体体型随着年龄的增长有很大的变化和差异，因此需划分年龄群体，提高原型的适合度，形成婴儿、少儿、中青年、老年等原型。图3.2.1.3为东华童装原型与老年原型的比较。

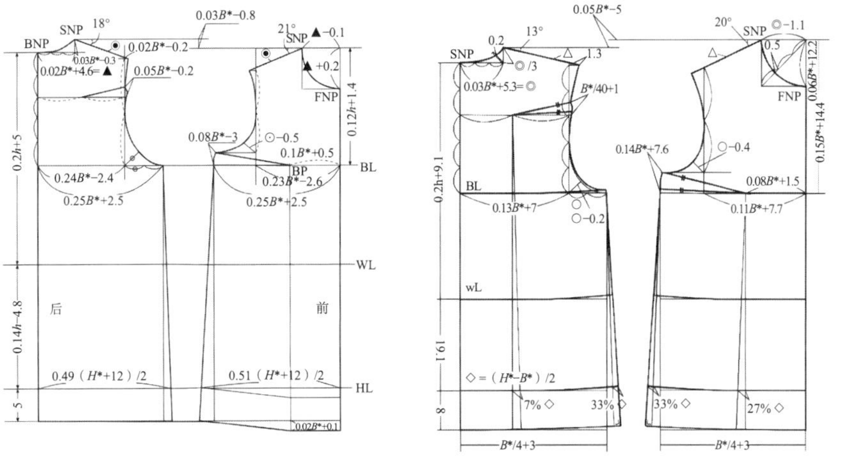

图3.2.1.3　东华童装原型（左图）与老年原型（右图）

四、基于服装类别差异的原型——上装原型、裤装原型、裙装原型

不同类别服装需要的人体体型信息不同，不同类别服装的结构构成内容和方法不同，故需形成不同服装类别的原型，如上装原型、裤装原型和裙装原型等，如图3.2.1.4所示，男子原型还有衬衣原型和外套原型之分。图3.2.1.5所示为日本文化男衬衣原型、男外套原型。随着服装类别的划分细化，服装类别差异原型就转化为了不同服装款式基础纸样，如文胸基础纸样、泳衣基础纸样、紧身衣基础纸样、衬衣基础纸样、西装基础纸样等。

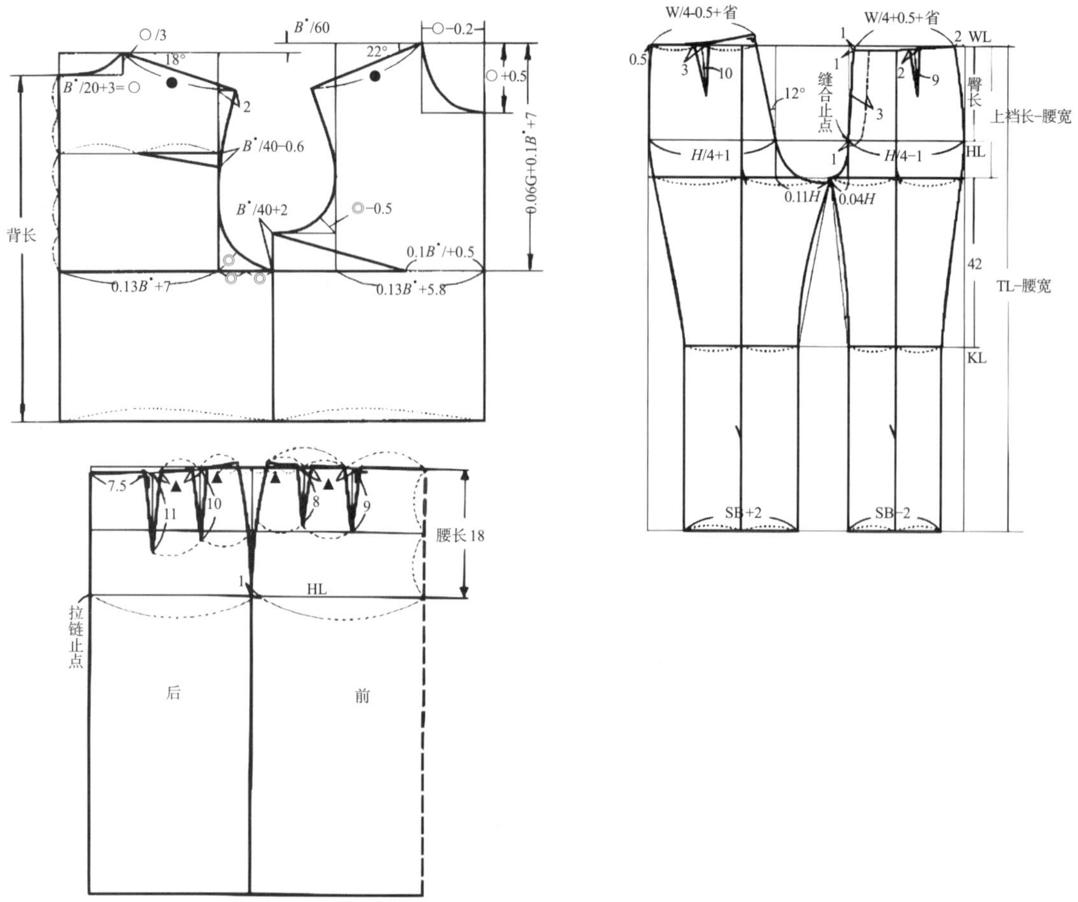

图3.2.1.4　上装、裙装、裤装原型

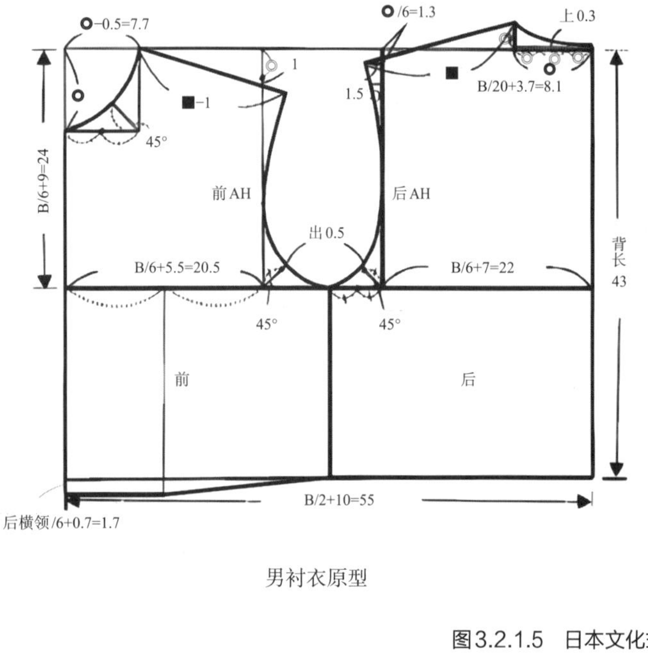

男衬衣原型

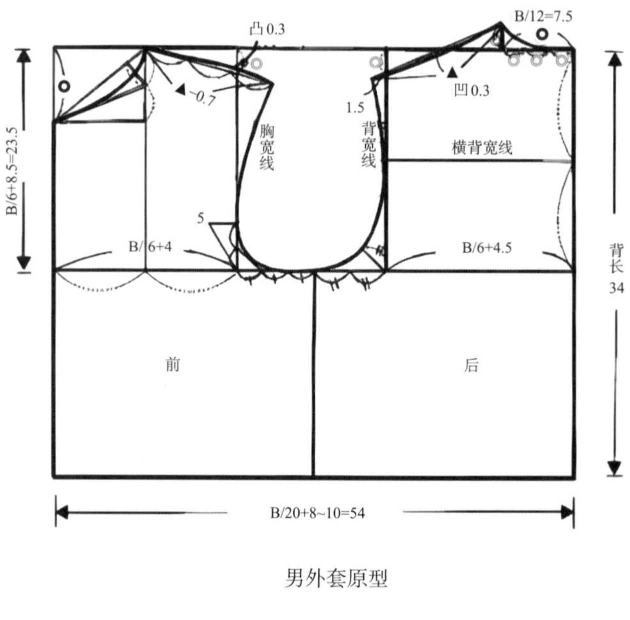

男外套原型

图3.2.1.5　日本文化式男衬衣、男外套原型

五、基于廓形、松量差异的原型

适合不同时期的服装审美主流趋势，原型的廓形和松量设置不尽相同。比如东华原型为直身原型——H型原型，胸围松量为12cm；文化原型为合体原型——X型原型，若运用时不设置省道，则可转化为H型原型，胸围松量为12cm，若运用时设置省道，则腰围松量越小——4 ~ 6cm，省道量就越大，随之胸围松量也越小——6 ~ 8cm，如图3.2.1.6所示。

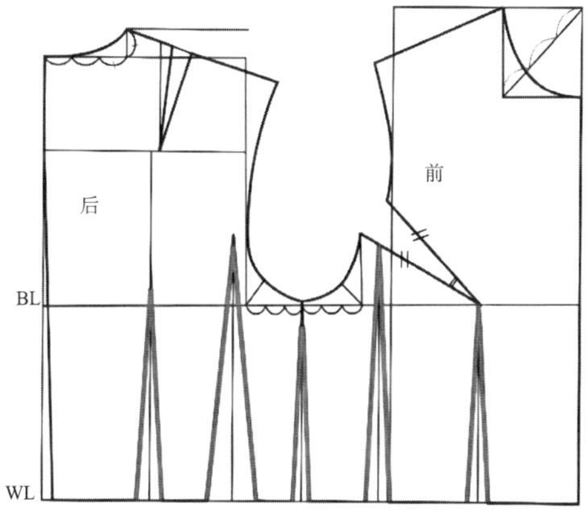

图3.2.1.6　文化女装原型X型与H型的转化

六、省道、结构差异原型

原型的省道和结构差异根本在于体型不同其省道量的大小和各细部结构尺寸也就存在差异。原型各结构控制部位回归公式中k值的不同是原型差异的根本，k值的不同不仅表示各部位相关关系的不同，更表示系列体型变化规律的不同，也就是系列样板档差的不同，所以准确的回归关系是提高原型的群体适用范围和适用度的保证。而原型省道位置的不同则可以通过省道旋转变化实现转化，所以原型省道位置不同并不是原型差异的判断因素。

3.2.2　原型研究

一、东华原型研究

（一）1998版东华女装原型

1998版东华女装原型（专利号02150747）为张文斌、张渭源带领东华大学服装学院相关学科的教师和科研人员于20世纪80年代至90年代末在充分调查、分析中国人体和服饰文化具体特点后，研制出的适合中国国情的“前矩+后矩”立体形态的原型，填补了我国服装设计技术之一的空白，如图3.2.2.1所示。

1998版东华女装原型的研究阐述了服装原型在结构设计中的根本作用：

（1）原型作为基础图形，通过转移、剪切、拉展、折叠形成构造复杂的服装结构图。

（2）通过观察原型与最终结构图之间的关系，可以直观地观察到原型图形所体现的人体主要部位尺寸与服装细部规格之间的关系。

（3）衣身原型可以通过消除前浮余量的形式在衣身结构平衡中起到直观的调节作用。

该研究还揭示了服装原型的构成原理，划分了服装原型的结构分类，提出了浮余量的概念以及概括了消除前后衣身浮余量的两种技术方法，即矩形消除法和梯形消除法。它将国内外原型归类为三种构成形式：

（1）“前梯+后矩型”原型：即前衣身浮余量用

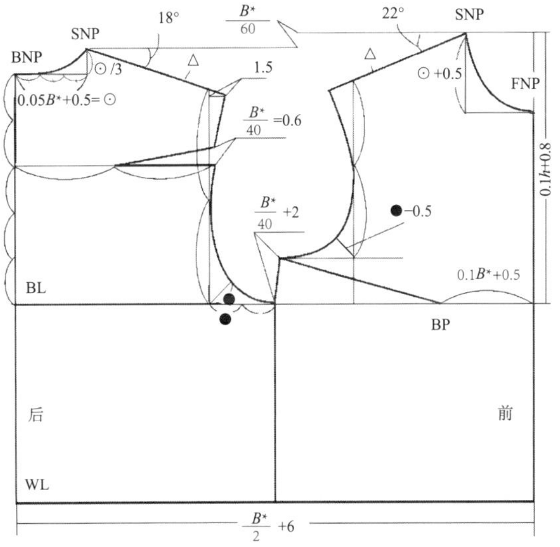

图3.2.2.1　1998版东华女装原型

梯形消除，后衣身浮余量用矩形消除；

（2）“前矩+后矩型”原型：前后衣身浮余量都用矩形消除；

（3）“前贴+后贴型”原型：在前后衣身浮余量都用矩形消除的基础上增加腰省。

该研究确立了1998版东华女装原型为“前矩+后矩”立体形态的原型，阐述其确立依据为：

（1）“前矩+后矩”的立体构成形态的原型在衣身平衡和结构变化中具有良好适合度；

（2）随着服饰美更注意人体美的特点凸显，服装结构平衡以前浮余量收省的形式进行立体平衡，其更能达到想要的美饰效果；

（3）随着中国经济的发展，中国女体发育更趋健康，其三围尺寸差距增大，衣服浮余量增大。

1998版东华女装原型的制定以人体计测和分析中国女性体型特征为研究支撑，测体样本取自华东、华南、华北地区20 ~ 29岁的青年女子样本534人，计测项目共20个。计测时按WL以上部位裸体、WL以下部位穿着三角短裤的实体测量，部位确定和马丁人体测量仪测量方法按人体工程学规定的方法进行，测量精度的相对误差小于等于0.5%。根据534个样本的测体数据，剔除离散性很大的野点子数据，对其进行均值分析、相关分析和回归分析，得到华东地区青年女性各重要部位均值及标准差。对人体计测数据原始数据进行均值和标准差处理，对比各个项目的数据，定量、定性地分析青年女子的主成分，各细部与控制部位间的一元、二元回归关系，筛选和简化回归关系式为实用计算公式，最后绘制出前浮余量用省道、后浮余量用省道的方式处理形式的原型图。

1998版东华女装原型是基于中国年轻女子体型特征研究和服装原型结构设计理论建立的适合中国女体体型特征的拥有自主知识产权的第一代中国服装原型，在之后的教学和生产实践中得到了广泛的应用和验证，具有标志性的学术成果地位和实践应用指导作用。

（二）2008版东华女装原型

原型是成衣结构设计的基础，应切实反映人体体型信息，需要随人体体型的变化不断修正。许多发达国家深感原型的重要性，所以会定期进行人体普测以修正原型，如日本文化式原型自产生以来已经历了7次修订。由于东华原型主要依据1997年发布的《服装号型》体型普测数据定制而成，但随着时间的变化，群体体型逐渐发生了一定的变化，在实践和研究中都体现出原东华原型已不能精确诠释和适合目前的群体体型特征，为此东华大学基于体型特征的改变对东华原型进行修订研究，并结合东华原型的修订对标准人台进行修正，从而使理论得到发展，使原型体现人体特征，使人台适合生产运用。

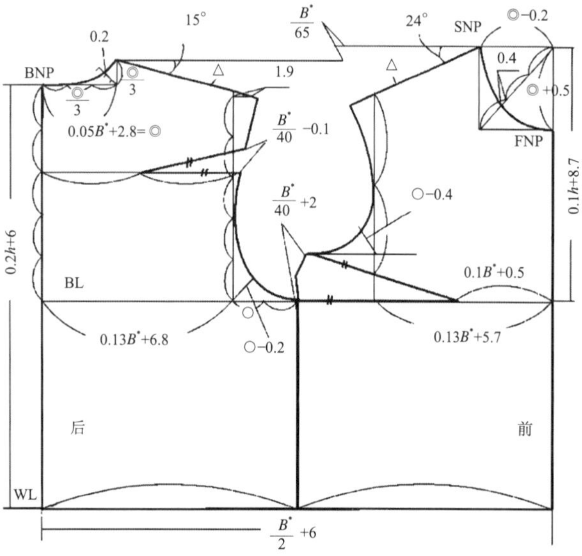

图3.2.2.2　2008版东华女装原型

2008版东华女装原型是东华大学基于青年女子群体体型变化特征，在1998版东华女装原型上进行的持续性发展研究。结合1997年以来中国女性标准体体型变化数据的研究发布，采集青年女子群体人体数据并选择合适的样本进行穿着补正实验，运用服装CAD纸样系统以及SPSS数据处理软件对实验数据进行统计，分析细部尺寸和控制部位尺寸的回归关系，进行东华原型的修订，并对修订的东华原型进行主观和客观的验证分析，结合马丁测量仪的测量以及石膏带实验方法，完善与东华原型相配套的标准人台修正。

东华原型的结构控制因子为身高和胸围，故人体测量实验的测量采集项目为身高和胸围。采集331名19 ~ 25岁的中国各地区未婚青年女性的身高和胸围人体数据，测得身高区间为155 ~ 178cm，胸围区间为75 ~ 99cm，在其中选择58名符合160/84号型特征要求的样本进行东华原型的穿着补正实验。根据GB/T 1335—1997《服装号型标准》，160/84号型的人群比例为25.88%，但因地域、目标范围、体型变化等因素的影响，实验中胸围为84cm的人群比例为31.2%，而160/84号型的人群比例为17.5%。

实验在东华大学服装实验室进行，环境温度为27℃ ±3℃，湿度为60% ± 10% RH。实验目标对象在仅穿着文胸的状态下穿着东华原型样衣进行补正实验。实验以客观人体的肌肉、骨骼等体型特征曲面和点为测量依据，以胸围线以上的样衣与人体特征部位拟合，胸围线以下的样衣呈竖直状态为补正评价标准。

“58例补正实验”的结构补正趋势和体型变化特征如下：

结构补正趋势为：①后领窝需开宽，侧颈点上抬，前领窝需开宽开深；②肩胛省需增大；③减小前胸宽量；④减小后背宽量；⑤袖窿弧线底部弯式需增大；⑥减小后肩斜度，增大前肩斜度；⑦降低胸围线。

体型变化特征主要表现为：①颈围略微增大；②肩胛骨较突出；③前胸宽减小；④后背宽减小；⑤臂根围增大；⑥肩线前倾；⑦乳点降低。

运用服装CAD纸样系统进行样衣补正数据的采集以及结构修正，结合SPSS数理统计软件进行结构修正数据的统计分析以及补正后细部尺寸的回归分析，依据实验数据的统计分析和细部回归关系进行东华原型的修订，建立2008版东华女装原型。修订前、后的结构叠图对比如图3.2.2.3所示，具体细部结构尺寸对比如表3.2.2.1所示。

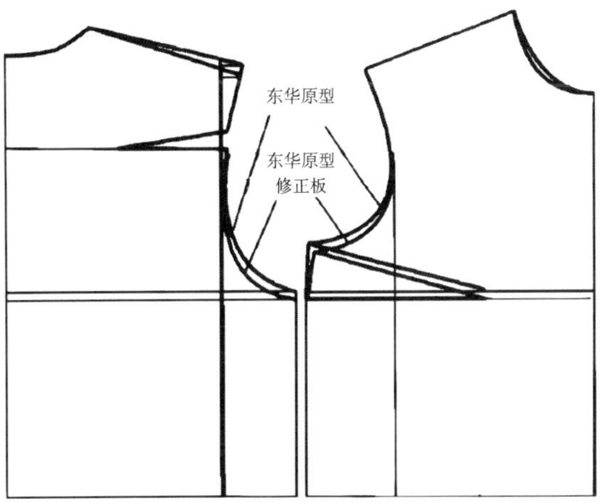

图3.2.2.3　2008版与1998版东华女装原型结构图的叠图对比

表3.2.2.1　2008版与1998版东华女装原型的细部结构尺寸对比（单位：cm）

部位名称	1998版	2008版	差别
前肩斜	22°	24°	+2°
后肩斜	18°	15°	−3°
后领窝宽	0.05净胸围+2.5=⊙	0.05净胸围+2.8=◎	+0.3
肩胛省	净胸围/40−0.6	净胸围/40−0.1	+0.5
后背宽	0.13净胸围+7.0	0.13净胸围+6.8	−0.2
前胸宽	0.13净胸围+5.8	0.13净胸围+5.7	−0.1
BL−SNP	0.1身高+8.0	0.1身高+8.7	+0.7
前领窝深	⊙+0.5	◎+0.5	无
冲肩量	1.5	2.0	+0.5

（续表）

部位名称	1998版	2008版	差别
后袖窿切点	袖窿深/2	袖窿深×2/5	切点降低
后袖窿弯式控制点	（B/2−后背宽）/2=●	（B/2−后背宽）/2−0.2=○	−0.2
前袖窿弯式控制点	●−0.5	○−0.4	−0.1

从客观评价和主观评价两个方面对东华原型的修订进行验证分析。根据离散趋势指标进行修订前、后的细部尺寸离散度分析和细部结构尺寸比较与验证，以进行客观评价，由分布图和叠图可知，经“58例补正实验”修订后的东华原型细部尺寸的差值更小，即东华原型修订版的覆盖面较修订前有明显提高。

为进行主观评价，采用七度心理学标尺方法进行修正后原型样衣的主观评价实验，抽取10位受试者，令其分别对东华原型和东华原型修正版的各部位及总体静态造型做出评价，从最终结果看出，修正后的评价值均大于修正前，从而验证了修正后的东华原型适合度更高、舒适性更好。

最后，基于东华原型修订进行人台修正。以东华原型补正实验数据统计结果均值以及标准差允许范围为依据选择模特体，用马丁测量仪测量模特体与人台细部尺寸，采集二维数据，通过石膏带实验比较人台与模特体之间的细部差异。结合模特体与人台的二维数据、三维形态以及石膏模型拓样结构图中的空隙量分配，进行人台的体型修正。

2008版东华女装原型对1998版共进行了12处的结构修订，增加了前、后领窝弧线的2个控制点，并基于东华原型的修订进行了标准女体人台的体型修正。原型的修订探索了对中国服装原型修正的实验设计思路与动态思维模式，为东华原型的持续性调整和进步开拓了研究路线，修订后的原型在之后的院校教学使用中和企业生产实践中得到了广泛使用和认可。

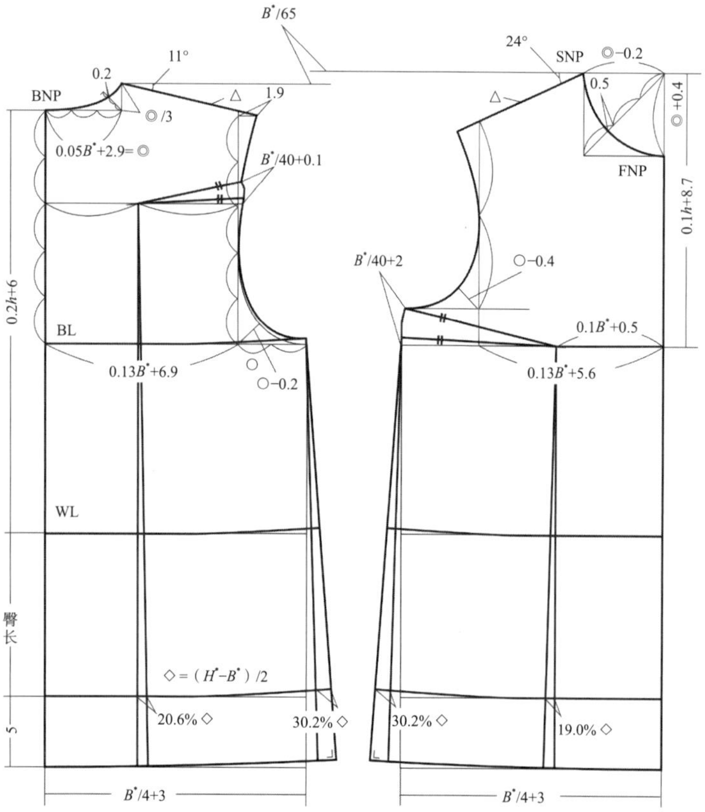

图3.2.2.4　2020版东华女装原型

（三）2020版东华女装原型

2020版东华女装原型是东华大学基于我国群体体型变化特征，以服装结构设计原理为依据，结合服装结构设计领域新技术，对2008版东华女装原型进行的持续性研究和修正，进一步提高东华原型对应我国群体体型的合体性及制版适用性。

2020版的修正距上次东华女装原型修正已经历12年，期间还经历了服装用人体尺寸和服装号型国家标准的更新发布，在教学应用和产业实践中也发现了与体型符合发生偏差、制图步骤繁琐等问题，这都显现了对原型结构修正与更新研究的需求以及必要性。

首先，为探索东华原型持续性研

究和原型修正研究的方向，从服装原型制板使用情况调查问卷和东华原型制板适用性款式调查分析两方面出发进行研究。向对服装制板有较强的专业性经验的人发放调查问卷，共回收有效问卷438份，问卷分析结论主要如下：

（1）2008版东华女装原型在学习和使用过程中基本代替了1998版东华女装原型；

（2）目前采用CAD制板人群人数高于手工制板人群，数字化制板技术发展趋势良好；

（3）服装原型与现阶段人体特征存在不符合部位等情况；

（4）原型的袖窿（前胸宽/后背宽/袖窿深/袖窿松量）、肩部（肩宽或肩斜）、胸浮余量、肩背浮余量、领部（横开领/直开领/围度伏贴情况）为被调查人群认为与人体不符合的主要部位，其中袖窿、肩部、胸背部浮余量为服装制板专业人员提出的明确不符合部位。

然后，对于东华原型制板适用性进行了服装款式调查分析，针对2019年中国品牌网发布的中国十大女装品牌优选榜品牌进行热销榜产品的款式调查分析，总计选择10项机织服装品类共100款机织服装，针对每个品牌收集官方旗舰店下热销榜前十的机织女装产品进行统计分析。主要结论如下：

（1）通过品类及廓形分析得出，品类与廓形具备一定关联性；

（2）通过长度分析得出，现阶段中国女装市场中极大多数品类的女装均涉及臀围线以下的结构，因此需着重考虑原型衣长覆盖人体结构的充足性，满足多数超过臀围线以下服装的制板准确性；

（3）通过围度分析得出，胸围在服装制板中呈现较好的控制性，而下摆量控制性稍差。

接着，结合以上的调查分析结论，提出了2020版东华女装原型修正研究的主要方向为：

（1）原型长度从腰围线延长至臀围线以下，原型从断腰型原型修正为包覆臀围原型，原型从具备腰围线以上人体体型特征的反映延伸为包括腹臀部特征的人体特征反映，提高原型对于人体体型特征的反映度以及对于服装制板高效性的适用度。

（2）原型围度对应的人体测量数据确定为着文胸胸围和着紧身裤臀围，在原型反映人体体型特征信息的前提下也兼顾原型包括的服装款式信息即服装松量的分布规律。

继而，通过对抽取样本进行的真人着装的样衣修正实验，对结构修正数据进行数学统计分析，获得对于原型控制部位回归关系的修正，以及表征人体群体体型变化的趋势的分析。

根据国家标准GB/T1335.2—2008《服装号型 女子》控制部位数值表，以胸围的变异系数计算样本量n。根据大数定律，大量随机现象的变量服从常态分布，在95%的置信水平下（a=5%）：

$$n=1.96^2\times\left(\frac{0.133}{3.5\%}\right)^2=55.473$$

即研究所需的有效样本数最少为56人。

随机选取籍贯为不同地区的18 ~ 29岁的青年女性，获得有效样本56例作为研究对象。实验对象在穿着文胸和紧身裤状态下再穿着原型样衣，选取与人体数据采集对应的关键点、线作为修正部位进行样衣修正实验，修正部位主要包括领口线、肩线、袖窿弧线、侧缝线等，涉及前后直开领、前后横开口领、前后肩斜、肩宽、前胸宽、后背宽、前胸省、后肩背省以及前后臀围分配等。采用真人穿着坯布样衣，以铅笔打点标示变化量，量取变化量获取修正数据，登记变化量于电子表格，并对应CAD样板体现修正数据。

对实验数据进行正态性检验，确定收集有效样本的身高、体重、人体胸围、人体腰围、人体臀围等数据以及修正后获得的样衣控制部位数据符合正态分布，即样实验样本具有群体代表性。通过修正数据的配对样本T检验分析，获取修正量，并对控制部位公式进行对应修正。

根据臀围着装变化量测量分析，获知臀围着装变化量中位数为2.0cm，通过Alvanon CSC-WMSACOM-1108标准人台穿着不同臀围加放松量假设原型的着装评价，选定12.0cm作为真人着装实验的假设原型臀围加放松量。加放松量后的臀围与加放松量后的胸围的差值，称为服装的臀胸差，将其分配于前片中部、侧部和后片中部、侧部，标注为前（a）、前侧（b）、后侧（c）、后（d）。由数据统计分析获得，a、b、c、d分别为19.0%、30.2%、30.2%、20.6%。

表3.2.2.2　2020版相对于2008版的东华女装原型结构控制部位的修正（单位：cm）

部位名称	2008版	2020版	修正量
前横开领	后横开领 −0.2	后横开领 −0.2	0
前直开领	后横开领 +0.5	后横开领 +0.4	−0.1
后横开领	0.05B*+2.8	0.05B*+2.9	0.1
后直开领	后横开领/3	后横开领/3	0
前肩斜	24°	24°	0
后肩斜	15°	11°	−4°
冲肩量	1.9	1.9	0
前胸宽	0.13B*+5.7	0.13B*+5.6	−0.1
后背宽	0.13B*+6.8	0.13B*+6.9	0.1
前胸省	B*/40+2	B*/40+2	0
后肩背省	B*/40−0.1	B*/40+0.1	0.2

注：B* 为人体胸围。

原型中腰围线以上的结构如图3.2.2.5所示。

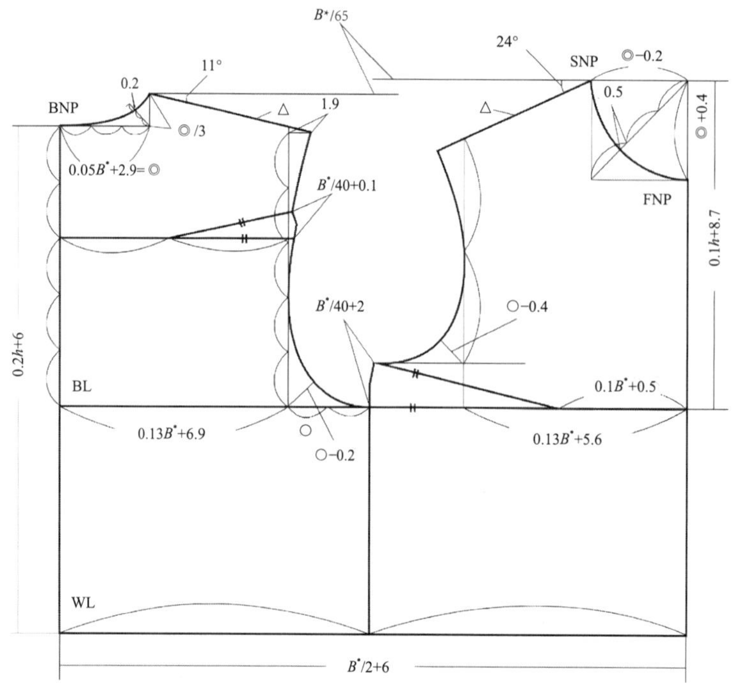

图3.2.2.5　2020版东华女装原型腰围线以上结构图

通过原型的结构修正研究，可以表征近年来青年女子群体体型的变化趋势：① 胸围不变的情况下，颈根围略有增大；② 前肩斜角不变，后肩斜角增大，肩部趋于平缓；③ 前胸宽减小、后背宽增大、后肩背省增大，呈现驼背趋势。

研究还通过三维虚拟和真人试穿对2020版东华女装原型进行了服装款式变化的结构设计应用验证。研究验证，2020版东华女装原型相对于对2008版东华女装原型进行了回归公式的调整，反映了近年来青年女子群体体型特征的变化趋势；将原型加长至臀围线以下，探究了臀围松量及臀胸差的分布规律，有利于减少中长服装制版的制图步序，提高东华女装原型对于服装制版的精准指导作用。

（四）2020版东华童装原型

2020版东华童装原型是东华大学基于儿童体型特征变化和童装款式制版需求，依据相关标准按120、130、140、150和160这五个号，获取对应的身高、颈椎点高、胸宽、颈围等17项关键人体数据，构建实体实验人台和虚拟实验人台。以实体人台为基础通过童装原型立体构成实验，获得平面样板及进行结构短寸测量，通过回归分析建立原型控制部位回归公式，建立2020版东华童装原型。如图3.2.2.6所示。

研究的年龄范围为6 ~ 14周岁，依据的国家标准为GB/T 26158—2010《中国未成年人体尺寸》，其120等五个号对应的身高范围分别为115 ~ 125cm、125 ~ 135cm、135 ~ 145cm、145 ~ 155cm和155 ~ 165cm，获得的17项人体体型数据详见表3.2.2.3。对各组数据进行正态分布检验、尺寸相关性分析以及描述性统计分析，得到如下结论：

（1）所选儿童人体测量项目尺寸数据均呈正态分布；

（2）在0.01的显著性水平下，身高与长度变量（颈椎点高、会阴高、胫骨点高、上臂长、前臂长、大腿长）之间的相关系数大于0.95，显示关系密切；胸围与前胸宽、腰围、腹围、臀围之间的相关系数大于0.96，显示相关性较高；

（3）平均身高160cm的男、女童体型在围度方向上存在一定差异：女童的围度尺寸如胸围、臀围、大腿围等明显大于男童的。

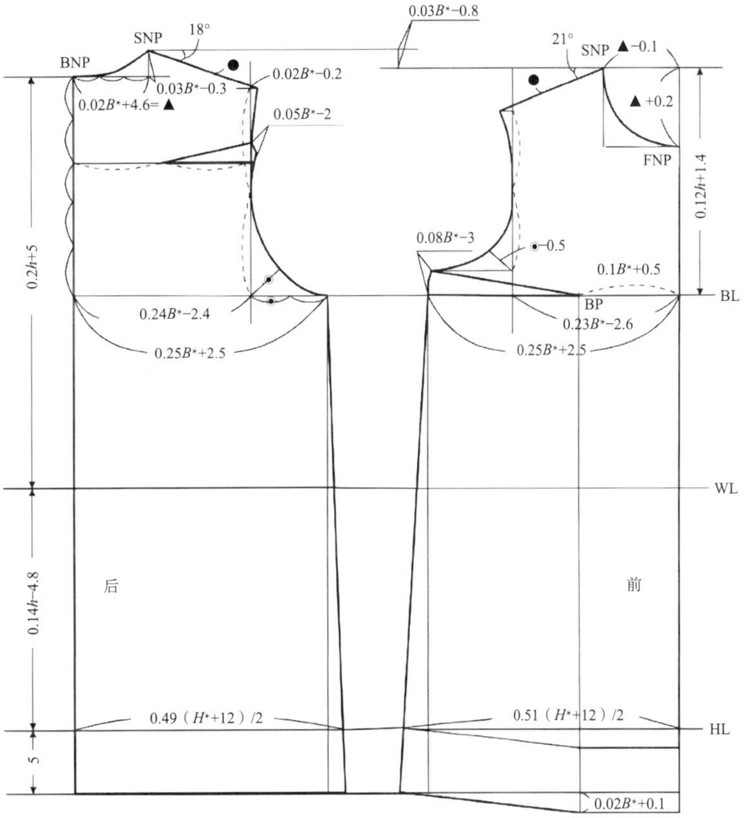

图3.2.2.6 2020版东华童装原型

表3.2.2.3 儿童系列体型关键数据表（单位：cm）

号	120		130		140		150		160男		160女	
部位	标准值	确定值	标准值	确定值	标准值	确定值	标准值	确定值	标准值	确定值	标准值	确定值
身高	120.0	120	130.0	130	140.0	140	150.0	150	160	160	160	160
颈椎点高	97.8	98	106.8	107	116.0	116	125.7	126	134.4	134	134.3	134
会阴高	50.3	50	55.8	56	61.4	61	66.2	66	70.6	71	71.6	72
胫骨点高	29.1	29	32.7	33	35.3	35	38.1	38	40.7	41	40.6	41
上臂长	21.8	22	23.6	24	25.8	26	26.7	27	29.4	29	29.9	30
前臂长	16.6	17	17.7	18	19.4	19	20.4	20	21.8	22	22.7	23
大腿长	34.4	34	37.3	37	41.0	41	44.4	44	46.6	47	47.6	48
胸宽	23.2	23	23.9	24	26.4	26	27.8	28	29.7	30	29.6	30
颈围	26.6	27	27.1	28	29.3	29	29.9	30	31.1	31	30.9	31
胸围	64.7	65	66.7	67	71.6	72	76.4	76	79.1	79	83.4	83
肘围	18.4	18	18.7	19	20.3	20	20.8	21	21.8	22	21.6	22
腕围	14.0	14	14.1	14	14.3	14	14.9	15	15.8	16	15.7	16
腰围	57.1	57	57.7	58	62.4	62	64.7	65	67.6	68	68.4	68
腹围	59.9	60	62.7	63	66.2	66	67.8	68	69.6	70	70.4	70
臀围	64.4	64	70.6	71	75.2	75	79.4	79	82.7	83	85.3	85
大腿围	36.9	37	38.6	39	42.4	42	44.4	44	45.9	46	52.4	52
腿肚围	24.9	25	26.6	27	28.9	29	30.6	31	32.6	33	34.3	34

依据以上数据，向服装模型厂定制6个儿童实体人台，通过Vitus Smart三维人体扫描、Geo-magic Studio处理、三维虚拟软件V-Stitcher编辑，获得对应的儿童虚拟人台。如图3.2.2.7所示。

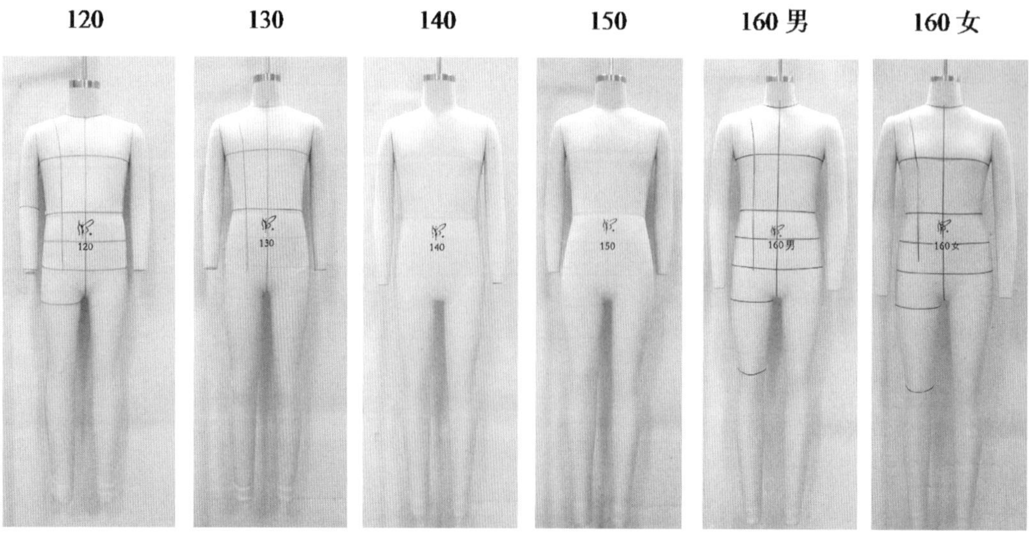

（a）儿童实体人台

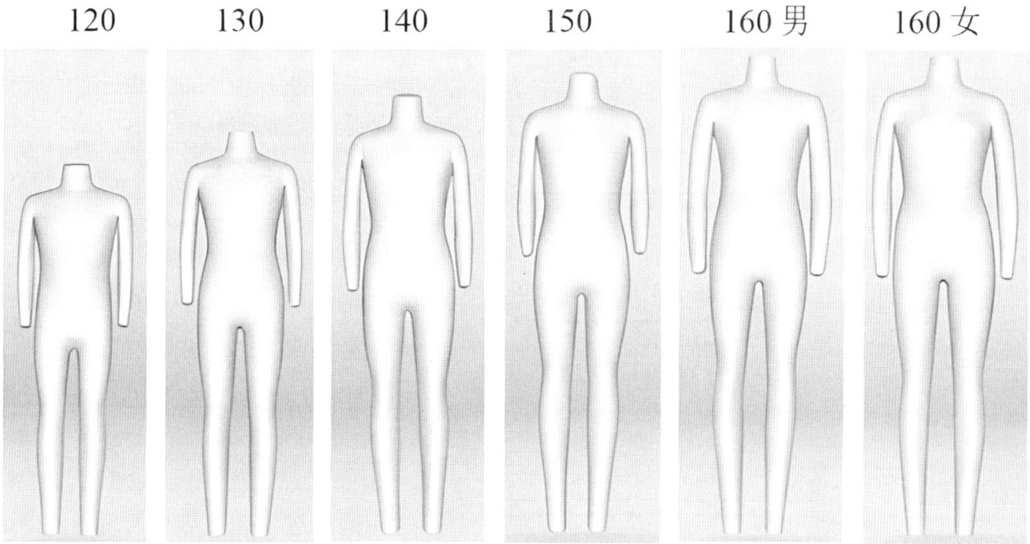

（b）儿童虚拟人台

图3.2.2.7 儿童实体人台和虚拟人台（单位：cm）

通过基于实体人台的立体构成结合平面构成的实验方法，获得系列样板的各结构短寸数据；通过数学分析获得建立童装原型各控制部位的回归关系公式。相对于成人体，儿童的胸部凸起并不明显，反而是腹部较为突出，因此将衣片覆合在儿童人体上，前衣片的前中线、胸围线与儿童对应的人体前中心线、胸围线对齐后，胸围线以上的袖窿位置出现重叠的量，即为前浮余量，同理，后衣片在背宽线以上的肩缝处出现重叠的量，即为后浮余量。因儿童腹凸而形成一定的下放量，胸围线以上部分形成的前浮余量的消除采用在胸围线水平部位收省的方式处理，后浮余量的消除采用在背宽线袖窿部位收省的方式处理。

对构建的儿童原型进行童装系列号型样板的结构设计应用实验，可验证其应用高效精准度、适用度。经验证的2020版东华童装原型具有较好的适体性和应用性，可为童装结构设计教学和童装款式设计生产提供有效的指导作用（图3.2.2.8）。

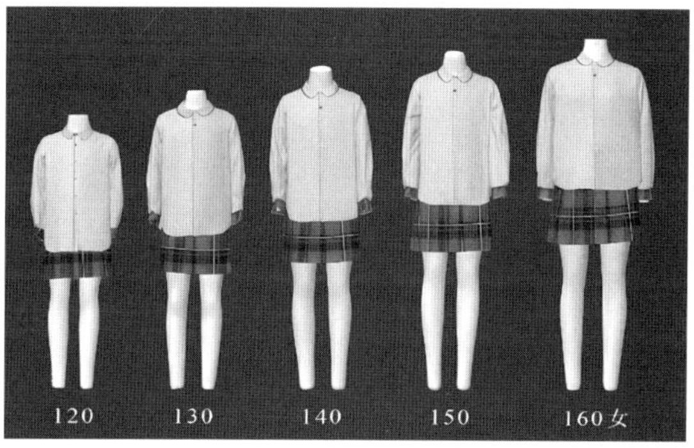

图3.2.2.8 2020版东华童装原型应用

（五）东华男装原型

东华男装原型由张文斌教授带领团队研究建立，是东华服装原型体系的重要部分（图3.2.2.9）。

一些国外男装原型分为适用于西装及外套设计用的原型和适用于衬衣设计用的原型两类。其中西装及外套原型前衣片浮余量主要采用撇胸方法处理，而在衬衫原型中把大部分浮余量置于下摆位置。东华大学利用服装立体裁剪技术得到国外两种原型的形式，并经验证原型的结构本质，得出男装衣身浮余量的处理规律，建立了统一的男装原型，其可以包容目前国外的两种原型。

其中，西装原型的腰围线呈水平状态，结构本质为箱型原型；衬衣原型的腰围线在水平位置上存在下放量，本质为梯型原型。两种原型能分别满足西装、衬衣的结构要求和纸样处理。东华男装新原型的创新之处是把前浮余量转移到胸围线的腋下位置，由衬衣和西装原型实验可知，这位置的余量可以被方

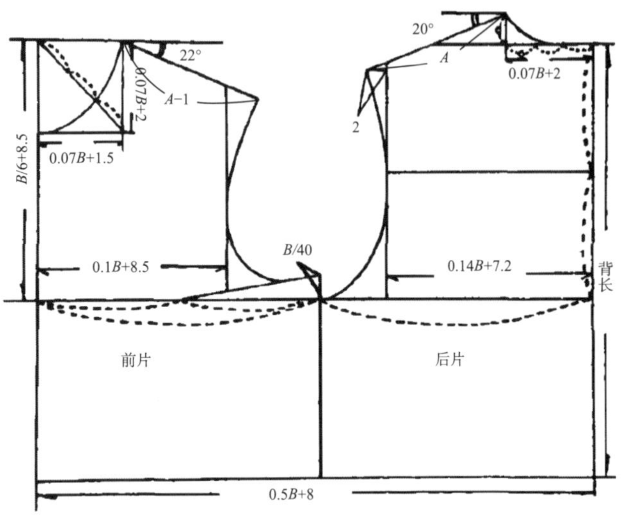

图3.2.2.9　东华男装原型

便地转移到下摆和前中撇胸位置。

对男体的基本部位和控制部位进行测量，可得到服装的细部尺寸和回归关系式，完成男装原型的平面结构设计。男子原型相关的控制部位有衣长、胸围、总肩宽、袖长、领围等，反映在人体上是颈椎点高、坐姿颈椎点高、胸围、总肩宽、全臂长、颈围等。

男装原型的主要构成方法为前衣片浮余量采用撇胸和下放方法消除，后浮余量通过肩背处的分割线或通过缝缩、归拢等工艺消除。

使用男装新原型可方便地处理衣身结构平衡的问题，避免产生服装穿着上的不合体因素。将男装新原型引入服装成衣生产中具有丰富的实践意义。

二、其他原型研究

（一）日本文化女装原型

日本文化女装原型是日本文化服装学院研究发布的教学应用原型，不仅是日本国内最具影响力和应用最广泛的原型，而且在20世纪我国现代服装教育启程阶段对我国的服装教育影响很大，在我国服装产业中也有一定程度的应用及指导作用。随着我国服装产业技术的发展以及我国服装结构设计理论的深入研究，其原型建立的样本体型特征与我国群体体型特征之间的差异不符逐渐被认识到，因此随着我国服装原型研究和建立的成熟，其在教学中和产业应用中逐渐被东华原型等替代。

日本文化女装原型历经数十年的持续研究，主要有7次更新，如图3.2.2.10所示。

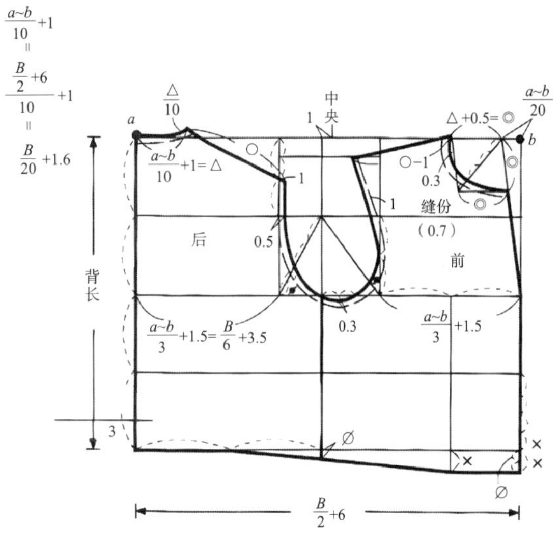

（a）第一版文化原型（1936—1940年）

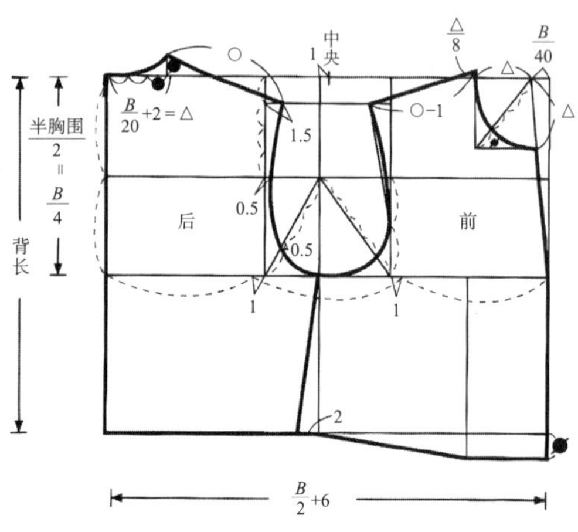

（b）第二版文化原型（1940—1951年）

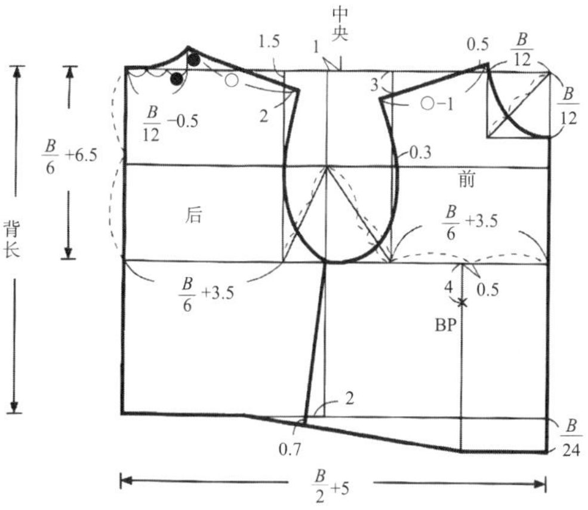

(c)第三版文化原型(1950—1954年)

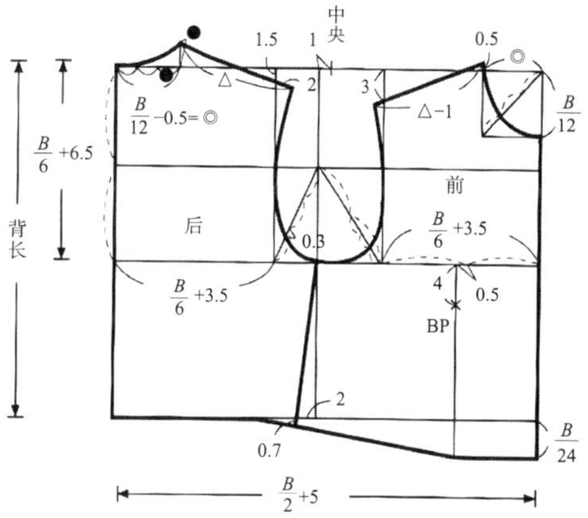

(d)第四版文化原型(1954—1968年)

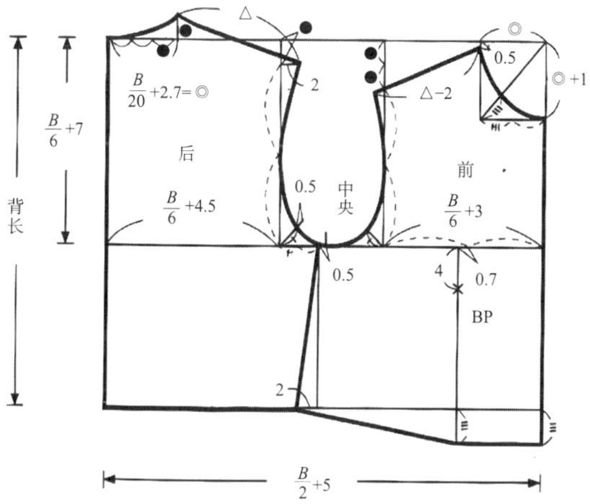

(e)第五版文化原型(1968—1984年)

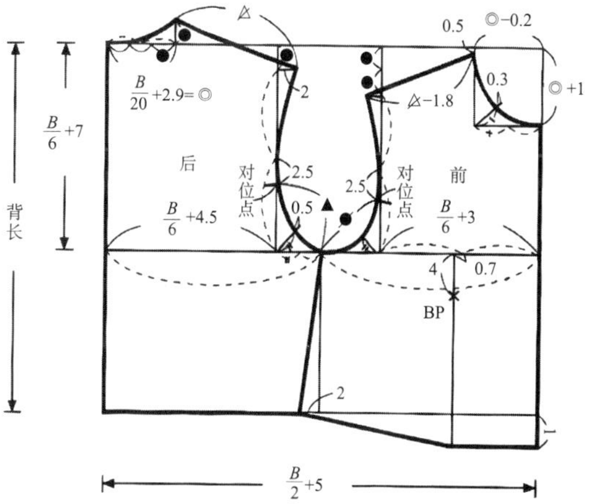

(f)第六版文化原型(1984—1999年)

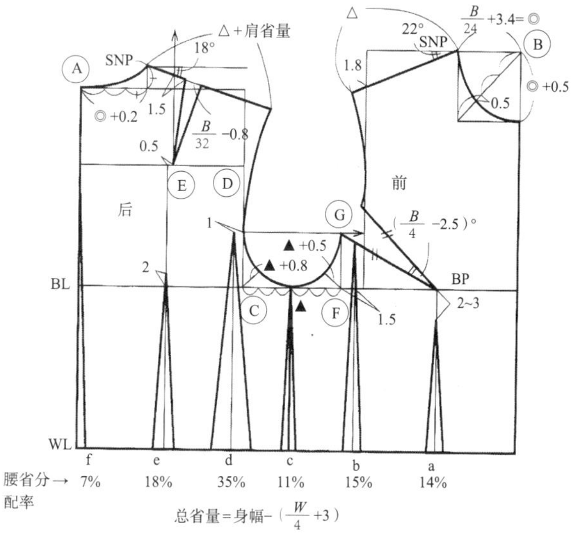

(g)第七版文化原型(1999年至今)

图3.2.2.10 日本文化女装原型

（二）日本文化男装原型

日本文化男装原型分为男外套原型和男衬衫原型两种（图3.2.2.11），其主要的不同为男外套原型的前片浮余量处理采用了转移至中心线处的撇门形式，适应运用归拔工艺的毛料西装、外套或大衣等，而男衬衫原型的前片浮余量处理采用了转移为下摆松量的下放形式，适用于无归拔工艺的衬衫等服装。

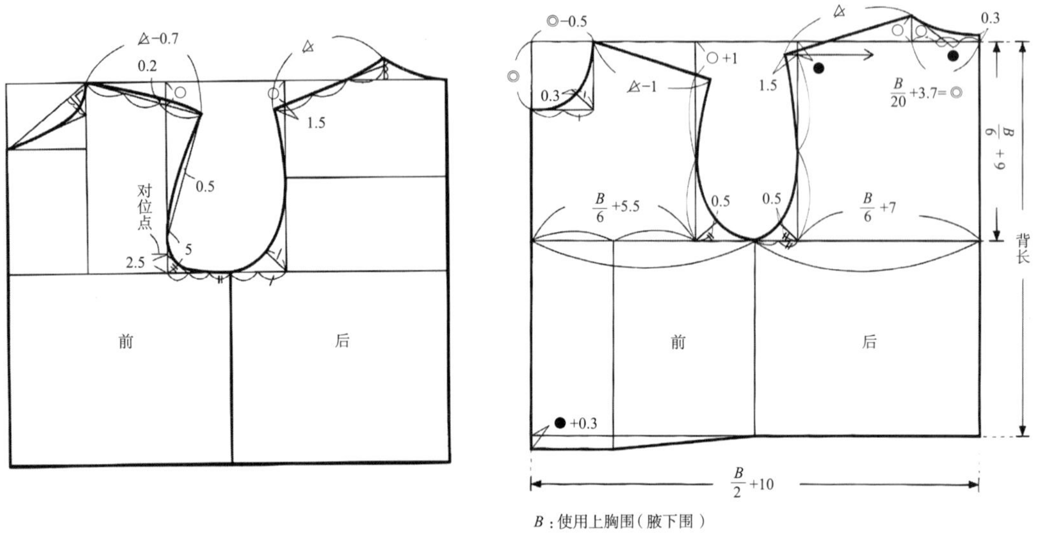

（a）男外套原型　　（b）男衬衫原型

图3.2.2.11　日本文化男装原型

3.2.3　原型补正

一、原型补正的必要性

原型是原型法结构设计的基础，它包含了人体体型的特征，提供了服装合体的支撑。但是原型合不合体，在一个原型针对一个人体应用之前，是需要人体试穿验证确认的。一个从未运用过的原型，不能想当然认为它就合体。不合体的原因是，原型是以某一群人体型数据归纳的标准体为基础研究生成的，主成分为胸围和身高，其他部位则被归纳为胸围和身高的比例值，这个比例是归纳出的普遍规律或者说大致规律，但两个或多个胸围和身高相同的人，其肩宽、肩斜、脖子粗细、前胸宽、后背宽、胸高等都不一定是一致的，如果某一人恰巧和归纳的普遍规律一致，那么其他不同的人就出现了不合体。这些不合体如果在原型应用之前得到解决，也就是通过原型补正获得针对个体的个体原型，那么就弥补和解决了个体体型和标准体之间的差异。包含了个体体型特征的个体原型用以针对服装款式的结构设计时，就剔除了人体体型的变化影响，而只针对于款式变化的确定了，从而提高了制板的效率和准确性。这个个体可以是个人定制的个人，也可以是服装公司用以试衣的人台或模特，也就是说针对某个个体或者某一个人台或模特在第一次运用一个原型进行制板之前，需要进行原型补正。了解个体体型特征，获得个体原型，这个是必要且不可或缺的。

二、原型补正的方法

原型补正的方法为：

（1）人体身高和胸围的量取。如果原型是着装原型的话，那么胸围就是着装胸围，如东华女装原型就是穿着文胸的胸围。

（2）原型制图，缝份设置和纸样打印，见图3.2.3.1。

（3）坯布准备、布纹线绘制、坯布丝缕整烫；将原型纸样精准拓印至坯布，然后裁剪；进行坯样假缝缝制，人体穿着试样，结构修正与补正，见图3.2.3.2 ~图3.2.3.4。

（4）腰省的设置和修正，见图3.2.3.5、图3.2.3.6。

（5）结构修正量的获得与记录，对应修正原型制图，获得个性化原型，见表3.2.3.1、表3.2.3.2。

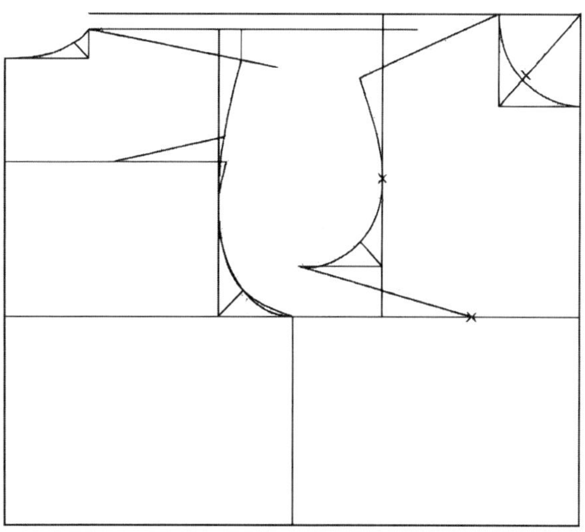

（a）原型制图步骤1

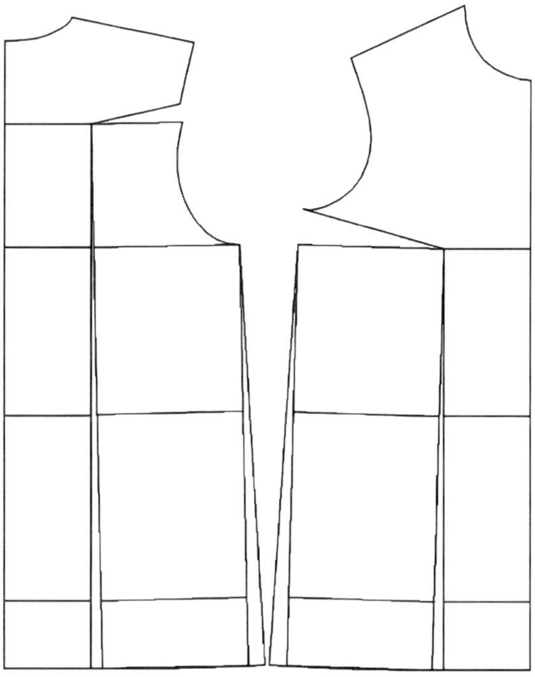

（b）原型制图步骤2

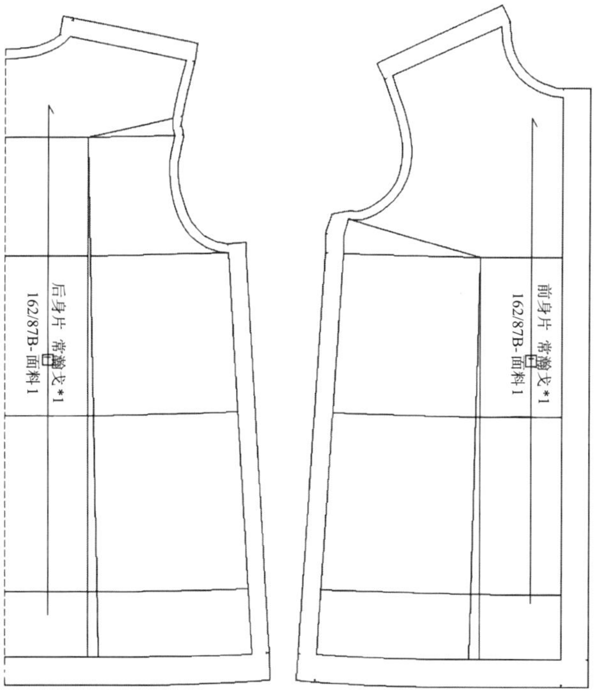

（c）原型制图步骤3

图3.2.3.1　原型制图

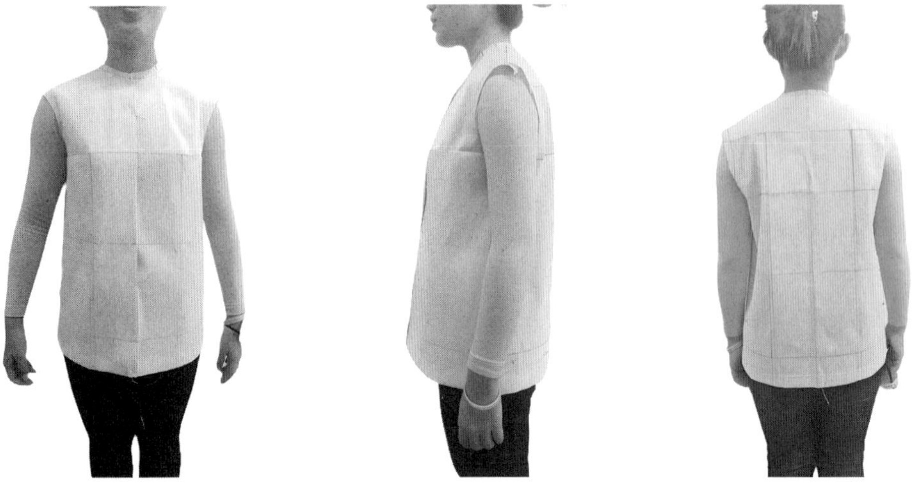

（a）正面　　（b）侧面　　（c）背面

图3.2.3.2　修正前的正面、侧面、背面照

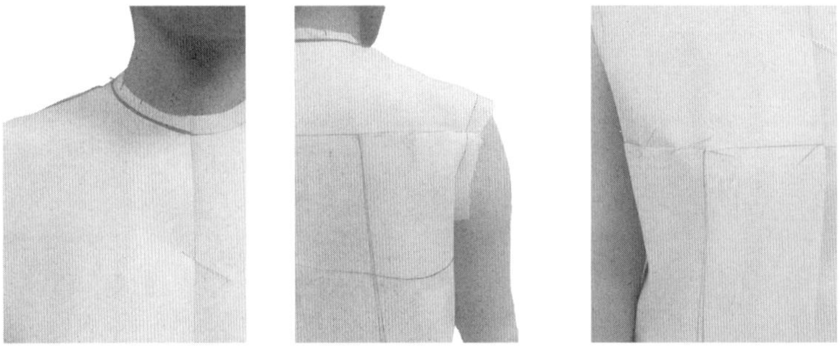

（a）领口　　（b）后袖窿省　　（c）胸省

图3.2.3.3　结构修正局部照

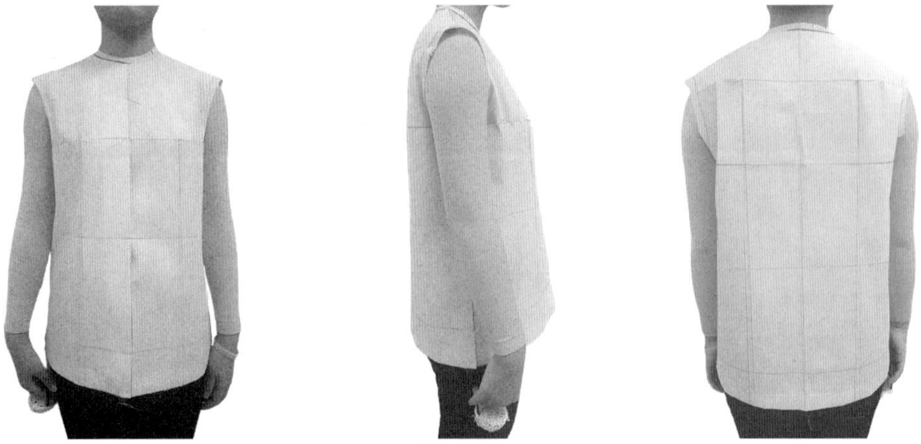

（a）正面　　（b）侧面　　（c）背面

图3.2.3.4　修正后正面、侧面、背面照

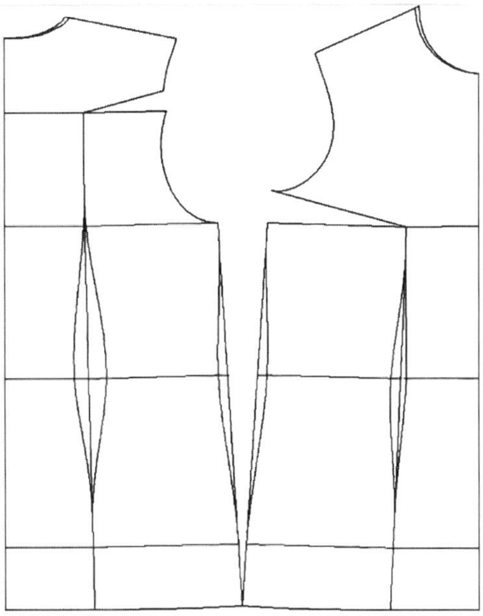

图3.2.3.5 腰省设置

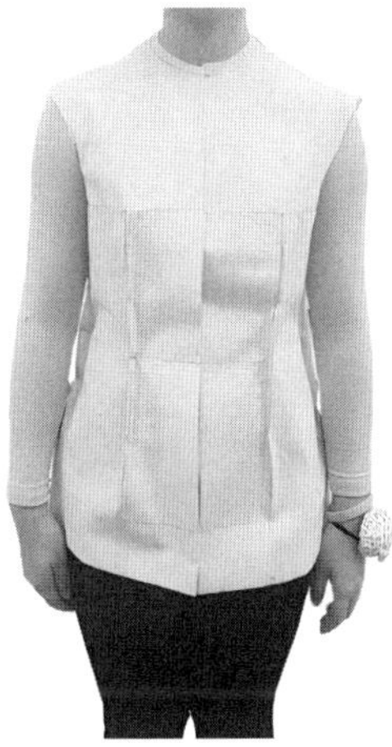

（a）正面

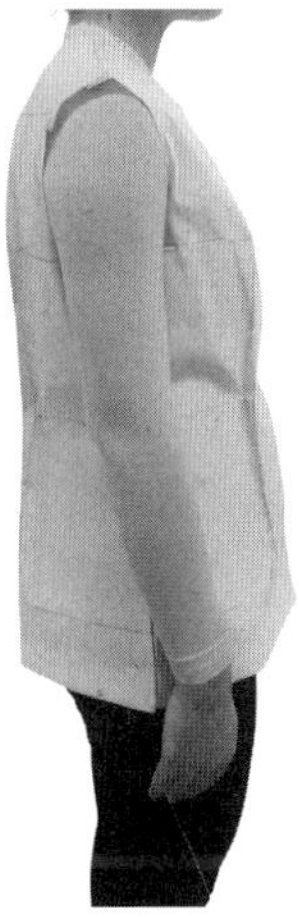

（b）侧面

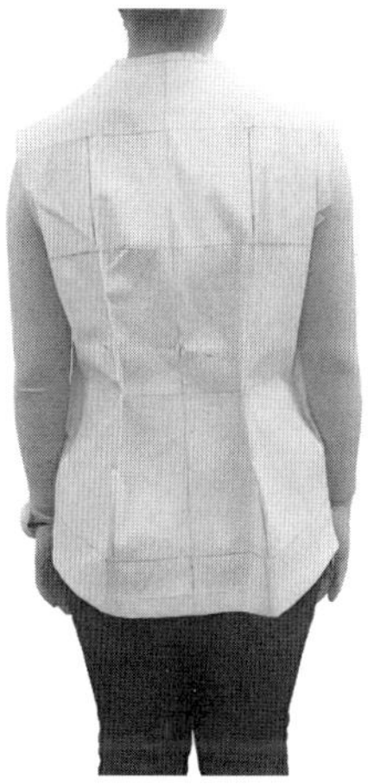

（c）背面

图3.2.3.6 腰省修正后的正面、侧面、背面照

表3.2.3.1　东华原型补正实验修正数据记录表

<table>
<tr><td colspan="5">东华原型补正实验数据登记表</td></tr>
<tr><td colspan="5">姓名：×××　　学号：××××××　　补正时间：××××.××.××</td></tr>
<tr><td colspan="5">上身着衣情况：文胸+加绒薄紧身衣　　下身着衣情况：内裤+加绒薄紧身裤</td></tr>
<tr><td>身高（cm）</td><td>体重（kg）</td><td>胸围（cm）</td><td>腰围（cm）</td><td>臀围（cm）</td></tr>
<tr><td>161.5</td><td>54</td><td>86</td><td>72</td><td>96</td></tr>
<tr><td colspan="5">单向变量x（箭头方向为正）（cm）</td></tr>
<tr><td>1 FNP点</td><td>2 BNP点</td><td>3 SNP点（前）</td><td>4 SNP点（后）</td><td>5 SNP点滑动</td></tr>
<tr><td>0</td><td>0</td><td>0.5</td><td>0.5</td><td>0</td></tr>
<tr><td>6 前胸宽</td><td>7 后背宽</td><td>8 腰围高</td><td>9 臀围高</td><td></td></tr>
<tr><td>0</td><td>0</td><td>0</td><td>0</td><td></td></tr>
<tr><td colspan="5">坐标变量（x，y）（箭头方向为正）（cm）</td></tr>
<tr><td colspan="2">10 BP点</td><td colspan="2">11 SP点（前）</td><td>12 SNP点（后）</td></tr>
<tr><td colspan="2">（0，0）</td><td colspan="2">（0，0）</td><td>（-0.8，0）</td></tr>
<tr><td colspan="5">差值变量x（增大为正）（cm）</td></tr>
<tr><td>13 前胸省</td><td>14 后背省</td><td>15 前臀围松量</td><td>16 侧臀围松量</td><td>17 后臀围松量</td></tr>
<tr><td>0</td><td>0.45</td><td>0</td><td>0</td><td>0</td></tr>
<tr><td colspan="5">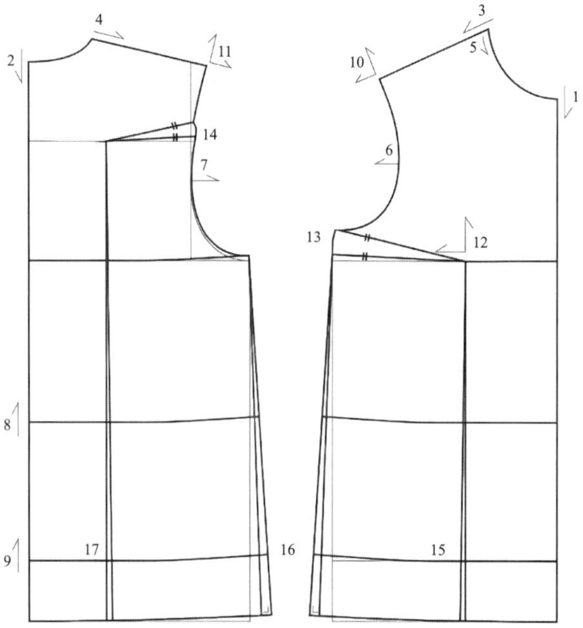</td></tr>
</table>

表3.2.3.2　个人原型结构数据记录表（单位：cm）

原型制图主要规格数据							
身高	161.5	胸围	86	臀围	96	腰围	72

补正后原型结构测量数据					
序号	部位	测量数据	序号	部位	测量数据
1	胸围松量	12	14	乳间距	16.8
2	臀围松量	7.3	15	后背省量	2.3
3	领口线总长	39.7	16	前胸省量	3.7
4	后领口线长	16.4	17	后下摆放大量	20.6%
5	前领口线长	23.3	18	前下摆放大量	19%
6	肩宽	12.6	19	侧缝放大量	30.2%
7	后肩斜角度	11	20	前腰省量	25.2%
8	前肩斜角度	24	21	侧腰省量	33.5%
9	后背宽	36.1	22	后腰省量	41.3%
10	前胸宽	33.6			
11	后袖窿弧长	22.5			
12	前袖窿弧长	20			
13	胸高	24.9			
着装情况备注		上身着装：文胸+薄紧身衣			
		下身着装：内裤+薄紧身裤			
其他备注					

第 4 章　服装构成方法与综合案例

服装款式对应服装结构，服装款式由服装结构构成；反过来说，服装结构决定服装款式。服装款式按廓形分类，常见的有H型（H廓形）、A型（A廓型）、O型（O廓型）和X型（X廓型）；按衣片构成分类，常见的有两面构成、三面构成、四面构成；按品类分类，常见的有衬衣、外套、大衣等；按季节分类可分为春秋装、夏装、冬装；按领型分类可分为领口领、立领、翻立领、连翻领、驳折领、连身立领和连帽领服装；按袖型分类可分为无袖、拖肩袖、插肩袖和连身袖。本章以服装廓形为第一分类标准，以衣片构成为第二分类标准，再综合服装品类、结构元素、领型、袖型变化进行理论详释和案例示范，展开服装构成原理和结构设计方法的讲解。

4.1　H型

4.1.1　H型服装与人体体型的关系

H廓形是最基本的服装廓形。早期的H廓形服装直接由长方形样片组合，穿着于人体后形成一些自然的衣褶，整体呈现直身的状态，为H型；在此基础上，逐渐演变为下摆加大的A型，以及腰部以腰带束缚的X型。如图4.1.1.1所示，H型服装在加大下摆量后演变为A型和在腰部装饰腰带后演变为X型服装。

图4.1.1.1　服装的H型、A型及X型

H廓形服装穿着于人体后，呈现肩、颈部位贴合，前身胸部以上部位贴合，后背肩胛骨以上部位贴合，其下部位呈现自然下垂的直线状态。因此，H廓形是胸围线以下呈现H形态，严格来讲，是前身和侧身胸围线以下呈现H形态，后背是肩背横线以下呈现H形态。如图4.1.1.2所示，H廓形服装在穿着时，整体在胸围线和肩背横线以下呈现H形态。

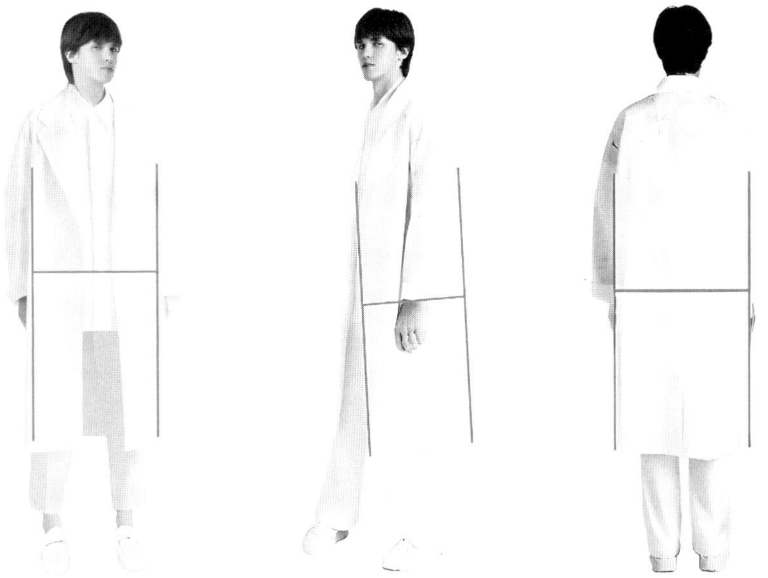

图4.1.1.2 H廓形服装穿着状态三视图

H型服装穿着于人体后，自胸围线以下悬挂且呈现自然下垂。人体腰部的内凹不会影响服装的H形态，而人体的前腹部、侧胯部、后臀部的外凸以及人体胸部和肩背部，则会影响服装的H形态。腹部、胯部和臀部外凸程度小于胸部和肩部。H型服装穿着于人体后可呈现出完全的H形态或接近H形态，但也可能无法呈现出H形态，而是为满足人体形态跟随人体呈现出小A形态。如图4.1.1.3所示。

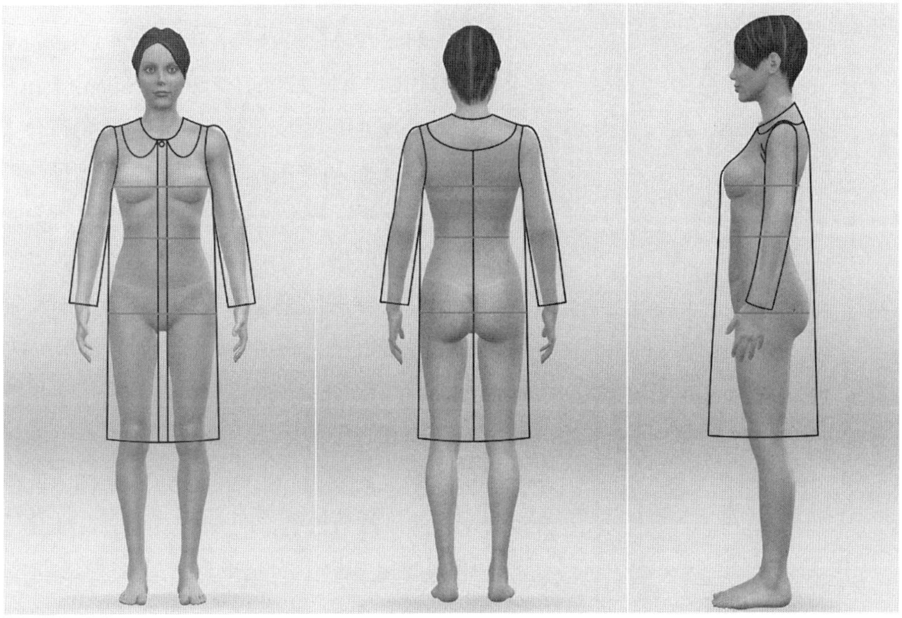

图4.1.1.3 H廓形服装虚拟人体透视三视图

4.1.2 H型服装规格设计要点

影响服装呈现H廓形的主要规格为胸围和臀围。服装的胸围为人体胸围或人体着装后的胸围加放松量而得，服装的臀围为人体臀围或人体着装后的臀围加放松量而得。

为清晰辨识，将人体的净胸围标记为B**，人体着装后的胸围标记为B*，服装的胸围标记为B；同样，人体的净臀围标记为H**，人体着装后的臀围标记为H*，服装的臀围标记为H。B与B*或B**之间的差值称为胸围松量，H与H*或H**之间的差值称为臀围松量。

以GBT 1335.2—2008《女子服装号型标准》为例，160cm身高的Y、A、B、C体型对应的中间体体型主要数据见表4.1.1.1。

表4.1.2.1 160cm身高的Y、A、B、C体型对应的中间体体型主要数据（GBT 1335.2—2008）（单位：cm）

部位	Y	A	B	C
身高	160.0	160.0	160.0	160.0
颈椎点高	136.0	136.0	136.5	136.5
坐姿颈椎点高	62.5	62.5	63.0	62.5
全臂长	50.5	50.5	50.5	50.5
腰围高	98.0	98.0	98.0	98.0
胸围	84.0	84.0	88.0	88.0
颈围	33.4	33.6	34.6	34.9
总肩宽	40.0	39.4	39.8	39.2
腰围	64.0	68.0	78.0	82.0
臀围	90.0	90.0	96.0	96.0

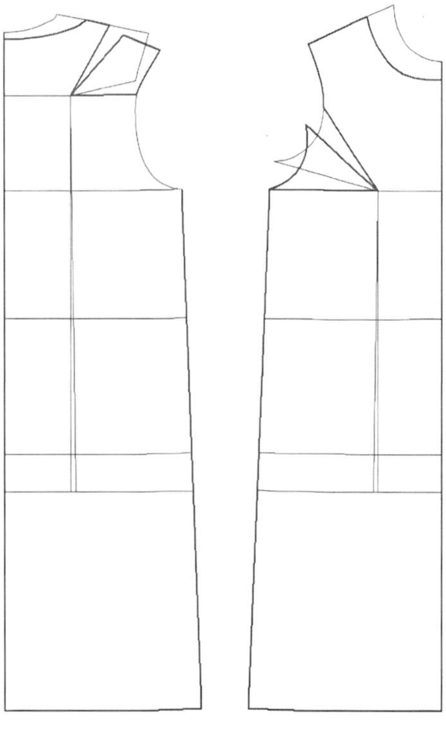

图4.1.2.1 H型裙结构图

其中：A体型和Y体型对应的胸围为84cm，臀围为90 cm；B体型和C体型对应的胸围为88cm，臀围为96 cm。可以看出，对于A体型和Y体，H**-B**=90cm-84cm=6cm；对于B体型和C体型，H**-B**=96cm-88cm=8cm。从这方面来讲，人体呈现A型廓形形态。如果服装要符合人体形态，那么服装胸围松量和臀围松量设置一致，服装臀围大于胸围，即H＞B，服装趋向A型廓形；如果服装要呈现完全的H型，那么服装的胸围松量需大于臀围松量才可以实现H=B。

对于贴身穿着的服装，进行规格设计时可以净胸围和净臀围为基础加放松量获得，即B**加放松量，H**加放松量；而对于外穿类服装，进行规格设计时需考虑搭配穿着的内衣厚度对胸围和臀围的影响，而对于搭配穿着的裙子和裤子对臀围的影响也需要充分考虑，以内衣、裙子或裤子外的胸围或臀围为基础加放松量，即B*加松量，H*加松量。

胸围松量和臀围松量的确定需要考虑面料的性征，如同样的松量，柔软面料呈现吸附人体的贴身形态，硬挺面料则呈现支楞的离体形态，所以从这一角度来讲，柔软面料服装松量加放大于硬挺面料服装松量加放。如图4.1.2.1

和表4.1.2.2所示，是同一人体穿着的同一样板、不同面料虚拟试衣的三视图。人体身高为160cm、B** 为84cm、H** 为90cm，这款H型裙的胸围和臀围分别是B=B**+12cm=96cm，H=H**+12cm=102cm。

表4.1.2.2　不同面料、同一样板的H型服装的三维虚拟试衣三视图的比较

面料	正面	侧面	背面
薄垂面料	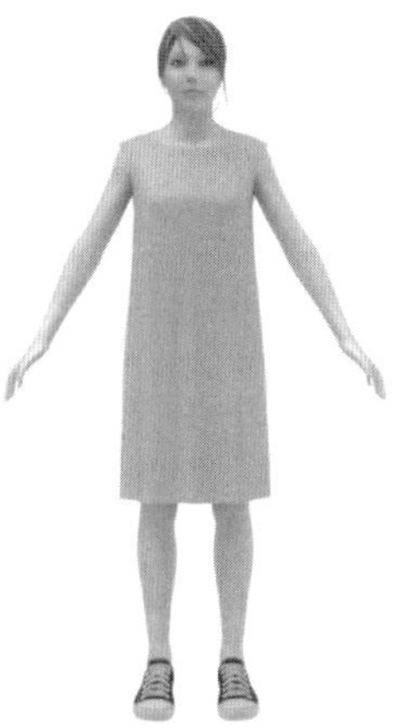	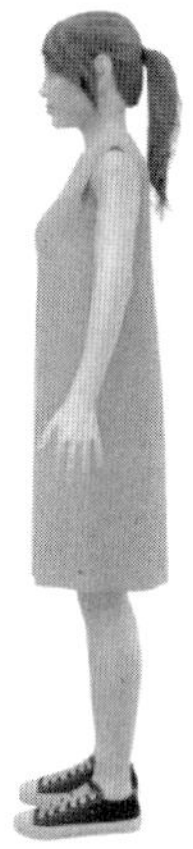	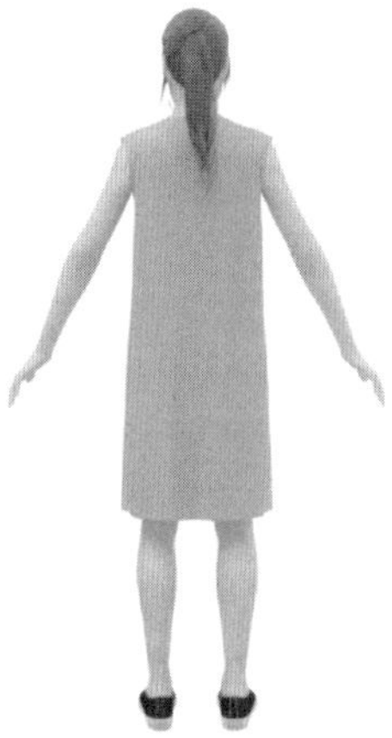
中厚面料	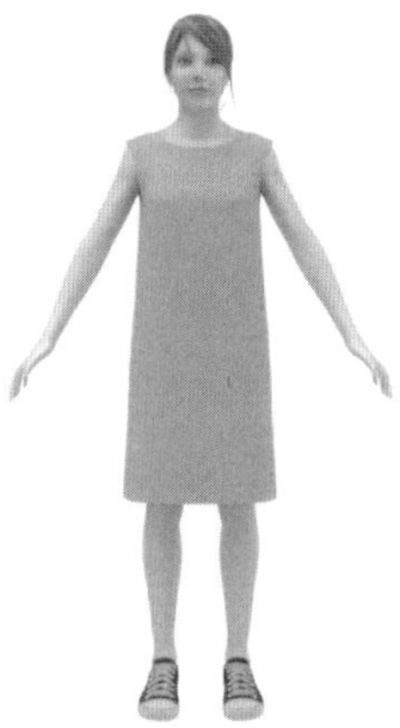	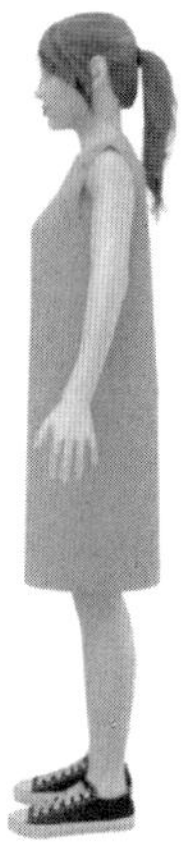	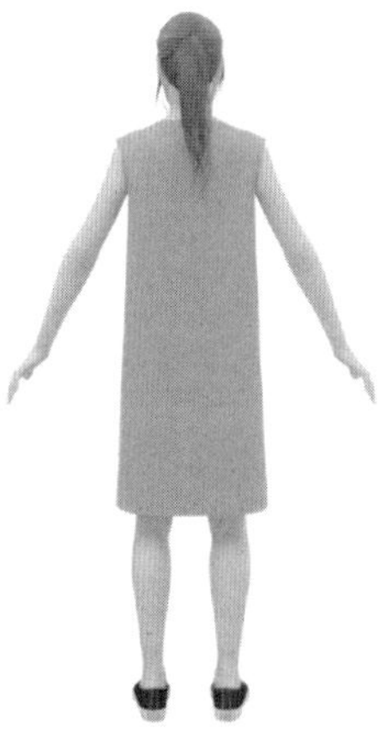

4.1.3　H型服装结构设计要点和方法

对于H廓形的服装造型，其平面面料在胸围线以下部分呈现H形或近似H形，胸围线以上部分与人体曲面拟合会产生面料的多余量，称其为浮余量或曲面量。曲面量的处理是结构设计的重点内容。处理曲面量采用的结构形式不同，形成不同的H型服装结构类型。

一、领口松量、袖窿松量、臀围松量、归缩量及曲面量的转化

不同服装的领口松量、袖窿松量、臀围松量以及是否可设置归缩量是不同的。领口松量、袖窿松量、臀围松量根据服装款式的不同而不同，它们在款式上表现为满足内衣厚度或人体活动以及款式风格的松量，在结构中则体现为曲面量的部分转化或全部转化。归缩量是曲面量转化的另一种类型，归缩量就是通过缩小面料纱线和纱线之间的距离来处理曲面量。在结构设计中要依次进行曲面量的分配设计。

（一）领口松量、袖窿松量的设置

领口松量的需求主要来自于内衣厚度的变化。袖窿松量的设置不仅要考虑内衣厚度，还要配合不同袖型对袖窿松量的要求。一般袖肥大，则需求的袖窿松量大，对应的袖窿深也较大；袖肥小，则对应的袖窿深也小，袖窿松量也较小。在设计袖窿松量时，一般先考虑后袖窿，再配合考虑前袖窿。最宽松的袖窿松量为将前、后曲面量全部转入。从宽松到合体时，袖窿松量逐渐减小。宽松时后曲面量全部转为后袖窿松量、前袖窿松量等于后袖窿松量，到合体时后曲面量的2/3或1/2甚至更小转为后袖窿松量、前袖窿松量等于后袖窿松量的2/3或1/2。如图4.1.3.1所示。

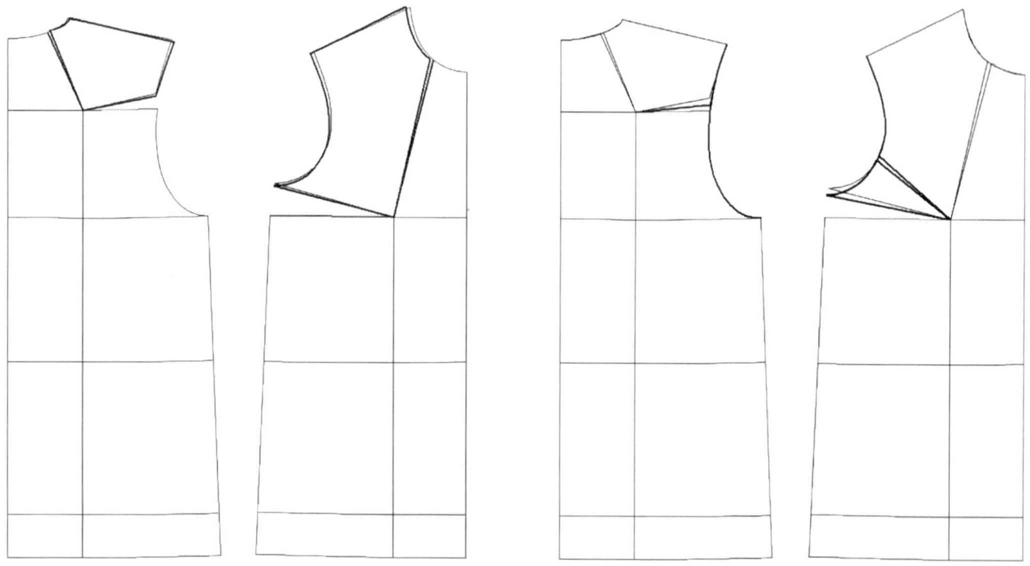

图4.1.3.1　领口松量和袖窿松量的设置

（二）臀围松量的设置

上装臀围松量的设置需要考虑搭配穿着的下装情况。比如，若一件衬衣只搭配紧身贴体裙或紧身裤穿着，则臀围松量需求不大；而若考虑需适合臀部宽松的蓬裙或厚贴袋裤搭配穿着时，则臀围松量需求就大。臀围松量的加放，不能只加放在侧缝线处，而应是均匀分配于前腹、后臀和侧胯。前腹和后臀部松量的加放是通过曲面量转化而生成的。如图4.1.3.2所示。

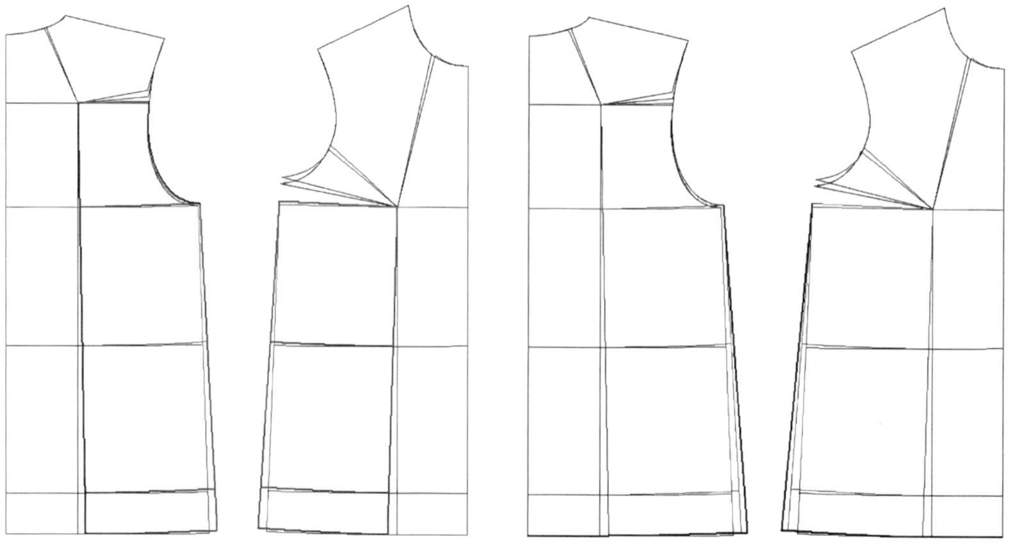

图4.1.3.2　臀围松量的设置

（三）省道、分割线等功能结构线的曲面量设置

通过或靠近曲面高处的结构线可包含曲面量的转化，偏离曲面高处较远的分割线无法包含曲面量的转化。对于在满足领口松量、袖窿松量和臀围放大量需求之后的剩余曲面量，可将其设计转化至新省道或分割线等功能结构线位置。如图4.1.3.3所示。

（四）归缩量的设置

除领口松量、袖窿松量和臀围放大量的需求之外，如果用无功能结构线处理剩余的曲面量，就只能依靠设置归缩量进行处理。归缩是面料纱线和纱线之间距离的缩小，从而缩小结构线长度、面料面积以实现曲面量处理。结构稀疏的面料的可归缩程度大于结构细密的面料，对凸面周围的结构线可设置归缩量，而对凹面周围的结构线不宜设置归缩量，如对前中线上段、前领口线、后领口线、后肩线以及后袖窿弧线上端可设置归缩量，一般为0.3 ~ 0.7cm，而对前肩线以及前袖窿弧线不设置归缩量。如图4.1.3.4所示。

图4.1.3.3　以省道形式处理剩余曲面量

图4.1.3.4　以归缩形式处理剩余曲面量

二、胸围线布纹的不同形态

胸围线布纹形态表现为胸围线布纹水平和胸围线布纹下斜或上抬。

如以省道形式来处理H型服装胸围线以上曲面量，那么根据省道位置的不同，H型服装的结构类型主要有：领口省、肩线省、袖窿省、侧缝省和下摆省。根据省道底位置位于胸围线以上或以下，可将省道分为A类胸围线以上省道和B类胸围线以下省道两类。两者的不同在于胸围线布纹的水平与否：A类胸围线的经向布纹线水平，B类胸围线的经向布纹线呈外段的下斜。如图4.1.3.5、图4.1.3.6所示分别为A类和B类的省道转移结构图，表4.1.3.1所示为二者的三维虚拟试衣三视图。其中：A类服装前片有袖窿省，后片有肩省，省道均位于胸围线以上，从虚拟试衣中可以看到侧面胸围线处的经向布纹线水平；B类服装前片有低于胸围线的侧缝省、后片有下摆省，从虚拟试衣图中可以看到侧面胸围线处的经向布纹线的下斜。基于这一点，对于横向条纹和格子纹面料有横向对条对格要求的服装设计应特别注意。

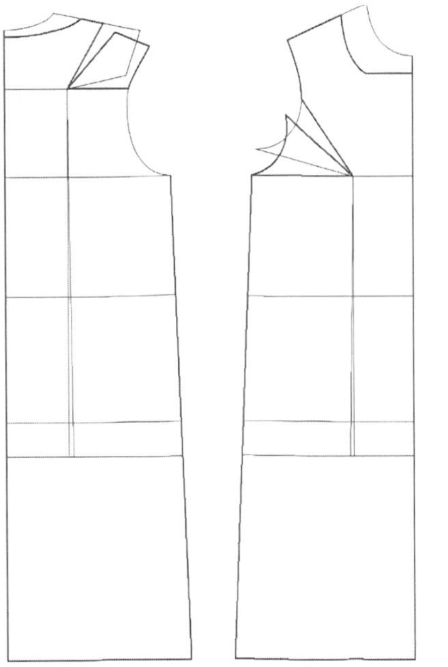

图4.1.3.5

A类：服装前片有袖窿省、后片有肩省的结构图

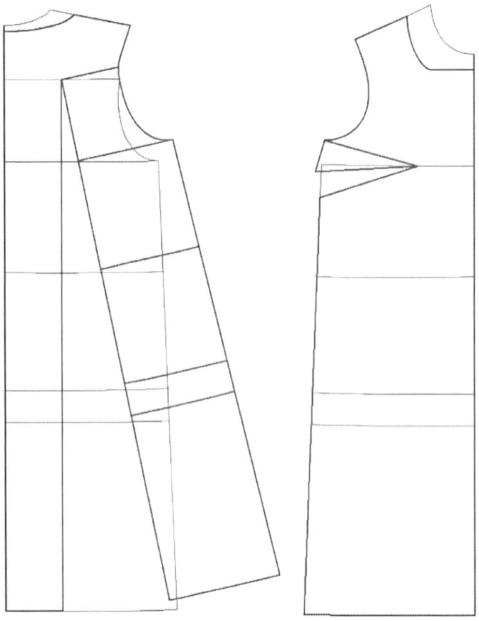

图4.1.3.6

B类：服装前片有低于胸围线的侧缝省、后片有下摆省的结构图

表4.1.3.1 胸围布纹线水平与下斜两种不同结构形式服装的三维虚拟试衣三视图的比较

省道转移	正面	背面	侧面
A类 服装前片有袖窿省、后片有肩省，省道均位于胸围线以上。从虚拟试衣中可以看到侧面胸围线处的经向布纹线水平。	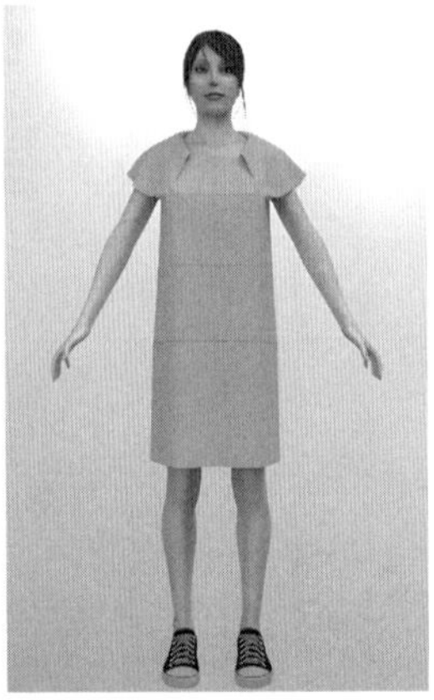	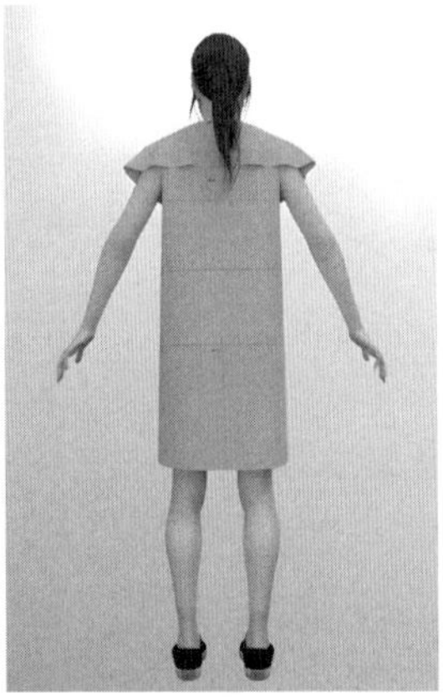	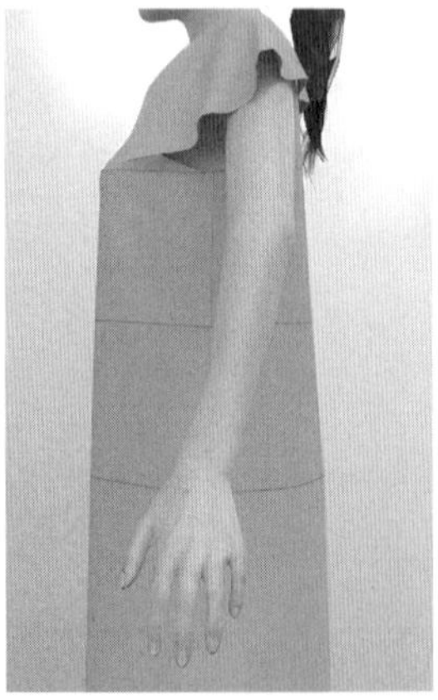
B类 服装前片有低于胸围线的侧缝省、后片有下摆省。从虚拟试衣中可以看到侧面胸围线处的经向布纹线自胸点向下倾斜。	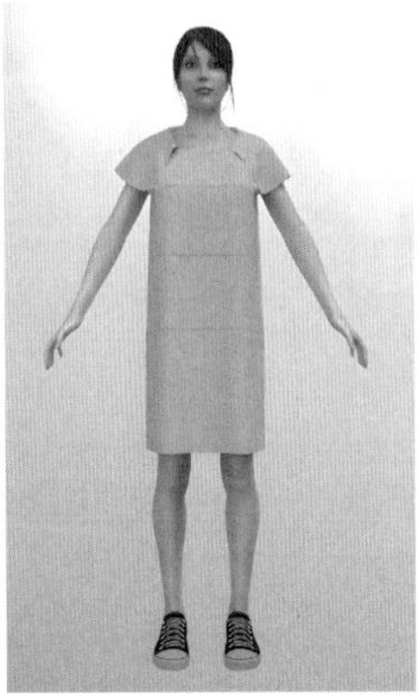	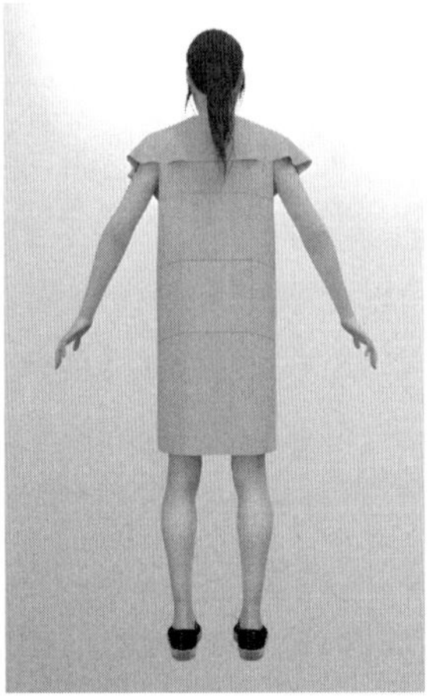	

4.1.4 H型服装综合结构设计案例

4.1.4.1 案例1：纵横分割线/圆装袖/连翻领牛仔夹克

一、款式图

图4.1.4.1.1 款式图

二、款式分析

衣身廓形：H廓形。

结构要素：分割线。前、后衣片均设有横向分割线，纵向分割线。

胸围线以上的曲面量处理：前片—袖窿松量、撇门、纵向分割线；后片—袖窿松量、横向育克分割线。

衣领：连翻领。

衣袖：一片式/小袖口/直身/圆装袖。

三、规格设计

示明规格：160/84A。细部规格：见表4.1.4.1.1。

表4.1.4.1.1 细部规格（单位：cm）

部位	备注	尺寸
衣长	后衣长	46
	前衣长比后衣长加长2	—
胸围	松量16	100
下摆围	（与胸围比较）变化量-3	97
肩宽	变化量0	38
袖窿深	下降1	—
横开领	变化量1.2	—
前直开领	变化量2	—

（续表）

部位	备注	尺寸
后直开领	变化量0.5	—
门襟宽	—	4
纽扣间距	间距等分	—
袋盖宽	—	12
袋盖高	—	5
下摆育克宽	—	4
袖长	总袖长	56
袖肥	—	32
袖克夫宽	—	5
袖口	—	20
后立领高	—	3
后翻领宽	—	4
前翻领宽	—	5.5
袖山缝缩	衣身压衣袖，袖山缝缩为负值	-1

四、结构设计

（1）设计内容：

1）衣长变化设计。

2）胸围变化设计。有纵向分割线，侧缝稍向前移，前胸围小于后胸围。如图4.1.4.1.2所示。

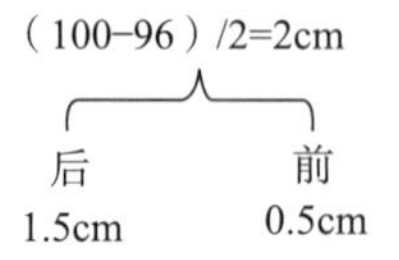

图4.1.4.1.2　胸围变化量分配

3）下摆围变化设计。下摆围比胸围小3cm。前、后分配如图4.1.4.1.3所示。

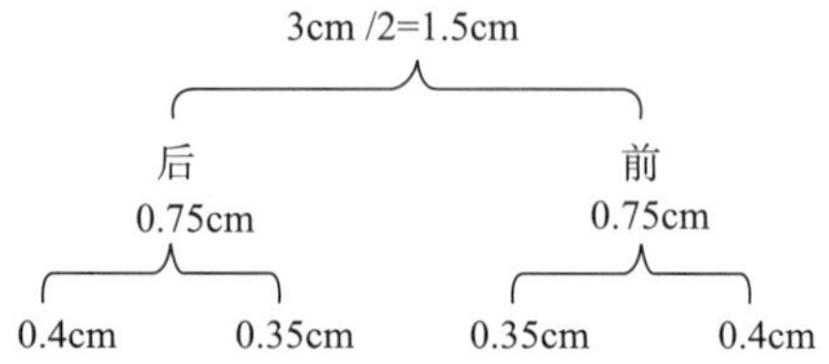

图4.1.4.1.3　下摆围变化量分配

4）分割线设计。前、后衣片有多条分割线设计。后衣片横向育克分割线通过曲面高处，可以承担肩背曲面量，两条纵向分割线为装饰分割线，因为是H型服装衣身，所以不承担吸腰量。前衣片横向分割线离曲面高处较远，无法承担胸围线以上曲面量，两条纵向分割线也未完全通过胸部曲面高处，加以归缩处理分配承担曲面量。

5）曲面量变化设计（图4.1.4.1.4）。比较合体的圆装袖，袖窿松量较小，后袖窿松量设置1cm，前袖窿松量为后袖窿松量的1/2，为0.5cm。后片横向育克分割线通过曲面的高处，后片其余的曲面量可全部置入；前片横向育克分割线不通过胸点，纵向分割线也不通过胸点，故其余曲面量分配为撇门、纵向分割线处归缩处理。

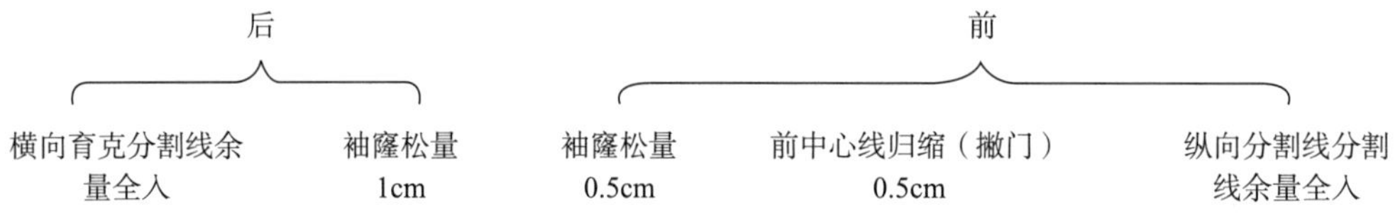

图4.1.4.1.4　曲面量变化分配

6）袖窿深变化设计。袖窿深下降1cm。

7）门襟设计。贴门襟。

8）口袋设计。前片设计有袋盖的贴袋，注意贴袋和袋盖的经典形状。

9）衣领设计。连翻领。

10）衣袖设计。袖口小于袖肥的一片式直身袖，袖口克夫。衣身压衣袖辑缝明线，袖山缝缩量设计为-1cm，前、后分配如图4.1.4.1.5所示。

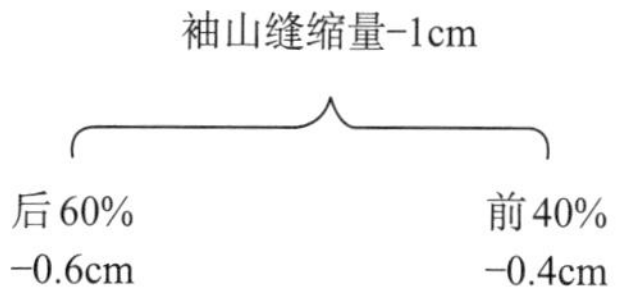

图4.1.4.1.5 袖山缝缩量分配

（2）绘图步骤：

1）步骤1：胸围变化设计（图4.1.4.1.6）。相对于原型，侧缝向前偏移1cm，后片侧缝向外平移1.5cm，前片侧缝向外平移0.5cm。

2）步骤2：衣长变化及下摆克夫设计（图4.1.4.1.7）。衣长为前长后短，后衣长至腰围线以下8cm，前衣长至腰围线以下10cm；下摆克夫宽4cm。

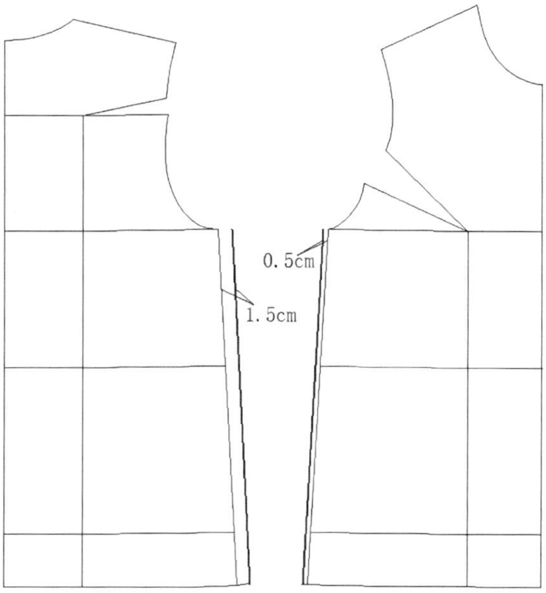

图4.1.4.1.6 胸围变化设计

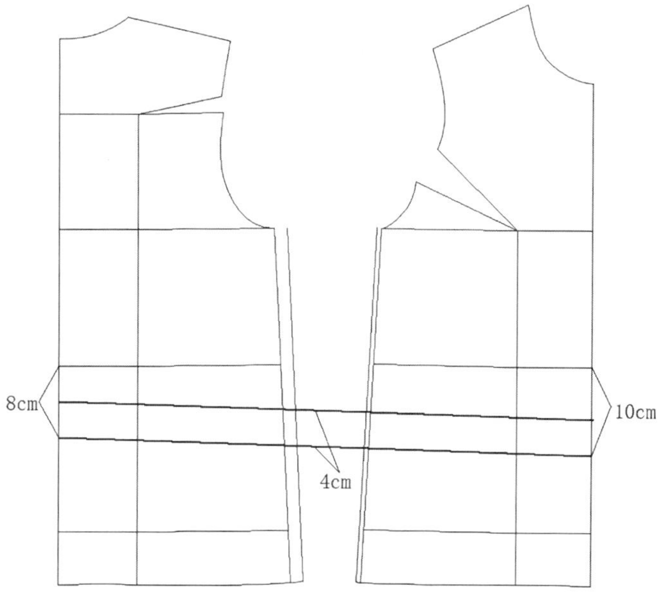

图4.1.4.1.7 衣长变化及下摆克夫设计

3）步骤3：袖窿、领口及贴门襟、纽位变化设计（图4.1.4.1.8）。确定袖窿深下降1cm，绘制袖窿弧线；领口稍宽松，前、后横开领开大2cm，后直开领开大0.5cm，前直开领开大1.2cm，绘制前、后领口弧线（因是连翻领，所以前领口弧线宜偏直不宜过弯）；贴门襟宽度为4cm，绘制门襟，并在门襟上标记纽扣位置。

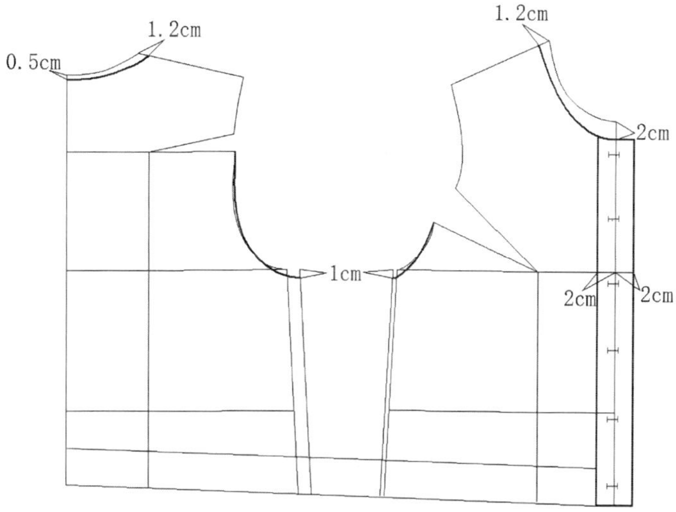

图4.1.4.1.8 袖窿、领口及贴门襟、纽位变化设计

4）步骤4：袖窿松量设置及后片下摆围变化处理（图4.1.4.1.9）。袖窿稍微

贴体，设置袖窿后片松量1cm、前片松量0.5cm；后袖窿省道余量之后处理于肩背横向分割线；前片胸省余量之后处理于两条纵向分割线。将下摆围稍微收小，后片侧缝收小0.35cm，后片纵向分割线收小0.4cm。

5）步骤5：前片分割线位置及口袋设计（图4.1.4.1.10）。根据款式确定前片横向分割线位置，绘制横向分割线。根据款式确定与绘制袋口位置，根据口袋尺寸绘制袋体和袋盖。根据款式参考口袋底位置，绘制纵向分割线。

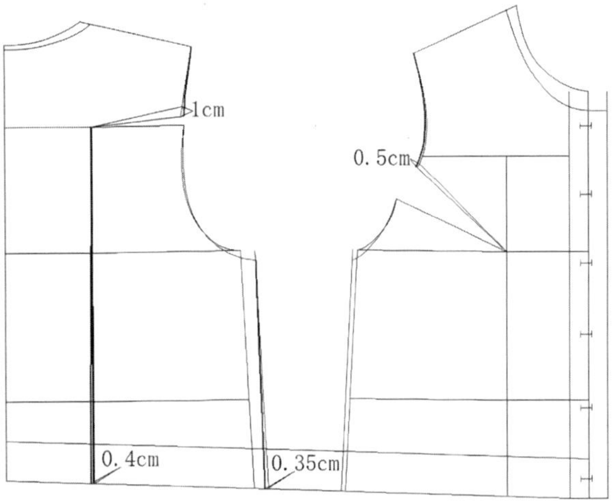

图4.1.4.1.9　袖窿松量及后片下摆围变化处理

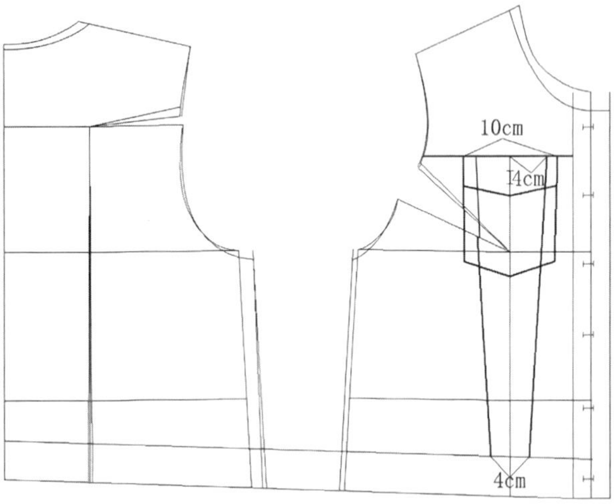

图4.1.4.1.10　前片分割线及口袋设计

6）步骤6：前片省道余量处理及下摆围变化设计（图4.1.4.1.11）。将前片省道余量先转移为指向胸点的下摆省，作为过渡省道处理。前片下摆围的变化同后片下摆围的变化，将侧缝收小0.35cm，过渡省道处收小0.4cm。

7）步骤7：前片过渡省道量转移至纵向分割线（图4.1.4.1.12）。合并过渡省道，省量转移至分割线，因分割线不通过胸点余留的横向余量作为归缩量处理。

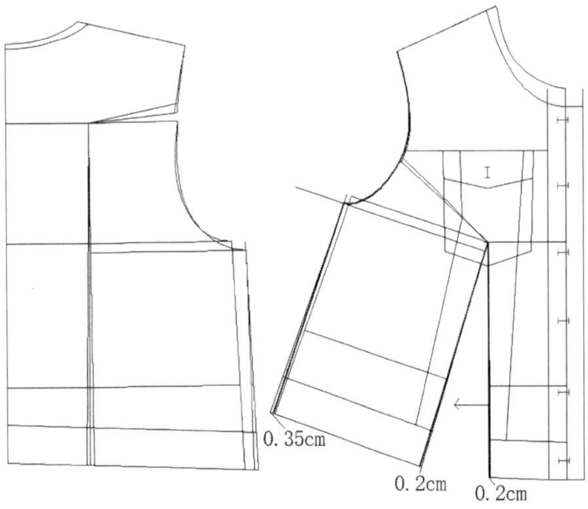

图4.1.4.1.11　前片省道余量处理及下摆围变化设计

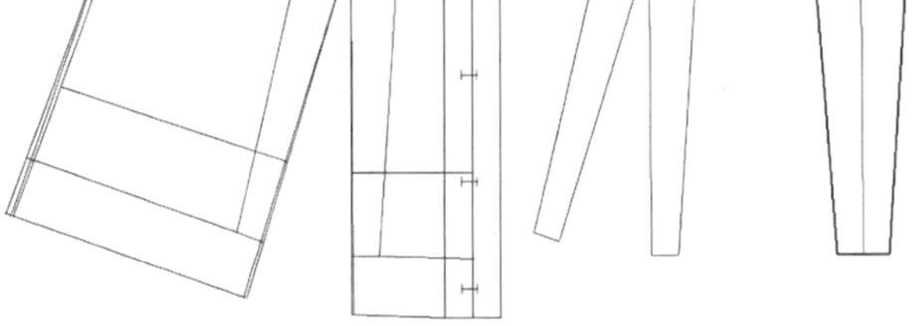

图4.1.4.1.12　前片过渡省道量转移至纵向分割线

8）步骤8：连翻领设计（图4.1.4.1.13）。基于领口线和领高、领宽，绘制前、后衣领模拟造型线；量取前、后领口线长度L_0前和L_0后，前、后外领口弧线长度L'前和L'后。根据L_0和L'，以及前、后领高、领宽绘制领片基础框线。拉展外领口弧线至L'前和L'后的量，绘制外领弧线，下领口弧线以及翻折线，此样板为连翻领领片的领里样板，注意领面样板需要进行翻转余量的设置变化。

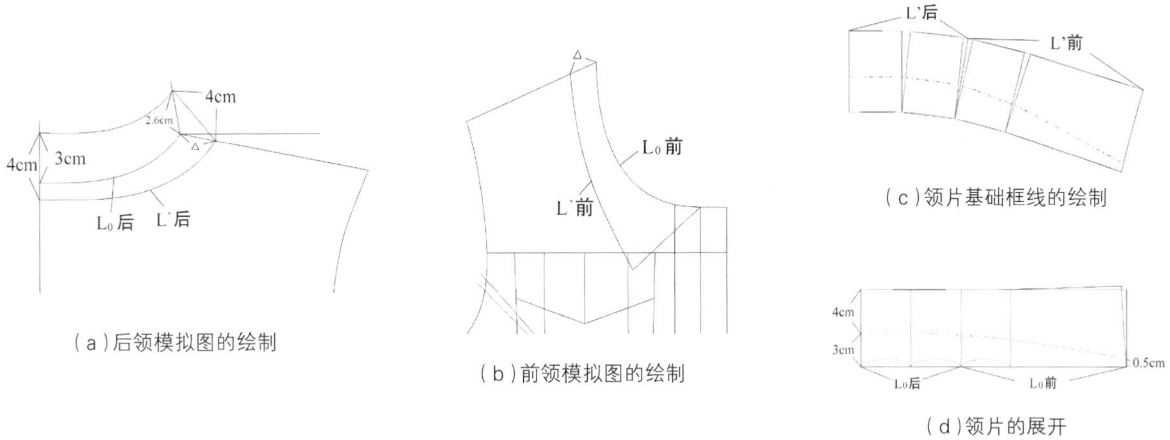

（a）后领模拟图的绘制

（b）前领模拟图的绘制

（c）领片基础框线的绘制

（d）领片的展开

图4.1.4.1.13　衣领设计

9）步骤9：衣袖设计（图4.1.4.1.14）。保持胸围线的水平对齐，拓印前、后袖窿弧线。基于袖窿弧线绘制袖山基础框线，注意袖肥的保证，以及袖山缝缩量的保证。绘制袖身结构框线。确定袖口大小，进行袖口收小的结构变化。绘制袖口克夫。

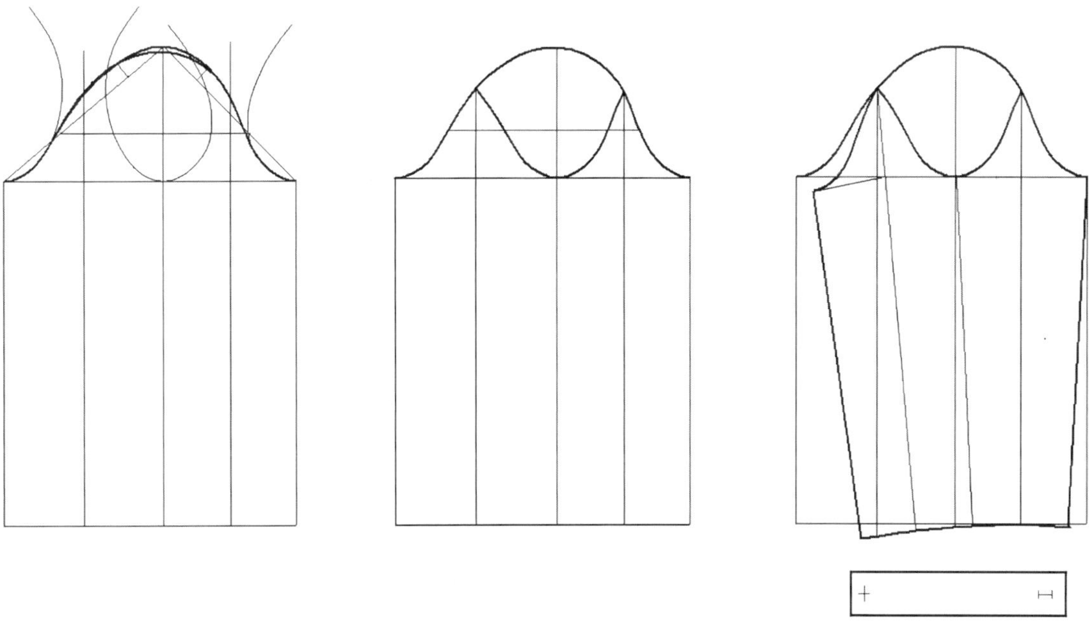

图4.1.4.1.14　衣袖设计

10）步骤10：样片（板）取出及缝份设置（图4.1.4.1.15）。检查结构线的弧顺，取出各样片，设置样片名称、丝缕线、片数等样片信息，设置缝份。

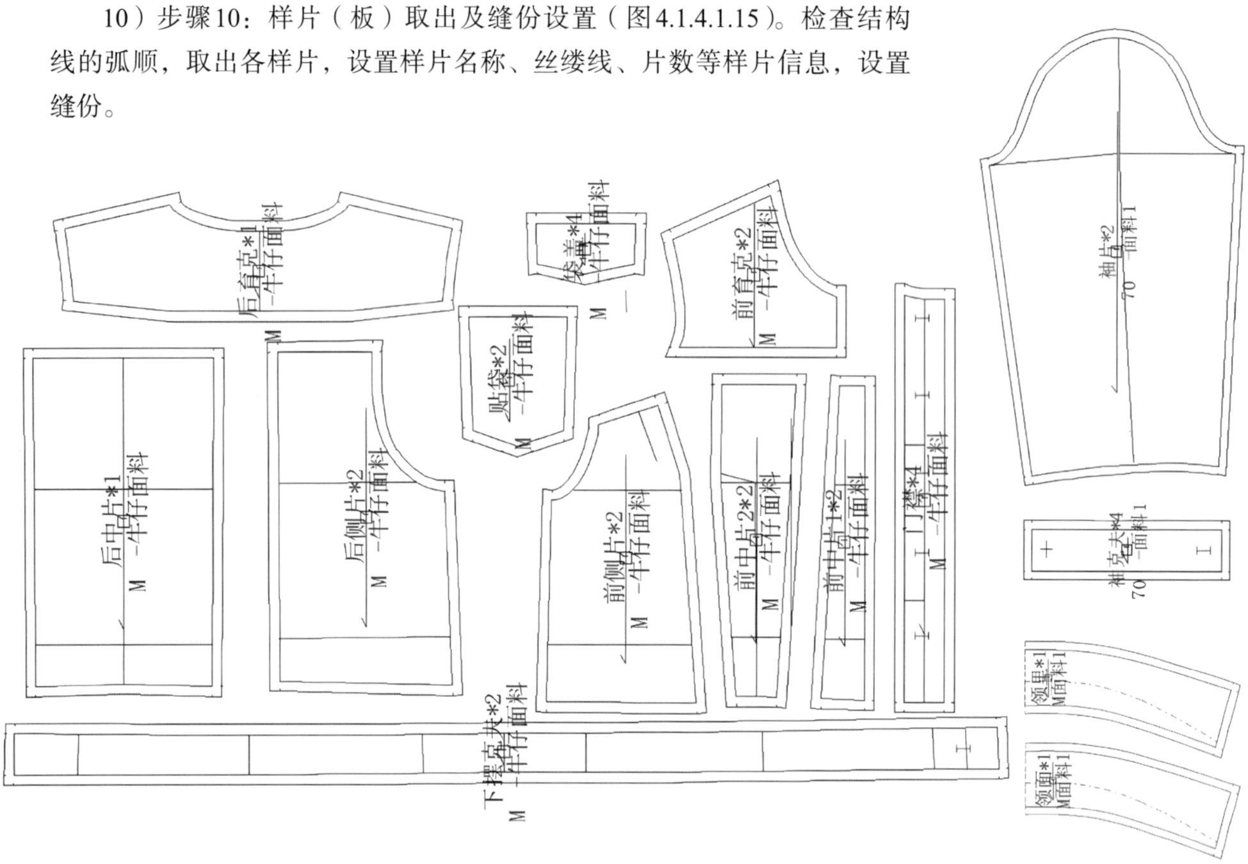

图4.1.4.1.15 样片提取及缝份设计

五、样衣试制

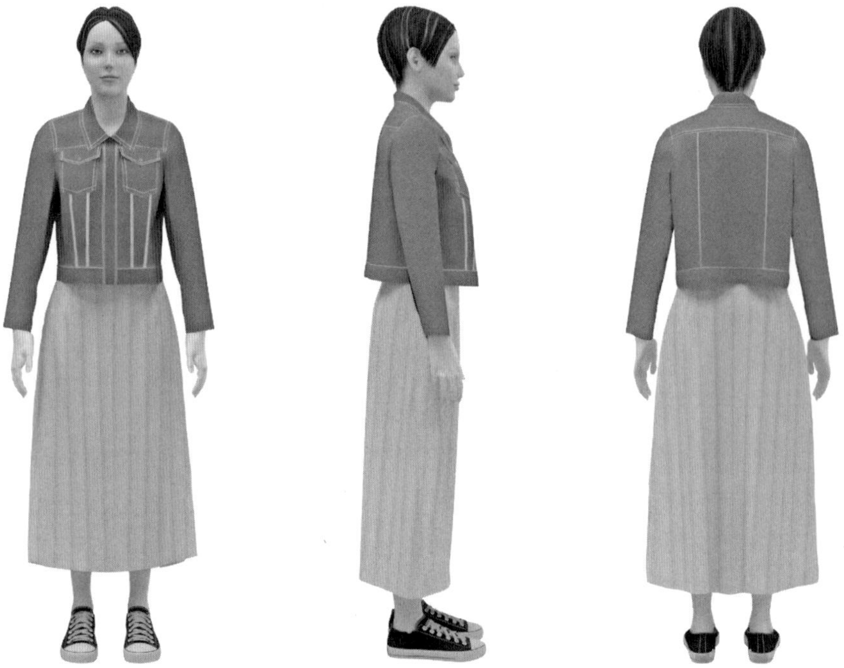

图4.1.4.1.16 三维虚拟样衣试制

4.1.4.2 案例2：不对称覆式/连翻领/分割圆装袖夹克

一、款式图

图4.1.4.2.1 款式图

二、款式分析

衣身廓形：H廓形，下摆略微收窄。

结构要素：左前覆式衣片设置肩省，其余衣片为无省道结构。

胸围线以上的曲面量处理：前片—袖窿松量、肩省；后片—袖窿松量。

衣领：连翻领。

衣袖：分割线直身圆装袖。

三、规格设计

示明规格：164/80A。细部规格：见表4.1.4.2.1。

表4.1.4.2.1 细部规格（单位：cm）

部位	备注	尺寸
衣长	后衣长	52
胸围	松量20	100
下摆围	下摆缩小10	90
下摆克夫宽	—	5
肩宽	变化量0	37
袖窿深	下降1	—
袖长	—	60

（续表）

部位	备注	尺寸
袖肥	—	40
袖口	—	32
袖克夫围度	—	17
袖克夫宽	—	4
袖山缝缩量	—	0
横开领	开大0.5	—
前直开领	下降2	—
后立领高	—	3
后翻领宽	—	4
前翻领宽	—	6

四、结构设计

（1）设计内容：

1）衣长变化设计。

2）胸围变化设计（图4.1.4.2.2）。

3）下摆围变化设计（图4.1.4.2.3）。

4）曲面量变化设计（图4.1.4.2.4）。后片无省道无分割线，结合衣袖袖肥较宽大，曲面量全部作为袖窿松量；前片袖窿松量设置等同于后袖窿松量，其余曲面量右片转移至肩省，左片转移至下摆。另外，如果款式配合内衣厚度还可以设置少许（0.3cm）的领口松量，如果面料可归缩，还可以设置少许（0.3cm）的领口的归缩量以及后肩线缝缩量（0.5cm）。

（100−92）/2 = 4cm

后 2cm　　前 2cm

图4.1.4.2.2　胸围变化量分配

（胸围−下摆围）/2 =（−10/2）= −5cm

后 −2.5cm　　前 −2.5cm

图4.1.4.2.3　下摆围变化量分配

后：袖窿松量 全入

前：袖窿松量 等于后袖窿松量；余量 左下摆 右肩省

图4.1.4.2.4　曲面量变化分配

5）袖窿深变化设计。袖窿深下降1cm。

6）肩覆设计。左、右两个肩覆，造型不对称。

7）门襟变化设计。装拉链、不对称搭襻门襟。

8）下摆克夫设计。

9）衣领设计。连翻领。

10）衣袖设计。圆装袖，直袖身，且设置有纵向和斜向装饰分割线。

（2）绘图步骤：

1）步骤1：胸围变化、曲面量分配及袖窿变化设计（图4.1.4.2.5）。

衣身为较为宽松的H廓形，衣袖为直身袖。前、后胸围的分配等同原型，胸围的变化量为前、后侧缝均向外平移2cm，实现胸围整体加大8cm的量。衣袖的袖肥和衣身较为宽松离体，因此袖窿需要一定的宽松量。后片肩背曲面量要全部置于后袖窿；前片袖窿松量要和后片保持一致，余量要转移至肩线，形成肩省。服装品类为外穿夹克，因此袖肥略宽松，袖窿深要适当下降（下降量为1cm），肩宽无变化，前胸宽和后背宽无变化。通过肩点、前胸宽点或后背宽点、变化的袖窿底点绘制袖窿弧线，注意要弧顺。

2）步骤2：衣长、领口线以及下摆克夫变化设计（图4.1.4.2.6）。量取后衣长52cm，与底边平行绘制前、后底边线。衣领为较为贴合的连翻领，领口线变化量较小，前、横开领开大0.5cm，后直开领不变，前直开领开大2cm；绘制前、后领口弧线。确定克夫宽5cm，保持与底边平行地绘制克夫基础框线，注意前中心处的5cm余留量。

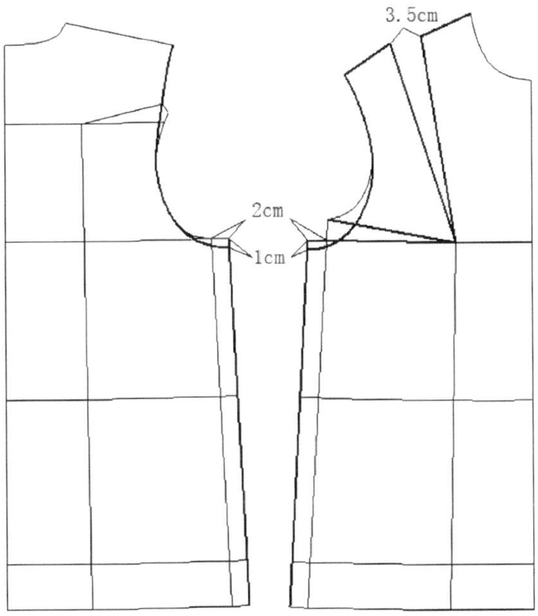

图4.1.4.2.5 胸围、曲面量、袖窿深的变化设计

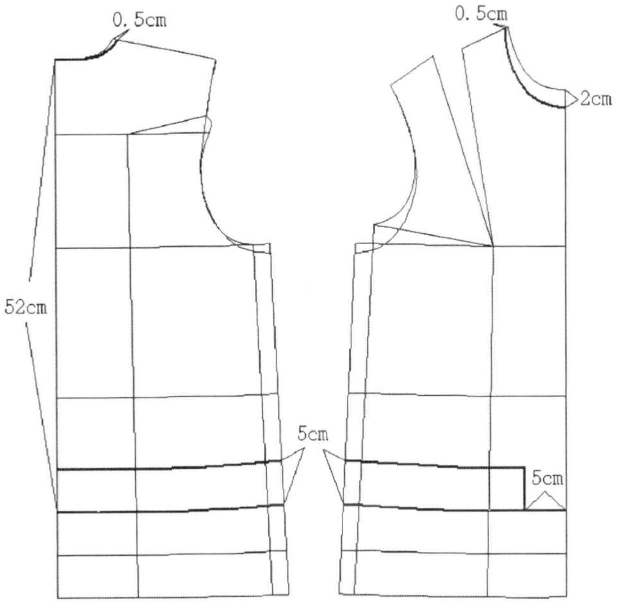

图4.1.4.2.6 衣长、领口线、下摆克夫变化设计

3）步骤3：下摆围变化设计，侧缝和下摆克夫的绘制（图4.1.4.2.7）。下摆围的变化量前、后均等分配，注意侧缝线的绘制，需保持上端的竖直和下端的竖直，整体非直线形态，呈略微的S形。提取前、后下摆克夫结构框线，合并侧缝，形成一片式的下摆克夫。

4）步骤4：挂面设计（图4.1.4.2.8）。确定挂面宽度为5cm，保持与前中心平行地绘制挂面结构线。

5）步骤5：左、右前肩覆的设计（图4.1.4.2.9）。将右肩覆长度取至腰线，合并肩省，并将省道量转移为肩覆下摆放大量。以左肩覆长度取40cm，门襟宽度为6cm，绘制领口搭襻以及门襟底摆处圆角；设置新省尖位置，拉展省道量，确定胸围线处宽度为1cm，绘制新省道。

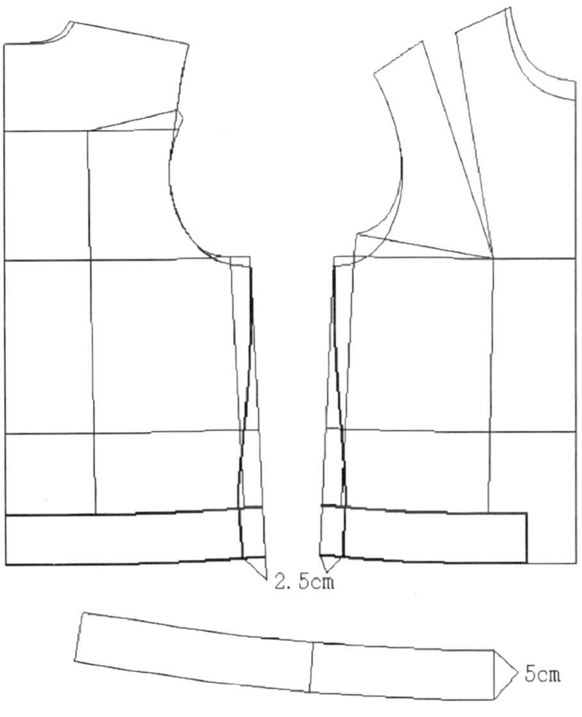

图4.1.4.2.7 侧缝、下摆设计

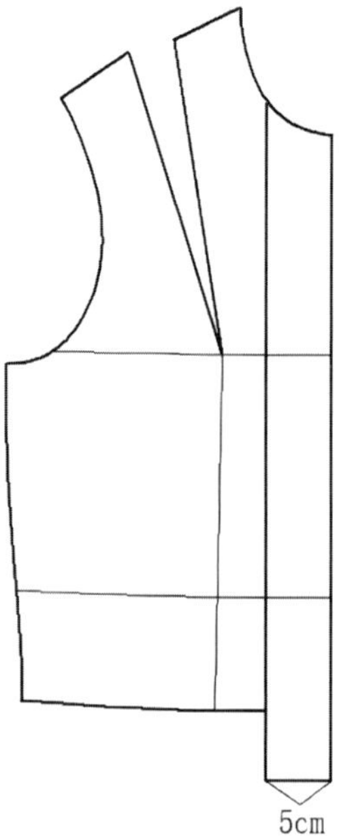

图4.1.4.2.8　挂面设计

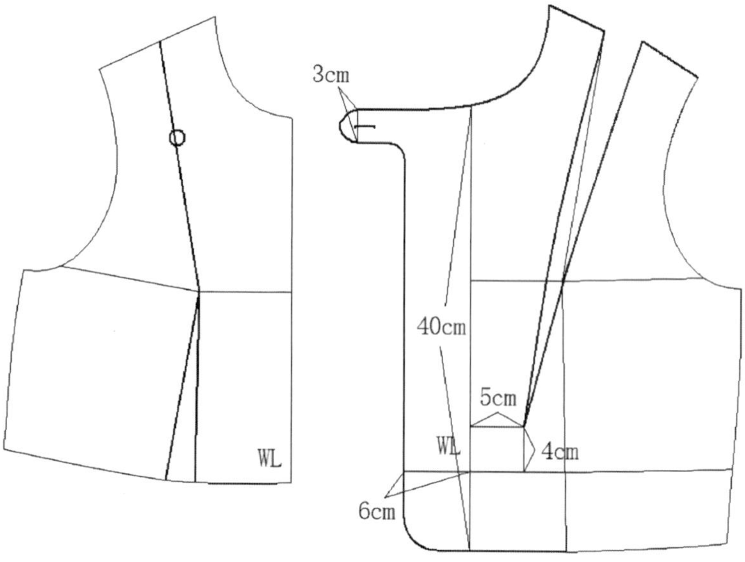

图4.1.4.2.9　左、右前肩覆设计

6）步骤6：衣领设计（图4.1.4.2.10）。基于领口线和领高、领宽，绘制前、后衣领模拟造型线；量取前、后领口线长度分别为m和n，前、后外领口弧线长度分别为b和a。根据m和n以及前、后领高、领宽绘制领片基础框线。拉展外领口弧线至a和b的量，绘制外领弧线，下领口弧线以及翻折线，此样板为连翻领领片的领里样板，注意领面样板需要进行翻转余量的设置变化。

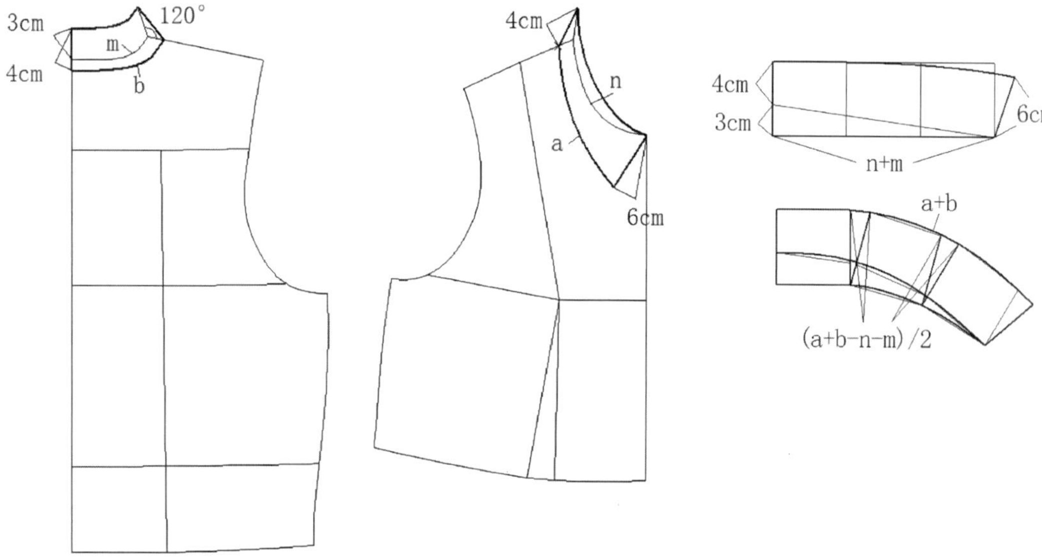

图4.1.4.2.10　衣领设计

7）步骤7：衣袖设计（图4.1.4.2.11）。保持前、后衣片胸围线的水平对齐，拓印前、后袖窿弧线；基于袖窿弧线绘制袖山基础框线，保证袖肥以及袖山缝缩量的设计。绘制袖身结构框线，绘制袖身分割线以及袖口克夫。

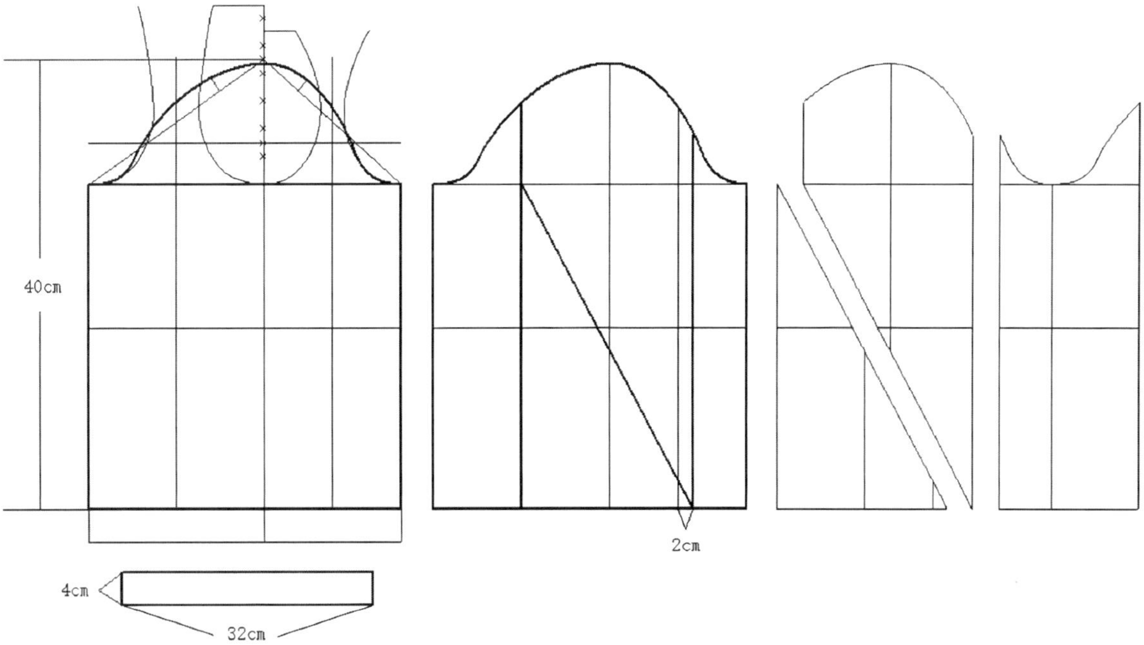

图4.1.4.2.11　衣袖设计

8）步骤8：面布样片取出及缝份设计（图4.1.4.2.12）。取出面布样片，设置缝份。

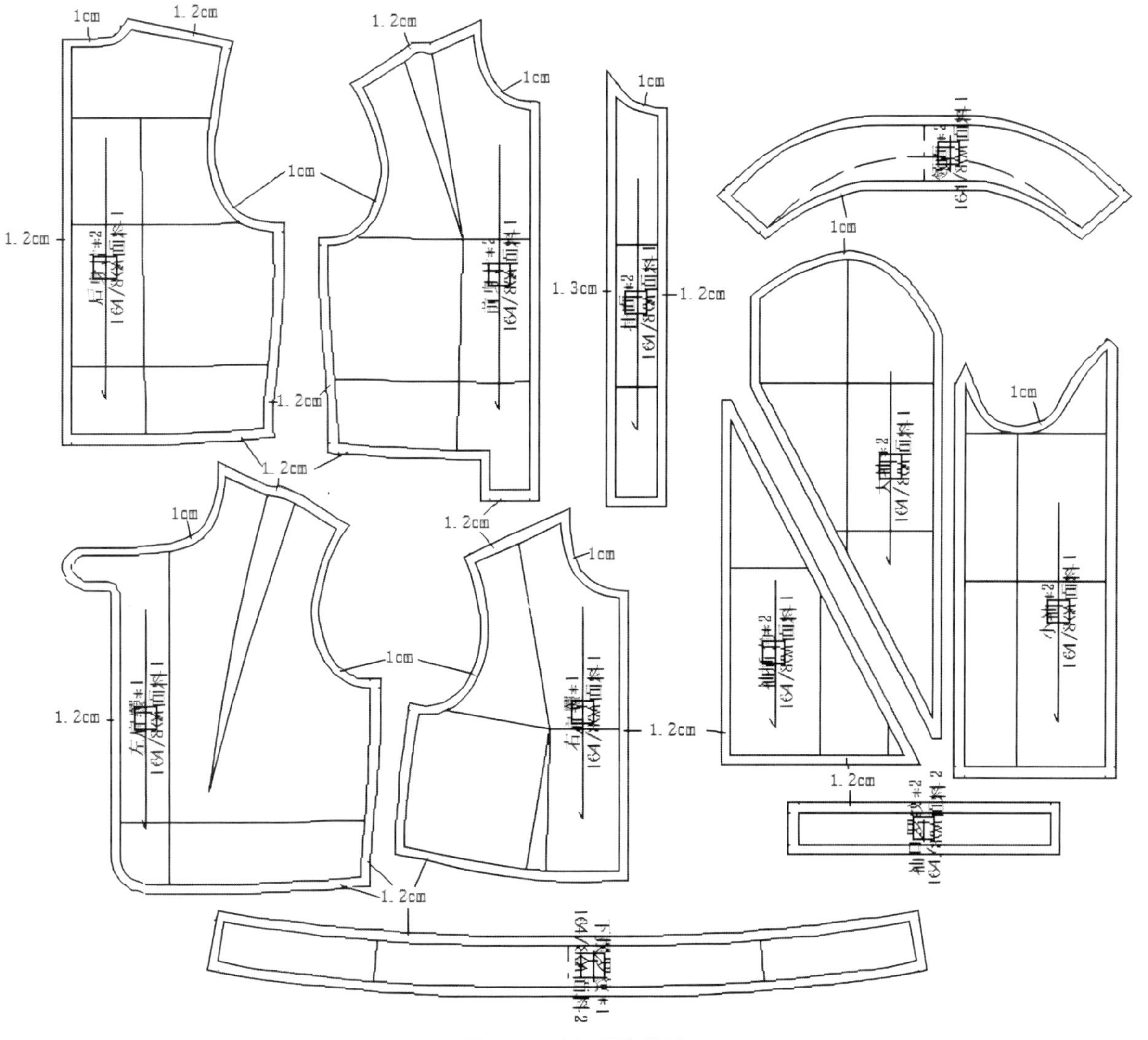

图4.1.4.2.12　面布样板

9）步骤9：里布样片取出和缝份设计（图4.1.4.2.13）。衣身和衣袖装有里布。

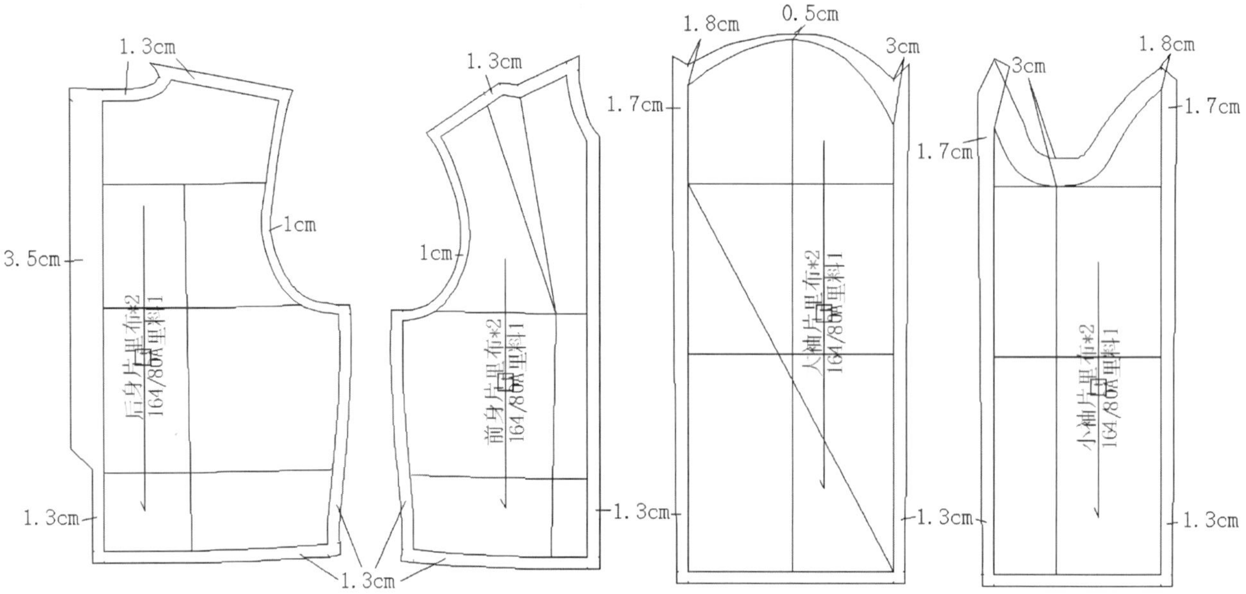

图4.1.4.2.13 里布样板

五、样衣试制

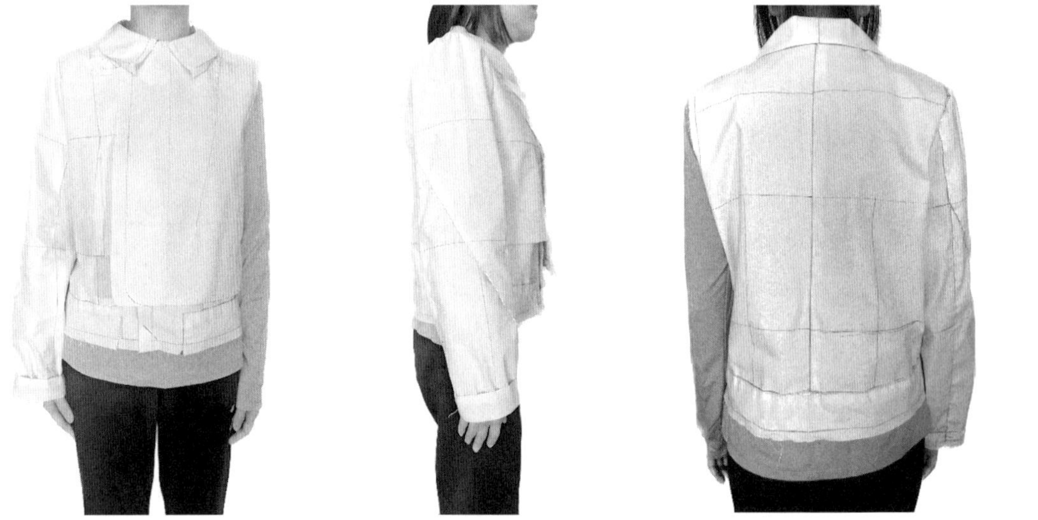

图4.1.4.2.14 坯布样衣试制

4.1.4.3 案例3：不对称纵向分割线/弯身圆装袖/驳折领外套

一、款式图

图4.1.4.3.1 款式图

二、款式分析

衣身廓形：H廓形。

结构要素：分割线，多条纵斜向分割线设计。

胸围线以上的曲面量处理：前片—袖窿松量、分割线、下摆；后片—袖窿松量、下摆。

衣袖造型：两片式弯身圆装袖。

衣领造型：驳折领。

三、规格设计

示明规格：175/85A。细部规格：见表4.1.4.3.1。

表4.1.4.3.1 细部规格（单位：cm）

部位	备注	尺寸
衣长	后衣长	75
胸围	松量15	100
下摆围	部分曲面量的转入放大	—
肩宽	加大0.3	—
袖窿深	下降2	—
横开领	开大1.5	—
前直开领	开深2	—

（续表）

部位	备注	尺寸
后直开领	开深1	—
门襟宽	—	3
纽扣间距	—	10
驳折止点	胸围线以下12	—
后立领高	—	3
后翻领宽	—	5
驳头宽	—	6
袖长	—	60
袖肥	—	38
袖口	—	27
袖山缝缩量	—	2.5

四、结构设计

（1）设计内容：

1）衣长变化设计。

2）胸围变化设计。胸围变化量为1.5cm，配合弯身圆装袖设计，侧缝稍微前移（图4.1.4.3.2）。

3）分割线设计。前、后衣片有多条纵斜向分割线，为不对称形式，前衣片分割线上段承担曲面量。

4）曲面量变化设计（图4.1.4.3.3）。

5）袖窿变化设计。袖窿深下降2cm。

6）门襟及衣领设计。驳折领。

7）衣袖设计。两片式弯身圆装袖，袖山缝缩量设计为2.5cm，前、后缝缩量分配如图4.1.4.3.4。

（100−97）/2=1.5cm

后 1cm　　前 0.5cm

图4.1.4.3.2　胸围变化量分配

后：下摆 余量全入；袖窿松量 1cm

前：袖窿松量 0.6cm；下摆 0.6cm；分割线 余量全入

图4.1.4.3.3　曲面量变化分配

袖山缝缩量2.5cm

后60% 1.5cm　　前40% 1cm

图4.1.4.3.4　袖山缝缩量分配

（2）绘图步骤：

1）步骤1：衣长、胸围、门襟变化设计（图4.1.4.3.5）。延长后中线至衣长，与原型底边线平行绘制底边线。将胸围放大量分配为后片1cm、前片0.5cm，与原型侧缝线平行绘制侧缝线。门襟宽为3cm，与前中线平行绘制门襟线。

2）步骤2：领口线、肩线变化设计（图4.1.4.3.6）。确定横开领开大1.5cm，后直开领开大1cm，前直开领开大2cm，绘制领口弧线。确定肩点向外移0.3cm、向上移0.4cm（以满足垫肩需要），绘制肩线。

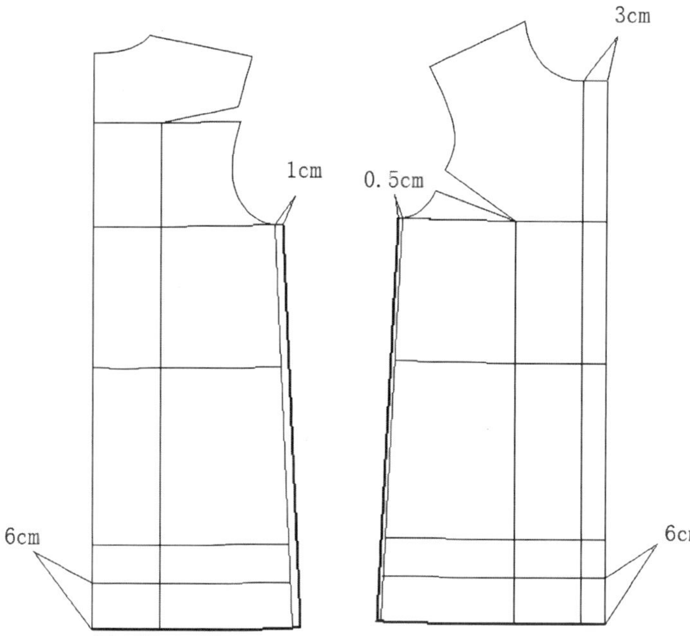

图4.1.4.3.5 衣长、胸围和门襟的变化设计

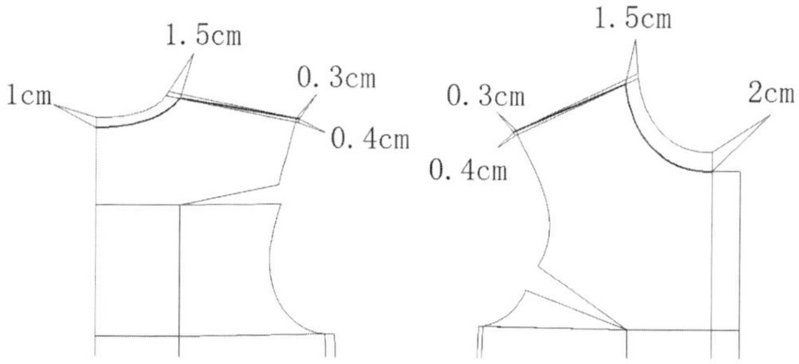

图4.1.4.3.6 领口线、肩线变化设计

3）步骤3：曲面量分配及袖窿变化设计（图4.1.4.3.7）。将原型后片曲面量中的1cm作为袖窿松量留置于袖窿，其余转移至下摆；原型前片曲面量中的0.6cm作为袖窿松量留置于袖窿，0.6cm转移至下摆，其余量转移至肩线分割线。确定袖窿底点下降2cm，绘制袖窿弧线。

4）步骤4：驳折领设计（图4.1.4.3.8）。绘制后领造型模拟图：立领高3cm，翻领宽5cm，量取领口线长度和外领口弧长。绘制前领造型模拟图：驳折止点位置为胸围线以下6cm，驳头宽6cm，对称翻转前领造型。延长驳折线，绘制后领部分，并进行外领口的拉展，完成驳折领绘制。

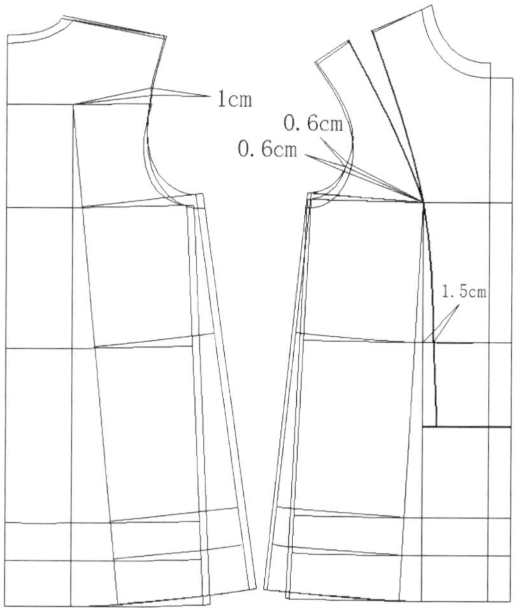

图4.1.4.3.7 曲面量分配和袖窿变化设计

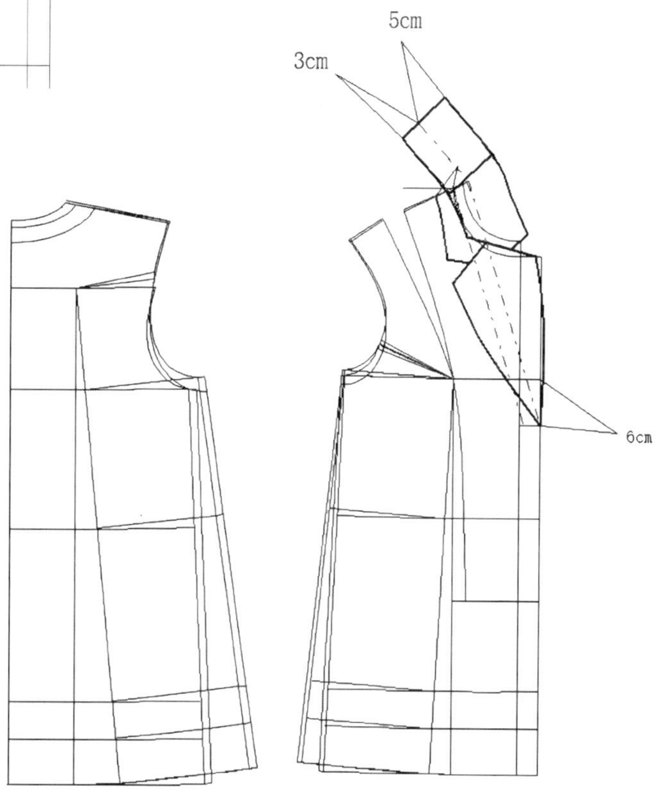

图4.1.4.3.8 驳折领设计

5）步骤5：衣片分割线设计（图4.1.4.3.9）。

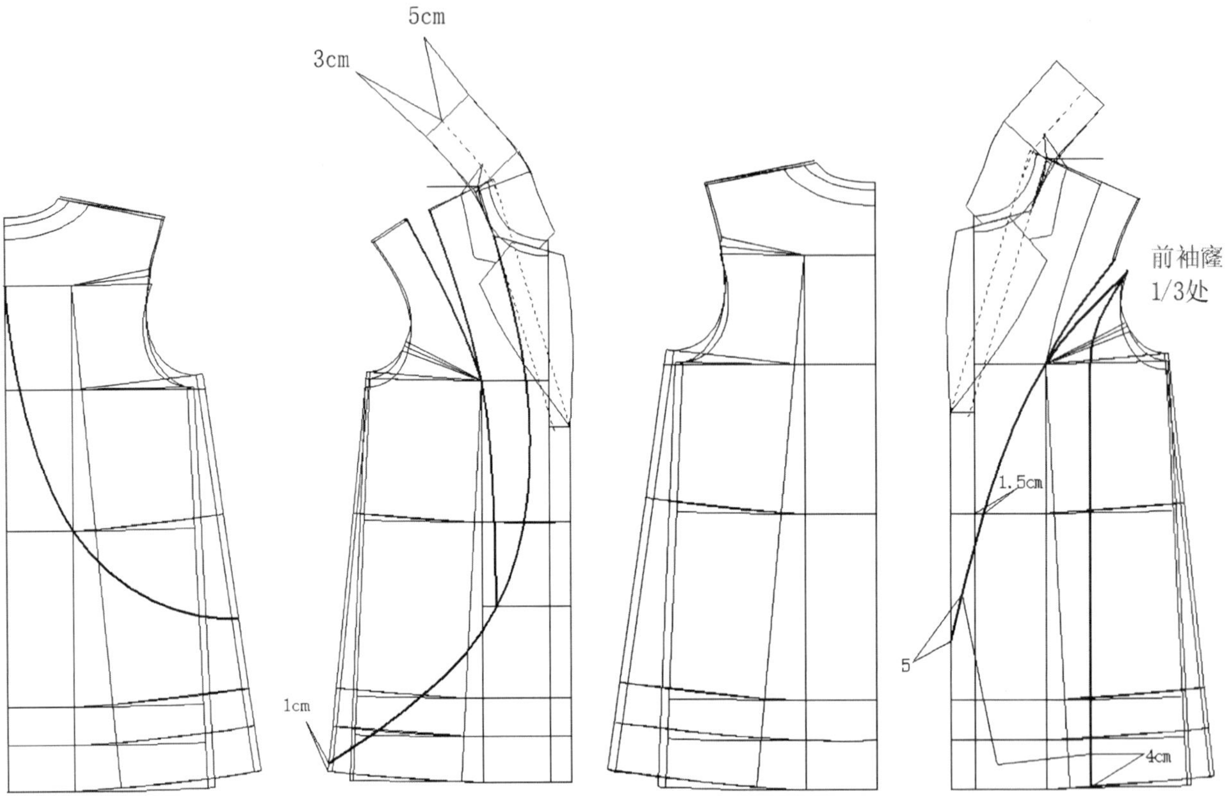

图4.1.4.3.9　衣片分割线设计

6）步骤6：衣袖设计（图4.1.4.3.10）。保持前、后衣片胸围线水平对齐，拓印袖窿；保证袖肥、袖山前缝缩量1cm及后缝缩量1.5cm，绘制袖山弧线；根据袖长、袖口绘制袖身以及袖身分割线。

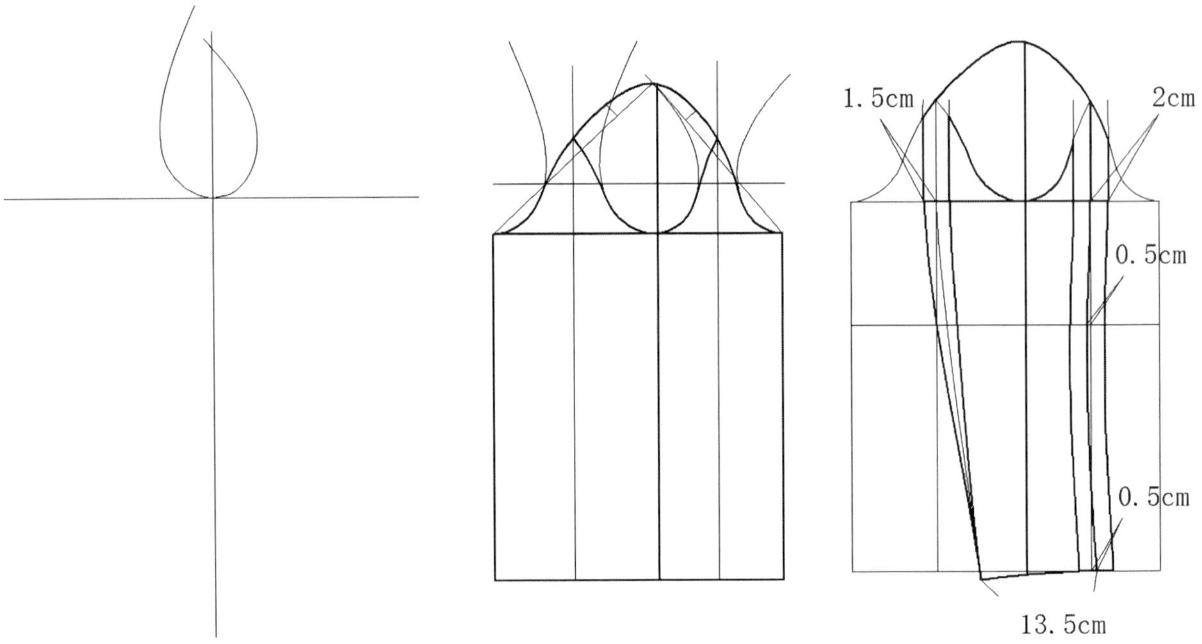

图4.1.4.3.10　衣袖设计

7）面布样片提取及缝份设计（图4.1.4.3.11）。

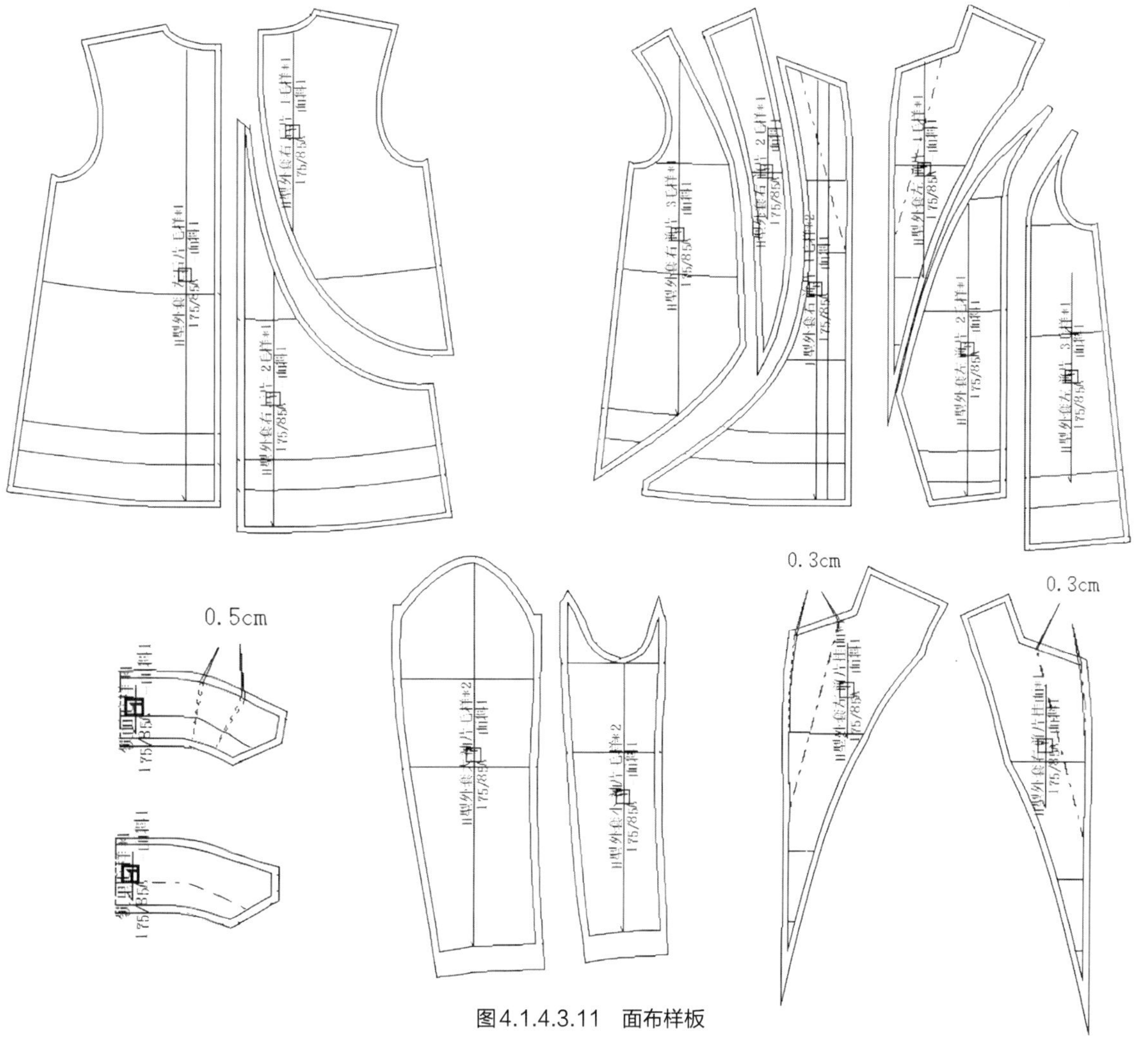

图4.1.4.3.11　面布样板

8）里布样片提取及缝份设计（图4.1.4.3.12）。

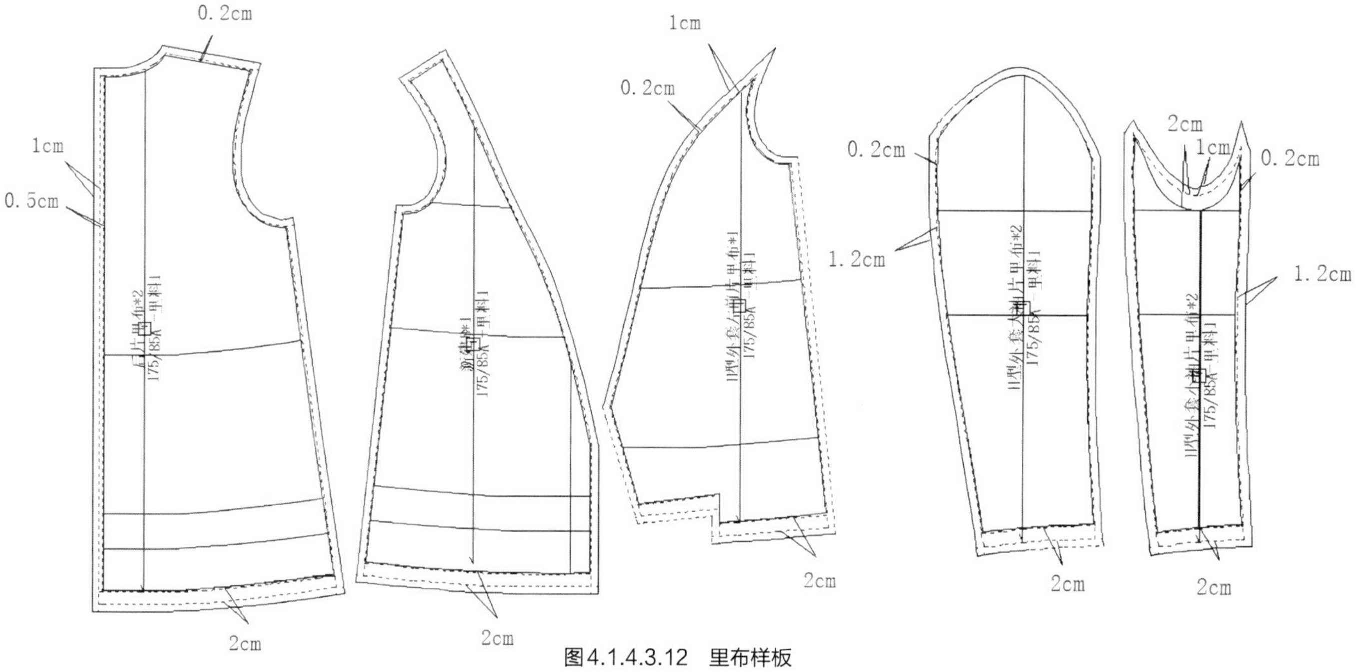

图4.1.4.3.12　里布样板

9）黏衬样片提取（图4.1.4.3.13）。

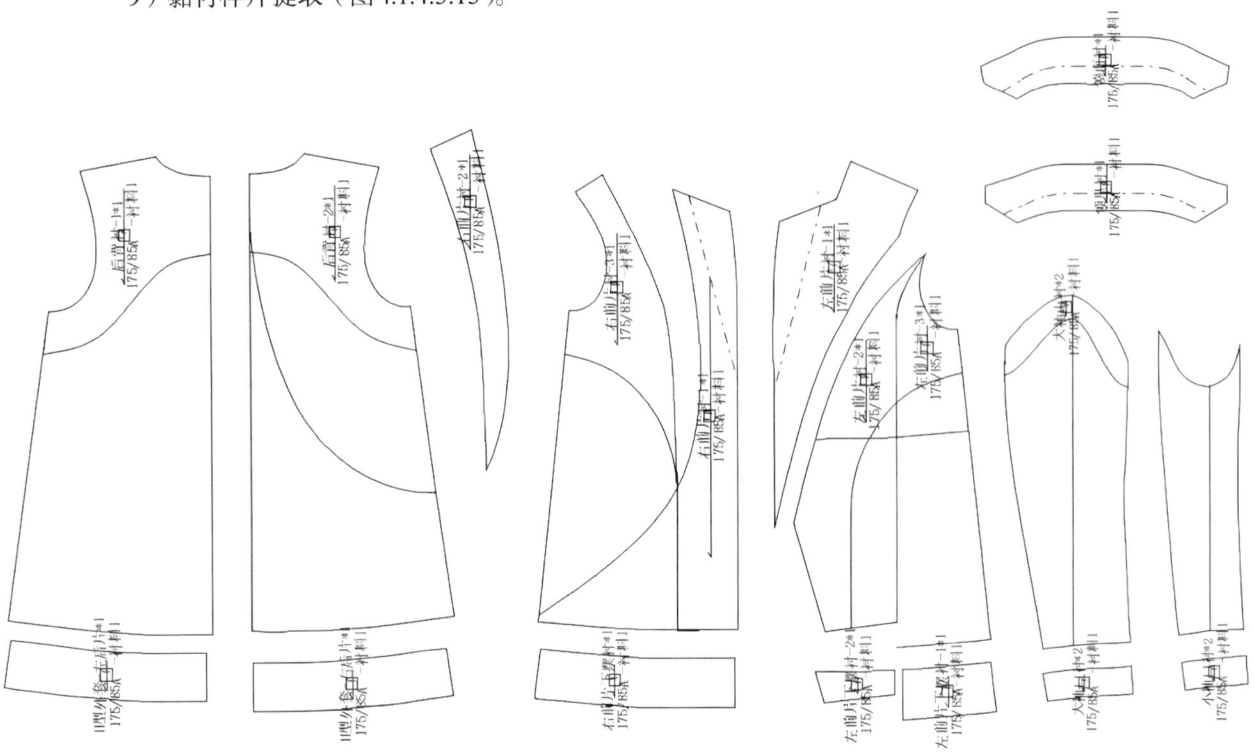

图4.1.4.3.13　黏衬样板

五、样衣试制

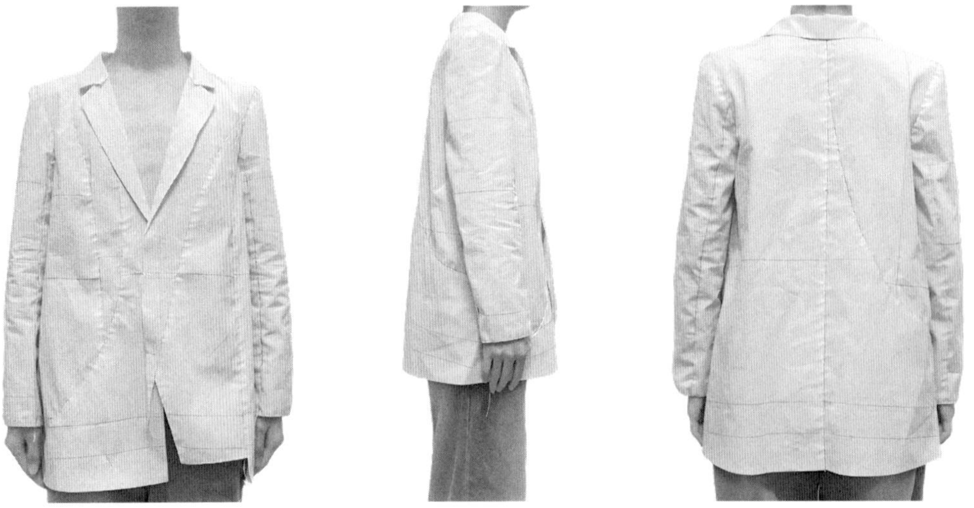

图4.1.4.3.14　坯布样衣试制

4.1.4.4 案例4：不对称/无省/拖肩袖/立领长外套

一、款式图

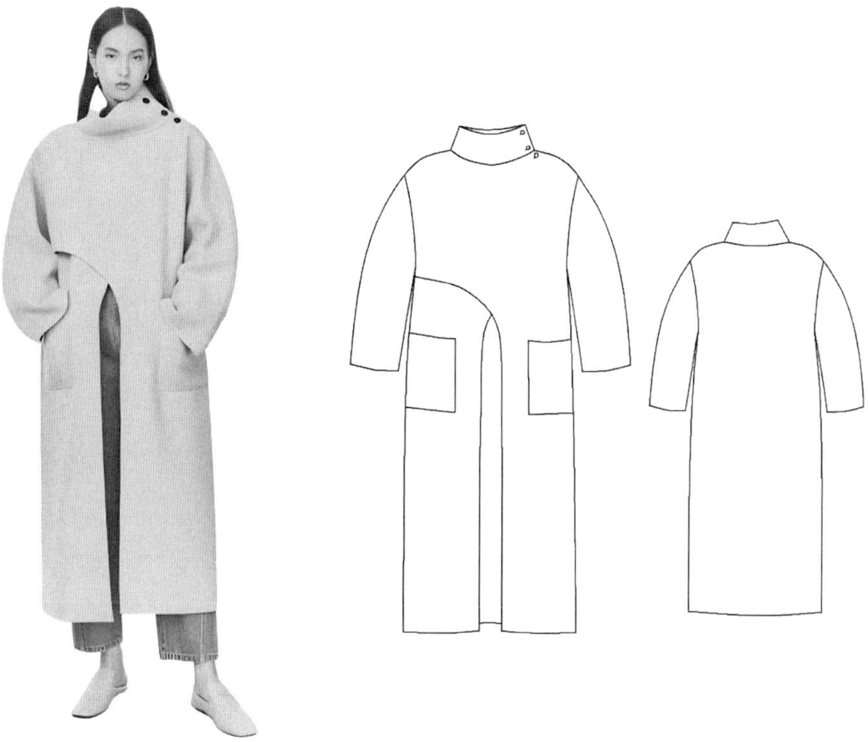

图4.1.4.4.1 款式图

二、款式分析

衣身廓形：H廓形。

结构要素：无省。

胸围线以上的曲面量处理：前片—领口松量、袖窿松量；后片—领口松量、袖窿松量。

衣领：上口稍小于下口的立领。

衣袖：拖肩、袖中分割线、弧形袖身圆装袖。

三、规格设计

示明规格 160/84A。细部规格：见表4.1.4.4.1。

表4.1.4.4.1 细部规格（单位：cm）

部位	备注	尺寸
衣长	后衣长	125
胸围	松量28	112
下摆围	—	120
拖肩量	5	—
袖窿深	下降7	—
袖长	—	56

（续表）

部位	备注	尺寸
袖肥	—	48
袖山缝缩量	—	0
袖口	—	40
横开领	开大7	—
前直开领	开深3	—
后直开领	开深3	—
领高	—	8

四、结构设计

（1）设计内容：

1）衣长变化设计。

2）胸围变化设计（图4.1.4.4.2）。

3）曲面量变化设计（图4.1.4.4.3）。

4）门襟变化设计。左、右前衣片门襟不对称。

5）口袋设计。贴袋，规格为袋口宽14cm，袋深20cm。

6）衣领设计。上口稍小的立领结构，一侧有三颗可开合的纽扣设计。

7）衣袖设计。拖肩，袖中分割线从袖肘处内收形成茧型袖身，袖山缝缩量为0cm。

（2）绘图步骤：

1）步骤1：衣长、胸围变化设计（图4.1.4.4.4）。延长后中线至衣长线，绘制底边；以间距4cm平行于侧缝线绘制前、后片侧缝。

2）步骤2：曲面量分配、袖窿与领口变化设计（图4.1.4.4.5）。将曲面量部分转移至领口松量：前领口0.4cm、后领口0.3cm，剩余曲面量作为袖窿松量。确定拖肩量5cm，袖窿深下降7cm，绘制袖窿弧线。确定前、后横开领开大7cm，前、后直开领开大3cm，绘制领口弧线。

3）步骤3：门襟、口袋设计（图4.1.4.4.6）。绘制不对称的左、右门襟线。确定贴袋位置，绘制贴袋。

4）步骤4：挂面设计（图4.1.4.4.7）。基于左、右前衣片，绘制左、右挂面。

5）步骤5：衣袖、衣领设计（图4.1.4.4.8）。保持胸围线水平对齐，拓印前、后袖窿弧线。基于袖窿弧线

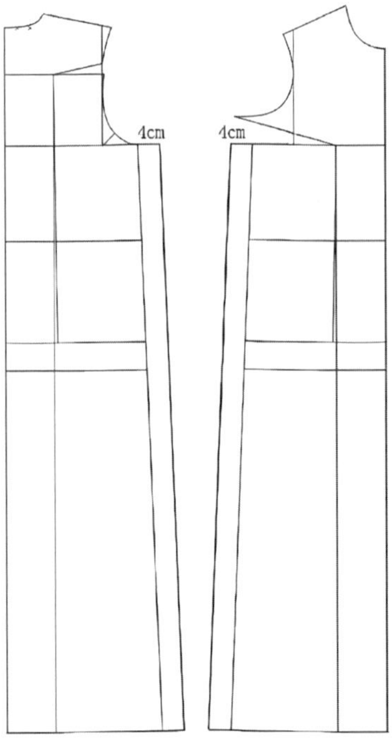

图4.1.4.4.4 衣长、胸围变化设计

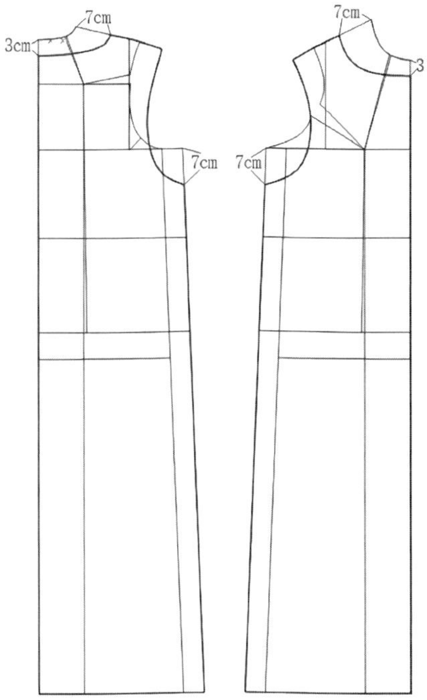

图4.1.4.4.5 袖窿、领口线变化设计

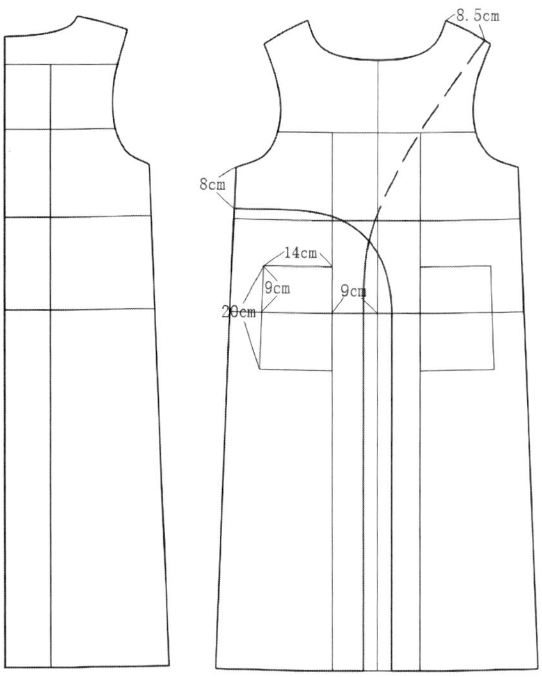

图4.1.4.4.6 门襟及口袋设计

绘制袖山基础线，保证袖肥48cm以及袖山缝缩量0cm；在此基础上绘制袖身基础线。根据前、后袖口大小，绘制袖中缝及袖口弧线，完成衣袖绘制。量取前、后领口线长度，根据领高8cm，上领口略小于下领口，绘制立领样片。

6）步骤6：样片提取及缝份设计（图4.1.4.4.9）。提取样片，设置样片名称、丝缕线、片数等样片信息，设置缝份。

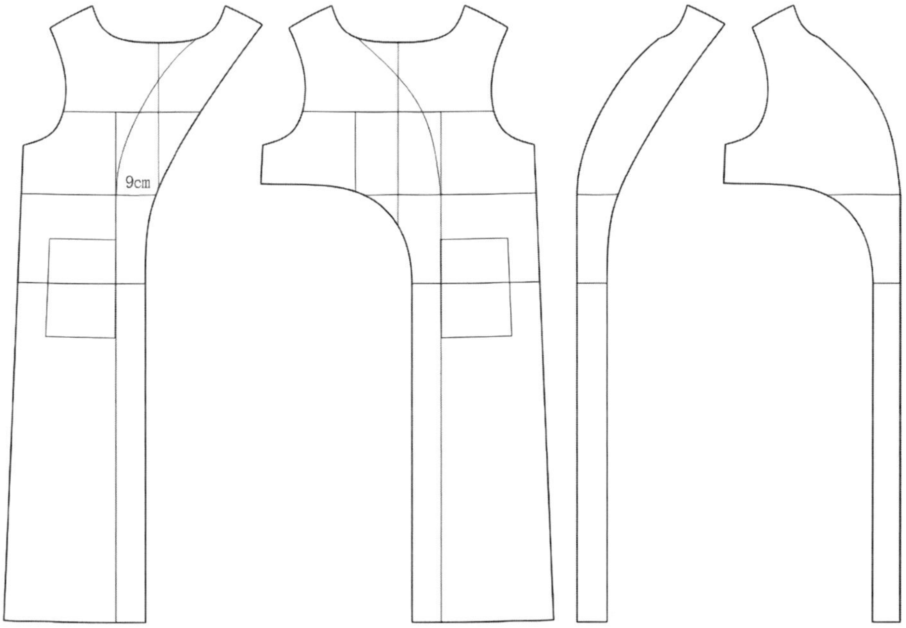

图4.1.4.4.7 挂面设计

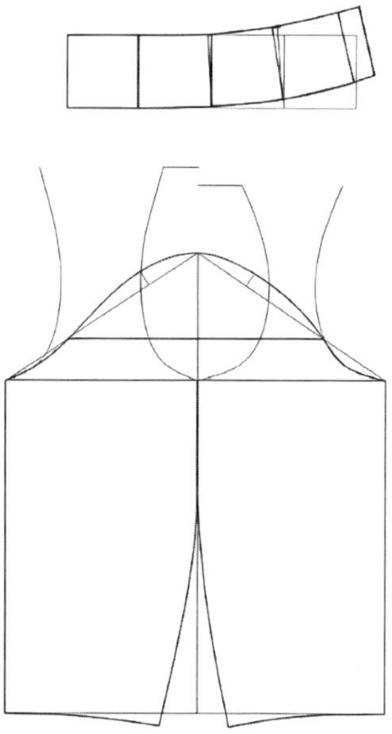

图4.1.4.4.8 衣袖、衣领设计

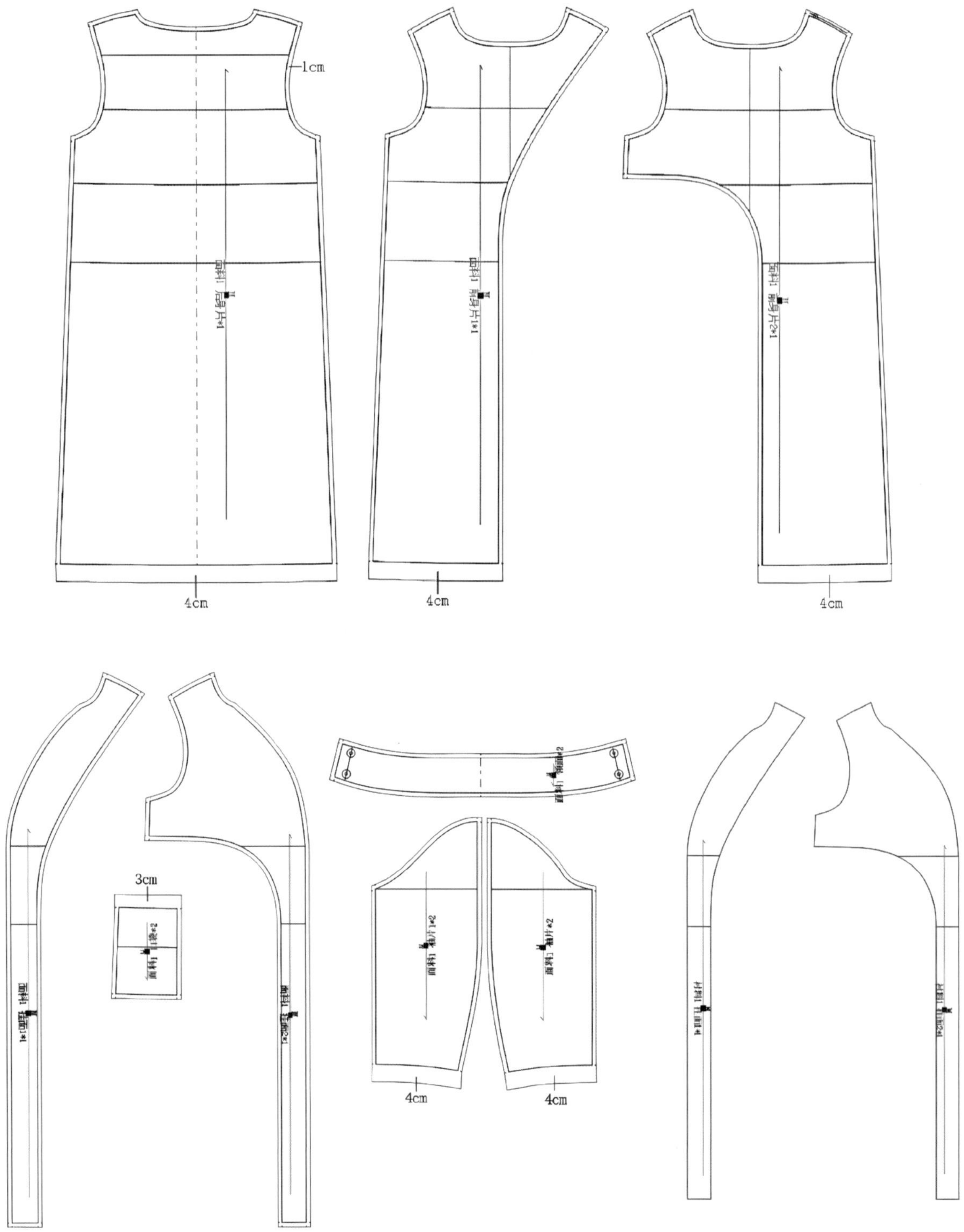

（a）面布样板及缝份设计　　（b）粘衬样板

图4.1.4.4.9　面布、粘衬样板样板提取及缝份设计

五、样衣试制

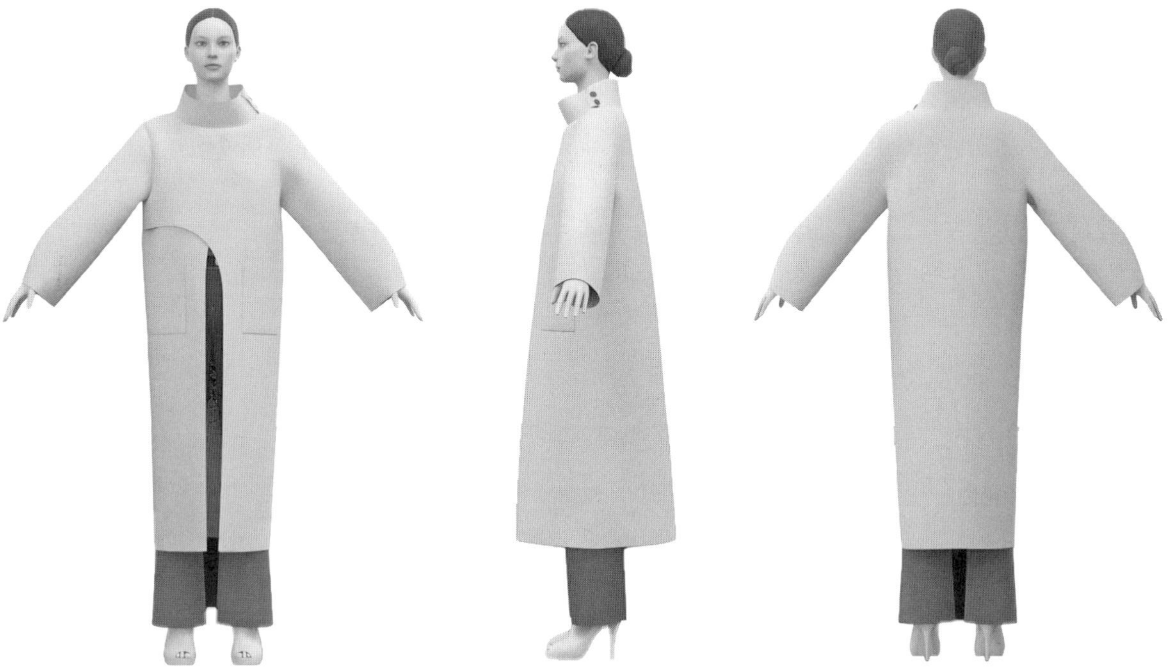

图4.1.4.4.10 三维虚拟样衣试制

4.1.4.5 案例5：连身袖/立领/毛呢外套

一、款式图

图4.1.4.5.1 款式图

二、款式分析

衣身廓形：H型。
结构要素：纵向分割线，但不承担曲面量。
胸围线以上的曲面量处理：前片—领口松量、袖窿松量；后片—领口松量、袖窿松量。
衣领：立领，上领口略小于下领口口。
衣袖：全连连身袖，袖无袖中线、肘下横向分割、袖口开衩、袖口克夫。

三、规格设计

示明规格：160/84A。细部规格：见表4.1.4.5.1。

表4.1.4.5.1 细部规格（单位：cm）

部位	备注	尺寸
衣长	后衣长	50
胸围	松量32	120
下摆围	胸围-26	94
下摆宽	—	6
分割饰片宽	—	7
门襟宽	—	6
纽扣直径	—	2.5
袖长	不计克夫	54
袖肥	—	50
袖克夫宽	—	6
横开领	开大2	—
前直开领	开深3.5	—
后直开领	开深0.5	—
立领高	—	5

四、结构设计

（1）设计内容：
1）衣长变化设计。
2）胸围变化设计（图4.1.4.5.2）。
3）下摆围变化设计（图4.1.4.5.3）。
4）曲面量变化设计（图4.1.4.5.4）。
5）衣领设计。一片式立领结构，领高5cm，上领口略微收小。
6）衣袖设计。全连连身袖结构，无袖中线，前、后袖片拼合，袖肘处横向分割，设置纵向分割做袖衩，大袖片做衣裥。

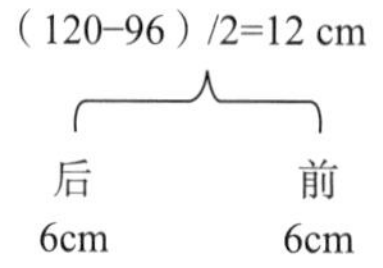

图4.1.4.5.2 胸围变化量分配

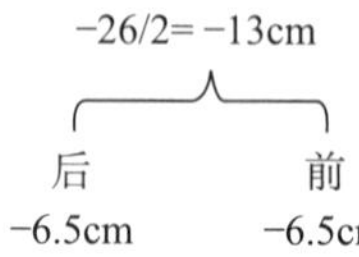

图4.1.4.5.3 下摆围变化量分配

图4.1.4.5.4 曲面量变化分配

（2）绘图步骤：
1）步骤1：原型准备（图4.1.4.5.5）。

2）步骤2：曲面量处理（图4.1.4.5.6）。将后片曲面量转入领口0.3cm作为后领口松量，前片曲面量转入领口0.5cm作为前领口松量，剩下的前后曲面量分别作为前后袖隆松量。

图4.1.4.5.5　原型准备

图4.1.4.5.6　曲面量处理

3）步骤3：胸围、下摆变化设计（图4.1.4.5.7）。前、后片胸围加放6cm；下摆相对于胸围，前、后片各减6cm；绘制侧缝线和下摆弧线。

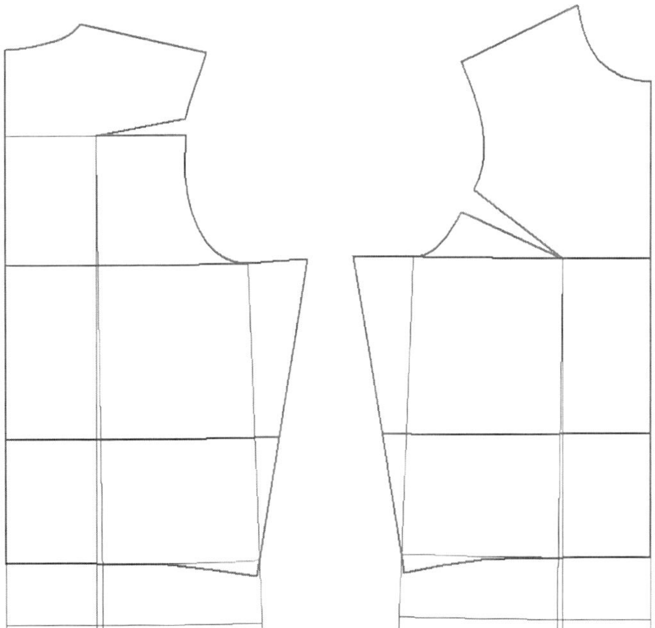

图4.1.4.5.7　胸围、下摆变化设计

4）步骤4：领口线、门襟、下摆分割及衣领设计（图4.1.4.5.8）。横开领开大、直开领开深，设置门襟宽度，绘制领口弧线、门襟线，设置纽眼位置；量取领口线长度，根据领高绘制衣领片；绘制下摆克夫分割线。

5）步骤5：衣袖设计1（图4.1.4.5.9）。测量前、后肩斜度数，取均值，以均值度数从前肩点作斜线与前领口线相交，获得新的前肩线以及新的前颈侧（SNP）点，测量前SNP点移动量；根据前SNP点移动量，调整后SNP点、后肩线、后领窝线；延长肩线，延长量为袖长，绘制袖口线及袖底缝。

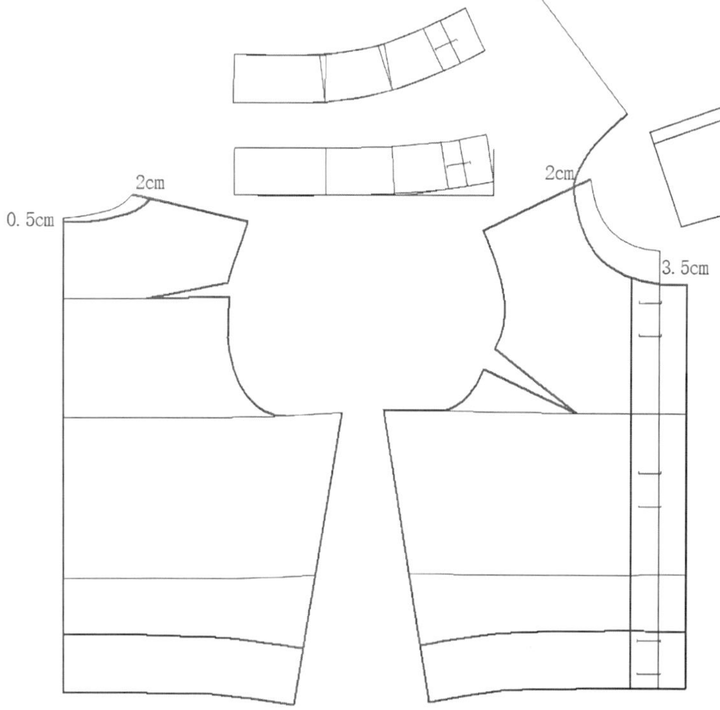

图4.1.4.5.8　门襟、衣领及下摆分割设计

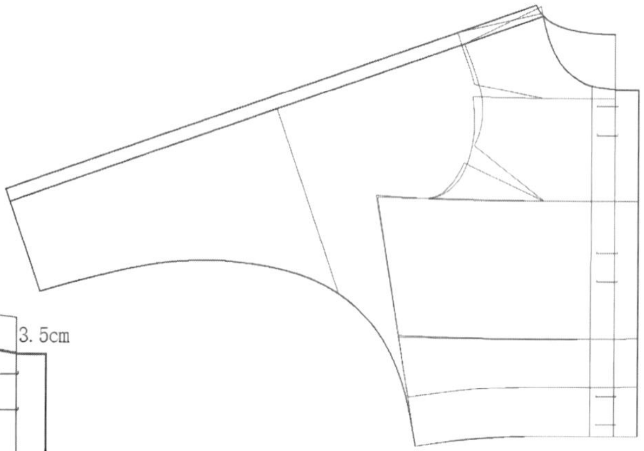

图4.1.4.5.9　衣袖设计1

6）步骤6：衣袖设计2（图4.1.4.5.10）。绘制袖肘横向分割线、袖克夫、袖衩分割线以及衣裥位置，剪切拉展衣裥量。

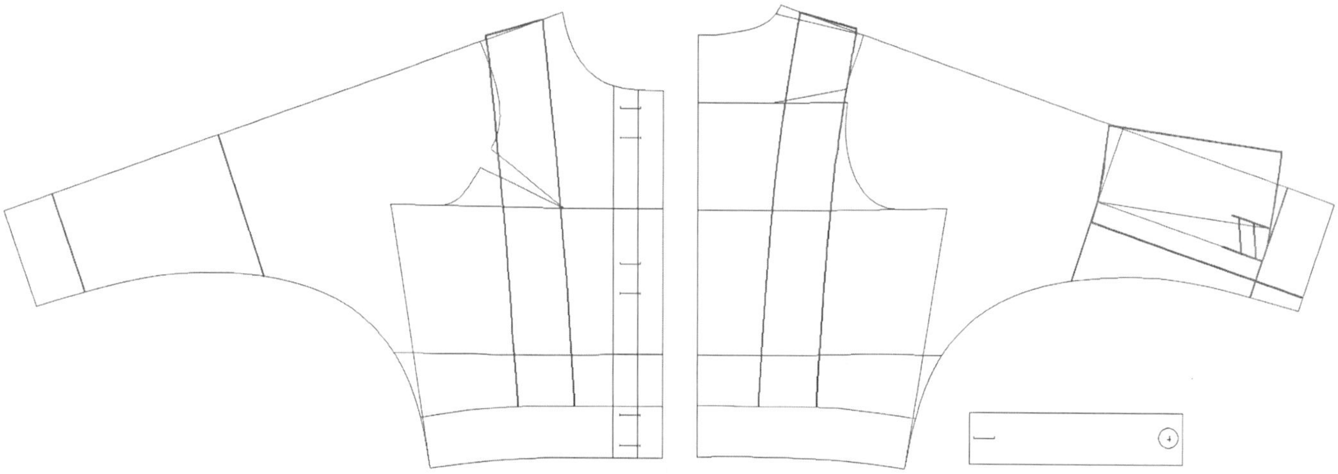

图4.1.4.5.10　衣袖设计2

7）步骤7：面布样（板）提取及缝份设置（图4.1.4.5.11）。

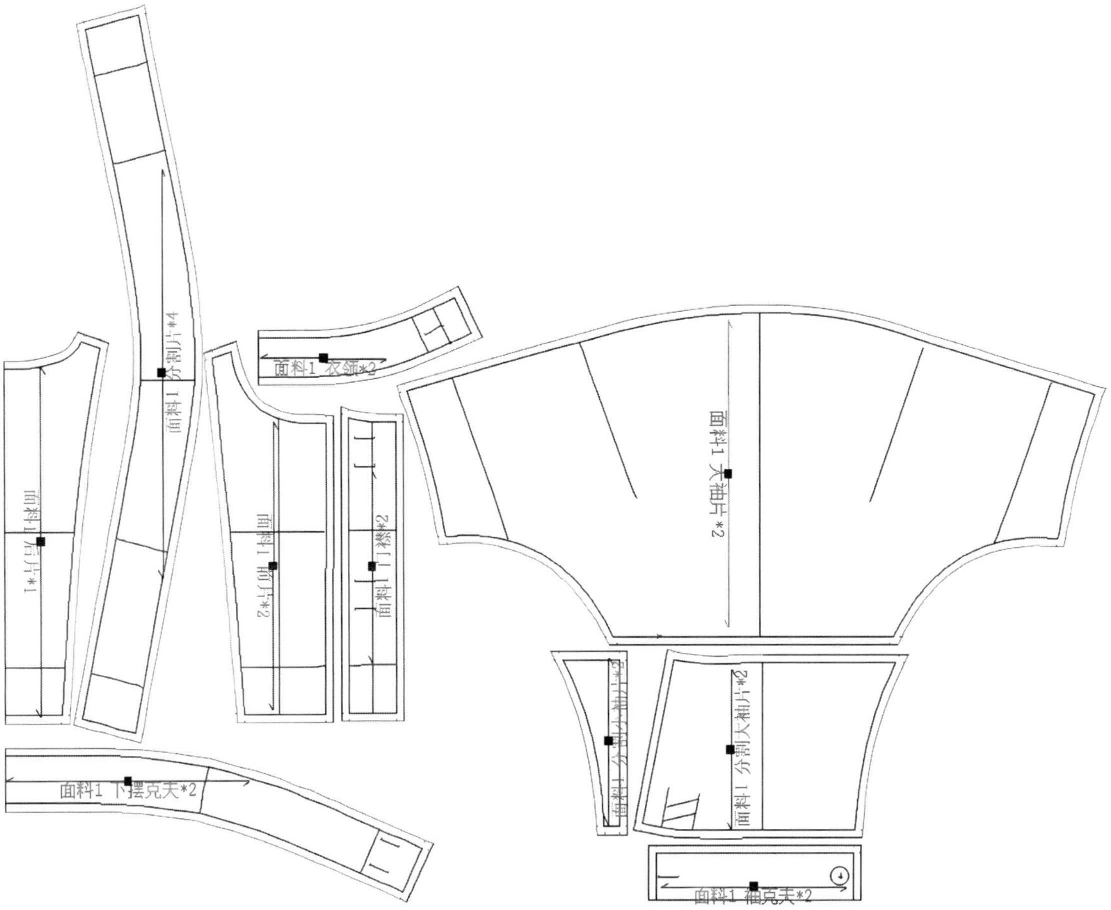

图4.1.4.5.11　面布样板及缝份设置

8）步骤8：里布样板提取及缝份设置（图4.1.4.5.12）。

9）步骤9：黏衬样（板）提取（图4.1.4.5.13）。

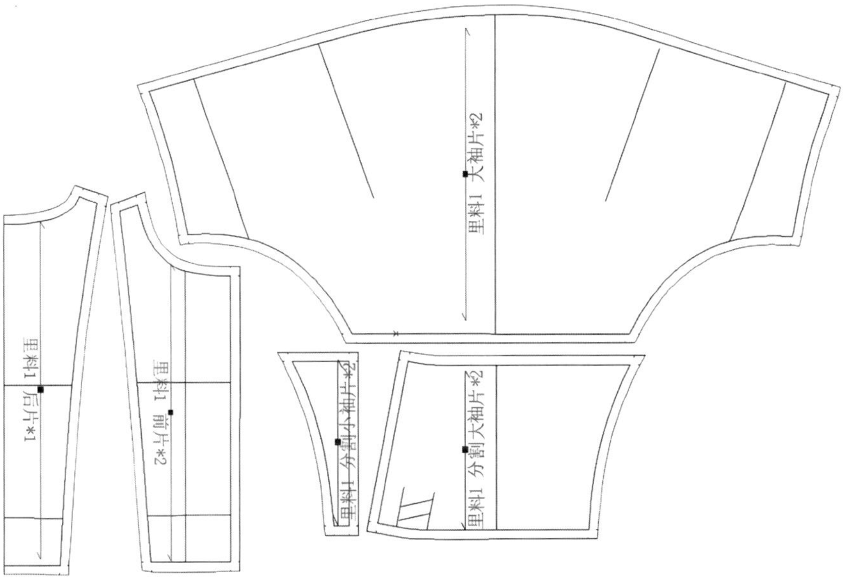

图4.1.4.5.12　里布样板

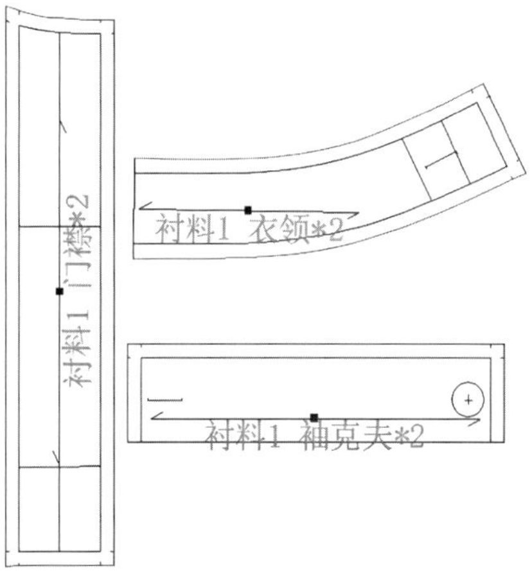

图4.1.4.5.13　黏衬样板

五、样衣试制

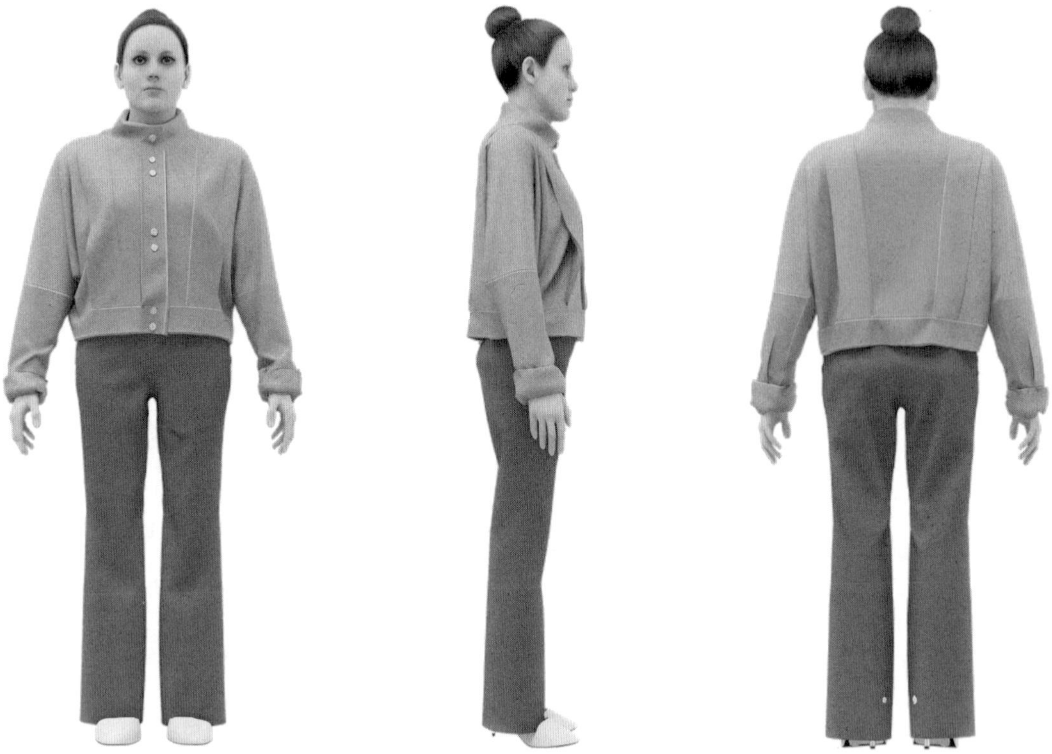

图4.1.4.5.14　三维虚拟样衣试制

4.2 A型

4.2.1 A型服装与人体体型的关系

A廓形服装因能很好地包容人体体型和满足人体活动，长时期以来是服装的主要廓形。随着西方对于服装造型的精雕细琢，以及服装满足人们现代生活工作场景的要求，宽大的A廓形逐渐不再成为服装的主流廓形。早期的A廓形服装基于H型服装的长方形样片从下摆往上拼入三角形样片，整体呈A形态；随着制造业的发展，面料门幅的增宽，A型服装样片逐渐合成为整片。A型服装加腰带束缚也呈现X形态，但放松状态为A形态。如图4.2.1.1所示，（a）为法国品牌迪奥1948年春夏高级定制“飞行”系列设计款式，（b）为中国山东孔府旧藏彩绣香色罗蟒袍。

（a）20世纪欧洲服装　　（b）汉服

图4.2.1.1　经典A型服装

A廓形服装穿着于人体后，呈现肩颈部位贴合、前身胸部以上部位贴合、后背肩胛骨以上部位贴合，下部位呈自然外扩的A形态。因此，A廓形主要是胸围线以下呈现A形态，准确来讲，是前身和侧身胸围线以下呈现的A形态，后背是肩背横线以下呈现的A形态。如图4.2.1.2所示为品牌COS的宽松设计，A廓形服装穿着时，整体在胸围线和肩背横线以下呈现A形态。

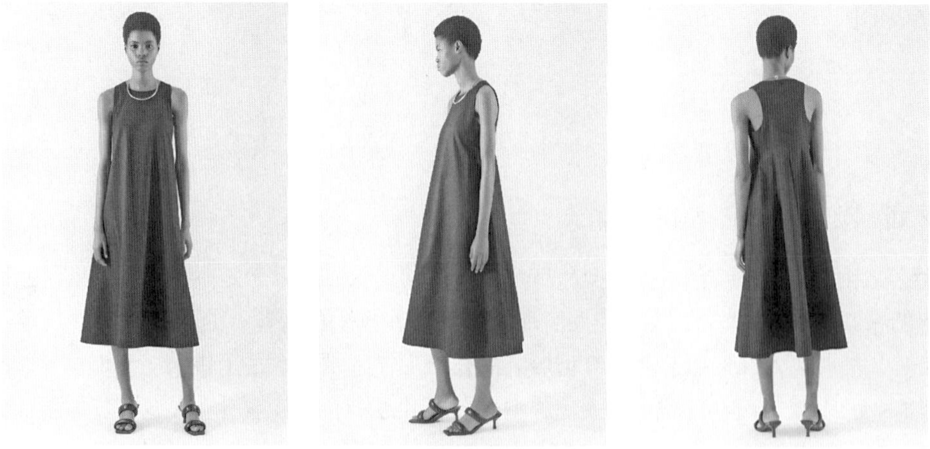

图4.2.1.2　A廓形服装穿着状态三视图

A型服装穿着于人体后，自胸围线以下呈现自然外扩的下垂，包括腰部、腹部、臀部等人体部位，适合腹部和臀部外凸的体型，比如儿童体型和老年体型。A型服装的肩部不易扩大、易收窄，以增加A廓形的效果，如图4.2.1.3所示。

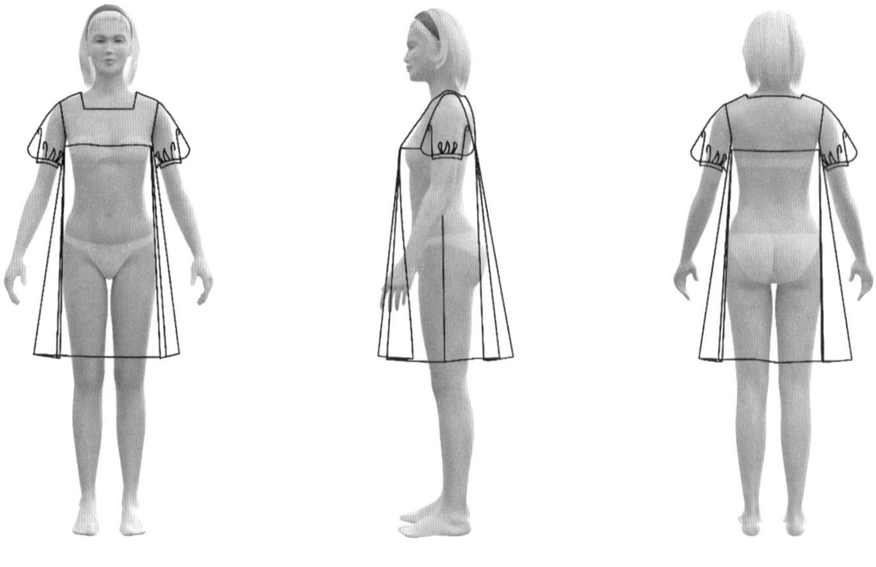

图4.2.1.3　虚拟人体A廓形服装透视三视图

4.2.2　A型服装规格设计要点

A型服装的主要规格指标为胸围和下摆围，如果下摆围不好把握，那么也可设计臀围规格来控制A廓形程度。将下摆围与B或者H与B的差值称为A型放大量，简称A型量。

A型服装的胸围松量不易大，肩宽易减小，A型放大量的设计要根据造型需要还要考虑面料的支撑性和悬垂性特征，同样的放大量但不同面料的三维A型效果不同。A型量的确定，需要多测量、多尝试、多实验，即与以往类似款式多比较，找类同款式多测量，结合样衣补正多实验，可以逐步提高A型量确定的准确性。如表4.2.2.1所示，是对于身高为160cm、B** 为84cm、H** 为90cm的同一人体穿着同一服装款式样板的不同面料的三维虚拟三视图，这款A型裙的胸围是B=B**+10cm=94cm，下摆放大量为60cm，对应面料分别为真丝、皮革和厚呢料。

表4.2.2.1　同一样板、不同面料的A型服装穿着效果的三维虚拟三视图

面料	正面	侧面	背面
真丝	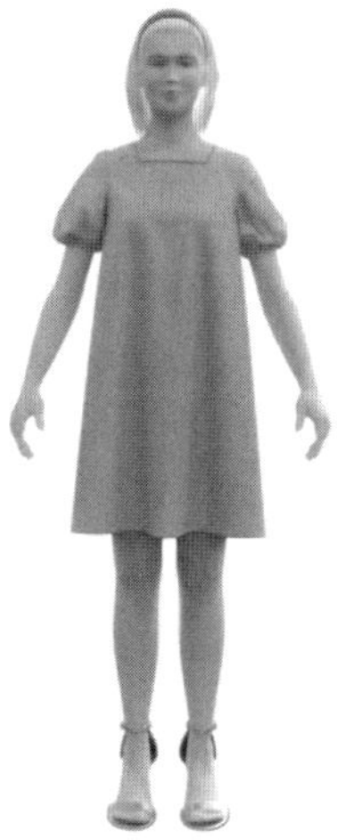	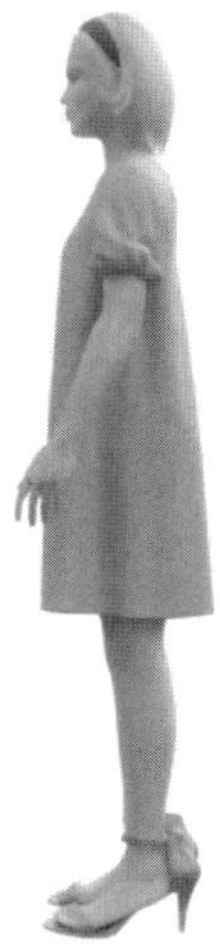	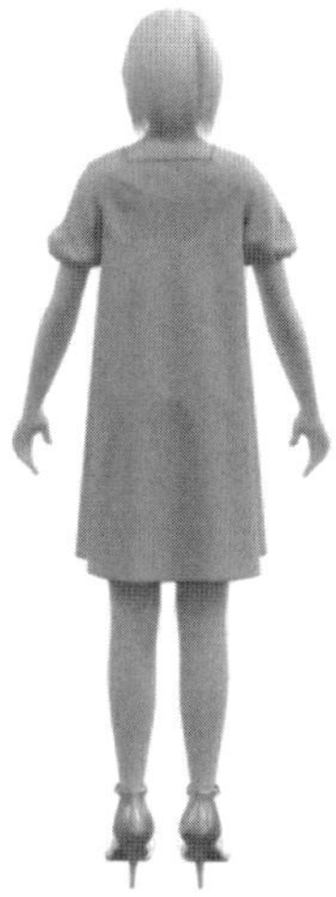
皮革	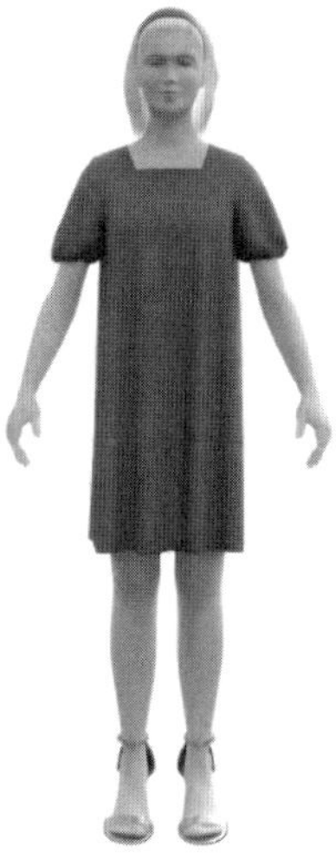		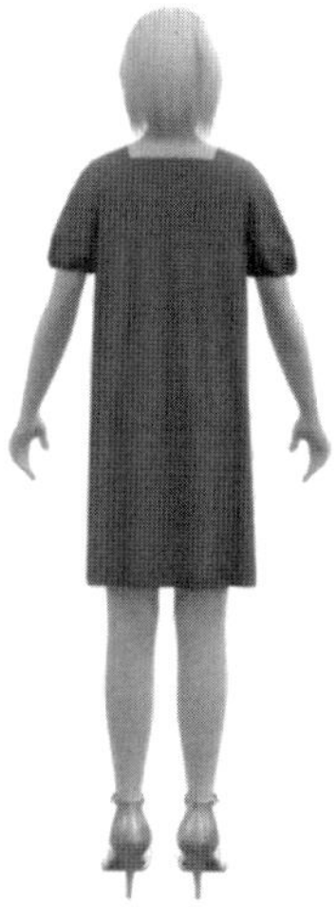
厚呢料	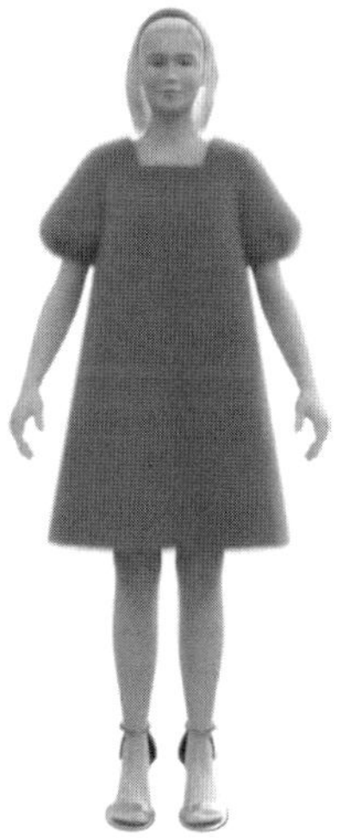		

4.2.3 A型服装结构设计要点和方法

A型服装的领口松量和袖窿松量的设置同H型服装。

A型服装造型一般是胸围以下的衣身放大（是360° 放大的概念）。同样的放大量但其分布不同，会形成不同的A型服装造型。比如A型放大量为60cm，可以前身、后身均匀，也可以前身放大20cm、后身放大40cm，而且后身的40cm还可以有后身的均匀或者不均匀放大的情况。这样就会有多种A形态。

A型放大量的结构设计途径有两类：一是省道转移形成A型量，另一是剪切拉展形成A型量。对应胸点和肩胛骨点的A型量由原型中的胸省量或肩背省量转移形成，其他位置的A型量由剪切拉展形成。由此，A型廓形的结构类型可分为原型胸省量或肩背省即曲面量全部转移为A型量或部分转移为A型量两类。对于前者，余留的曲面量还需要设置省道或转移至其他分割线或工艺缝缩进行处理。而曲面量是否可全部转移为A型量或多少转移为A型量，是根据对应胸点和肩胛骨点位置的A型造型判断。除了胸点和肩胛骨点的对应位置，其他位置的A型量需要通过剪切拉展获得。如图4.2.3.1所示，a和b是曲面量全部转为形成的A型量，c是侧缝位置设置的A型量；如图4.2.3.2所示、是部分曲面量转为a和b曲面量，其余曲面量转入新省道，c是侧缝位置设置的A型量；如图4.2.3.3所示，a和b是曲面量全部转为形成的A型量，c是侧缝位置设置的A型量，d、e、f为剪切拉展获得的A型量。表4.2.3.1所示，是以上3个样板对应的三维虚拟试衣三视图比较。

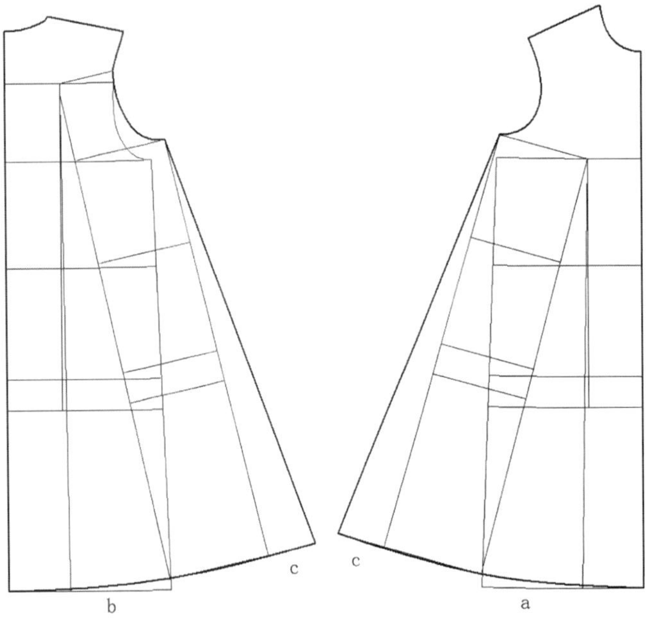

图4.2.3.1　将曲面量全部转为A型量

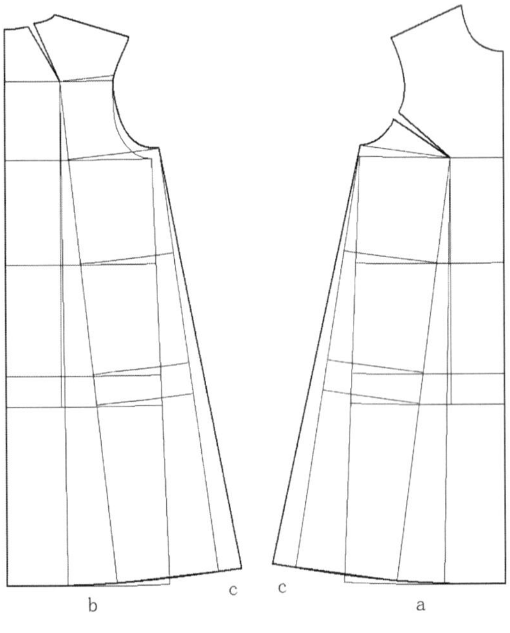

图4.2.3.2　将曲面量一部分转为A型量，其余设置为省道

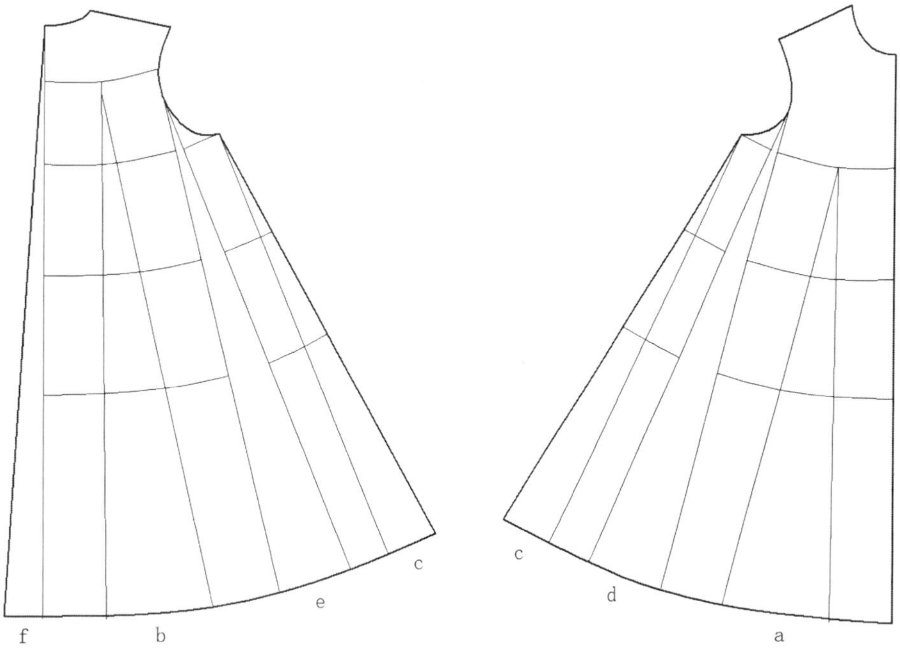

图4.2.3.3 将A型量的曲面量转入及剪切拉展

表4.2.3.1 不同A型量的三维虚拟试衣三视图对比

A型量类别	正面	背面	侧面
曲面量全部转为A型量	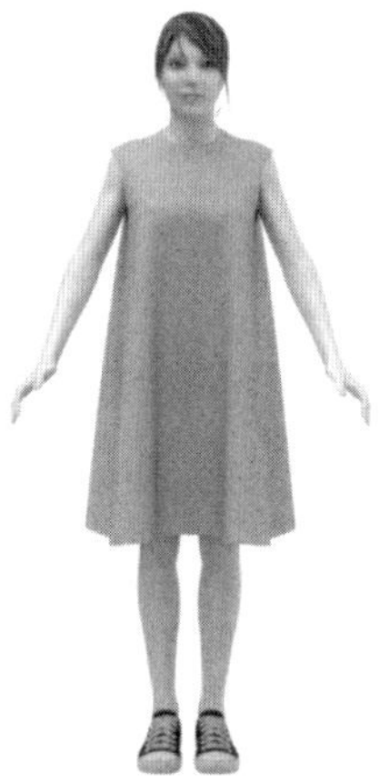		
曲面量部分转为A型量,其余设置为省道	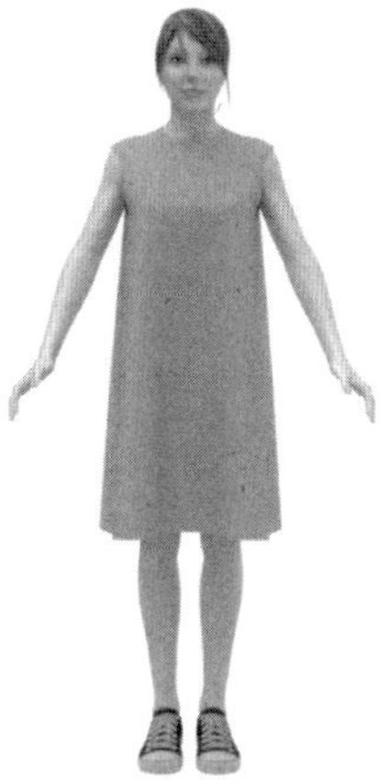		

A型量类别	正面	背面	侧面
曲面量全部转入及剪切拉展的A型量			

4.2.4 A型服装综合结构设计案例

4.2.4.1 案例1：育克分割/圆装袖/立领套头衬衣

一、款式图

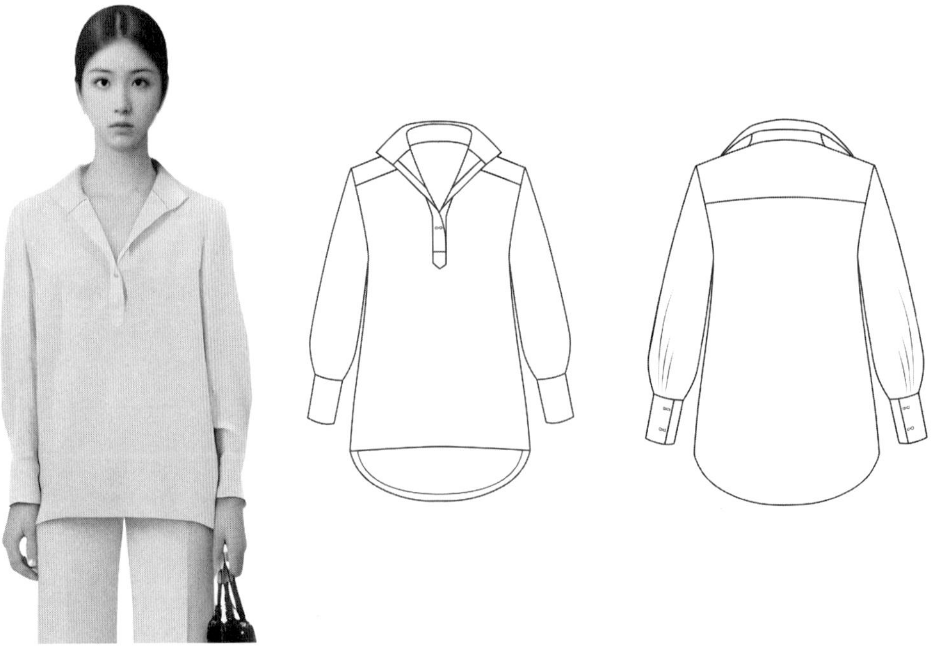

图4.2.4.1.1 款式图

二、款式分析

衣身廓形：A型。

结构要素：肩部育克横向分割线。

胸围线以上的曲面量处理：前片—袖窿松量、下摆A型量、撇门、领口归缩：后片—袖窿松量、下摆A型量、育克分割线。

衣领：贴门襟套头连翻领。

衣袖：一片式袖口克夫直身圆装袖。

三、规格设计

示明规格：160/84A。细部规格：见表4.2.4.1.1。

表4.2.4.1.1　细部规格（单位：cm）

部位	备注	尺寸
衣长	后衣长	75
	前衣长比后衣长短10	—
胸围	松量18	102
下摆围	下摆放大量22	124
肩宽	变化量0	—
袖窿深	下降2	—
横开领	开大1.5	—
前直开领	开深1.5	—
后直开领	开深0.5	—
贴门襟宽	—	3
贴门襟长	—	21
后立领高	—	3
后翻领宽	—	5
前翻领宽	—	7
袖长	—	53
袖肥	—	36
袖山缝缩量	—	1
袖口	—	23
袖衩高	—	13.5
袖衩宽	—	2
袖克夫宽	—	7
袖克夫叠门宽	—	2.5

四、结构设计

（1）设计内容：

1）衣长变化设计。后衣长长于前衣长，侧缝开衩，后衣片为圆角衣摆，前衣片为直角衣摆。

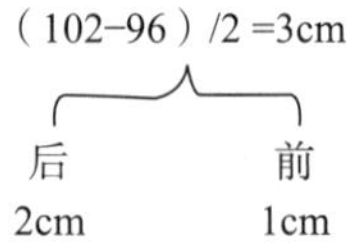

图4.2.4.1.2　胸围变化量分配

2）胸围变化设计（图4.2.4.1.2）。侧缝有开衩设计，侧缝稍向前移。

3）下摆放大A型量变化设计（图4.2.4.1.3）。

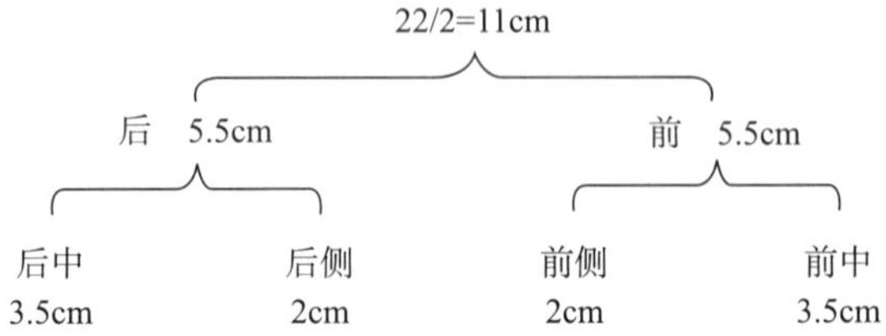

图4.2.4.1.3　下摆围变化量分配

4）曲面量变化设计（图4.2.4.1.4）。曲面量中部分作为袖窿松量、部分转移为A型量、少许转移为领口缝缩量，其余后片曲面量包含于横向育克分割线，前片转移为撇门。

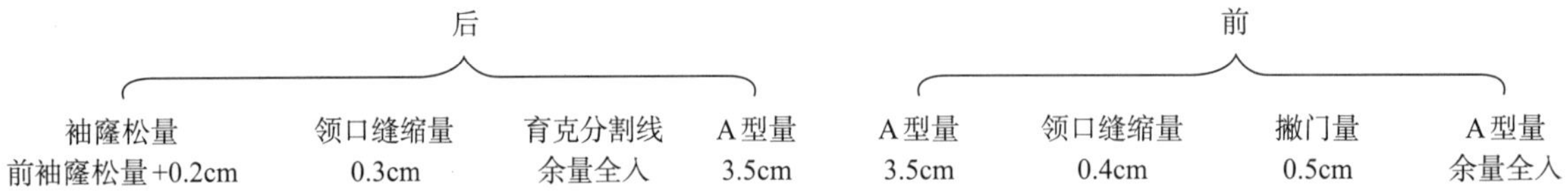

图4.2.4.1.4　曲面量分配

5）袖窿变化设计。袖窿深下降2cm。

6）育克分割设计。育克设计承担后袖窿松量。

7）门襟设计。门襟设计为宽3cm，长20cm，需同领口弧线对齐。

8）衣领设计。连翻领，后立领高3cm，后翻领宽5cm，前翻领宽7cm。

9）衣袖设计。袖口克夫一片式直身圆装袖，袖口有褶裥设计和袖衩设计。

（2）绘图步骤：

1）步骤1：胸围及衣长变化设计（图4.2.4.1.5）。

延长后中心线至后衣长75cm，绘制后底边线；前衣长短于后衣长10cm，绘制前底边线，为65cm；后片侧缝向外平移2cm，前片侧缝向外平移1cm，绘制前、后侧缝线。

2）步骤2：曲面量变化及侧缝放大量设计（图4.2.4.1.6）。前片袖窿省量分配至：领口松量0.4cm、撇门量0.5cm、A型量3.5cm，其余作为袖窿松量。后片袖窿省量分配至：领口松量

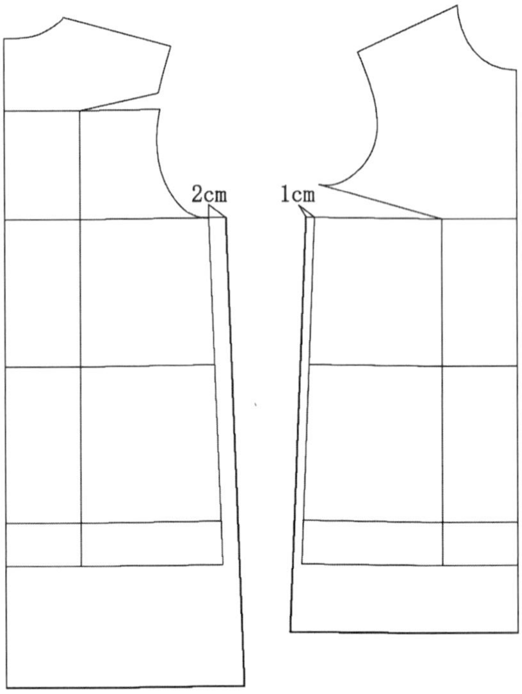

图4.2.4.1.5　胸围及衣长变化设计

0.3cm、A型量3.5cm，其余作为袖窿松量。前、后片侧缝放大2cm的A型量，绘制侧缝线。

3）步骤3：袖窿、领口变化设计（图4.2.4.1.7）。确定横开领开大1.5cm，前直开领开深1.5cm，后直开领开深0.5cm，然后绘制领口弧线；确定袖窿深下降2cm，绘制袖窿弧线。

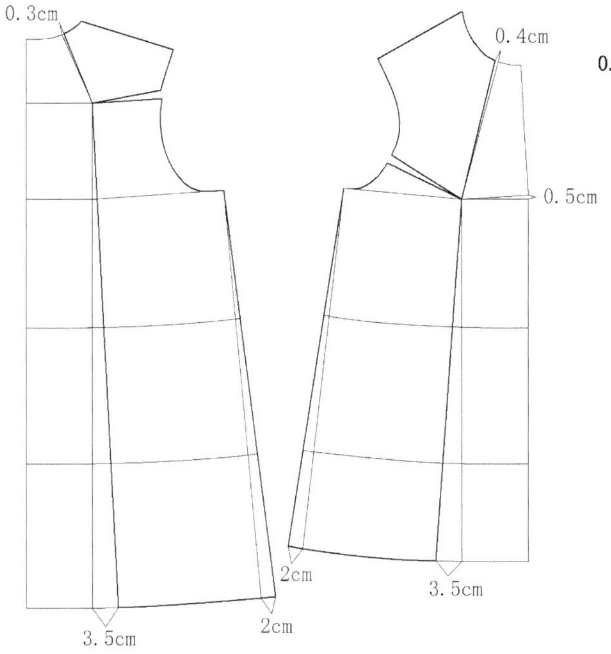

图4.2.4.1.6 曲面量分配及侧缝放大量设计

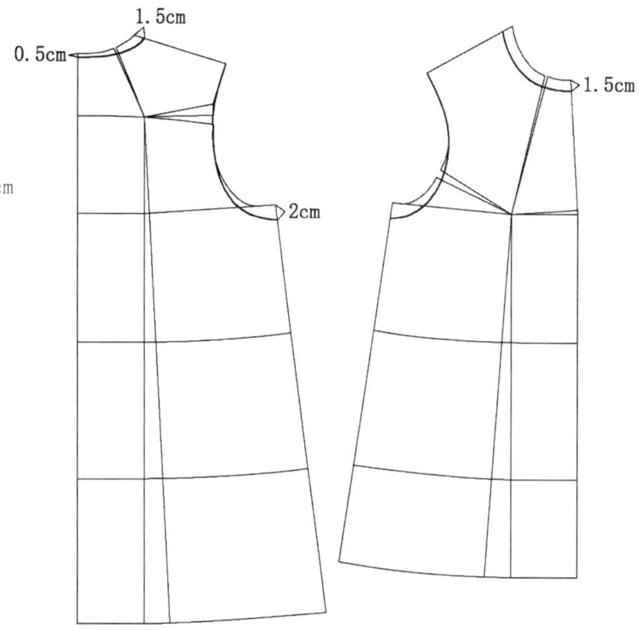

图4.2.4.1.7 领口、袖窿变化设计

4）步骤4：育克、下摆及衣领设计（图4.2.4.1.8）。将肩线前移，绘制育克分割衣片；绘制下摆圆弧造型线。衣领为连翻领，后立领高3cm、后翻领宽5cm、前翻领宽7cm，领外口弧线剪切拉展1cm，绘制连翻领领片；绘制贴门襟。

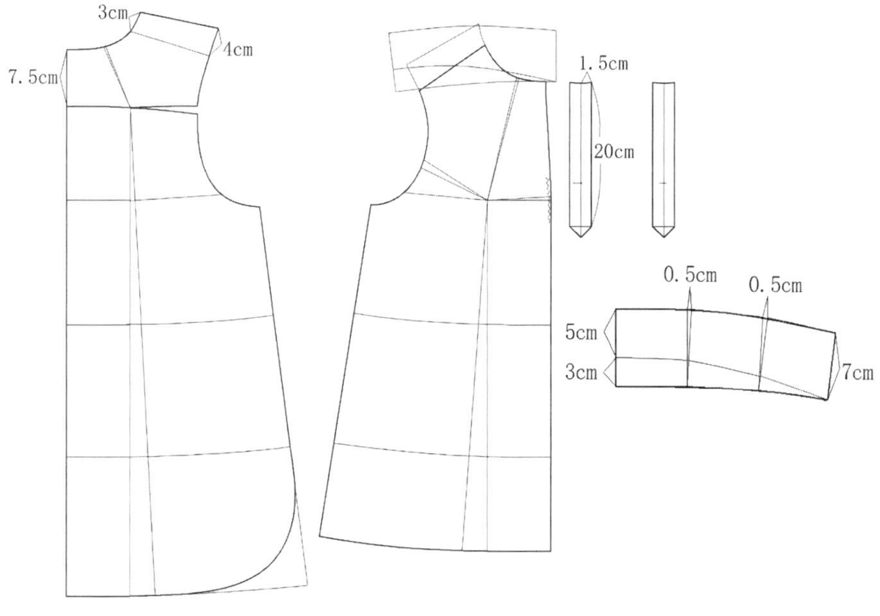

图4.2.4.1.8 育克、门襟及衣领设计

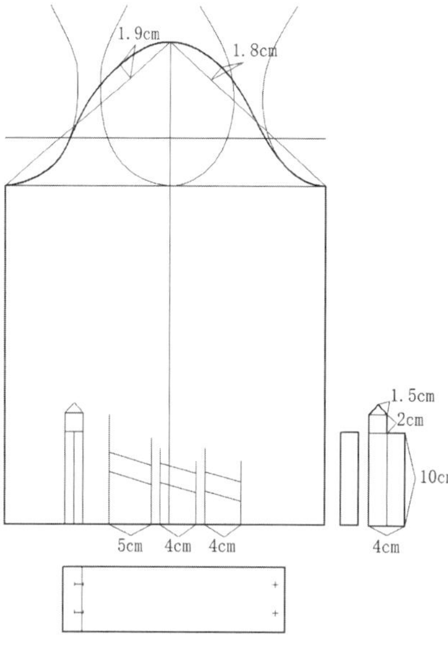

图4.2.4.1.9 衣袖设计

5）步骤5：衣袖设计（图4.2.4.1.9）。保持前、后胸围线水平，拓印袖窿弧线；基于袖窿弧线，保证袖肥、袖山缝缩量绘制袖山弧线，袖口与袖肥相等绘制袖身；设置袖口衣裥，以及绘制袖衩；绘制袖克夫。

6）步骤 6：样片提取及缝份设计（图4.2.4.1.10）。提取样片，设置缝份，标注样片信息。

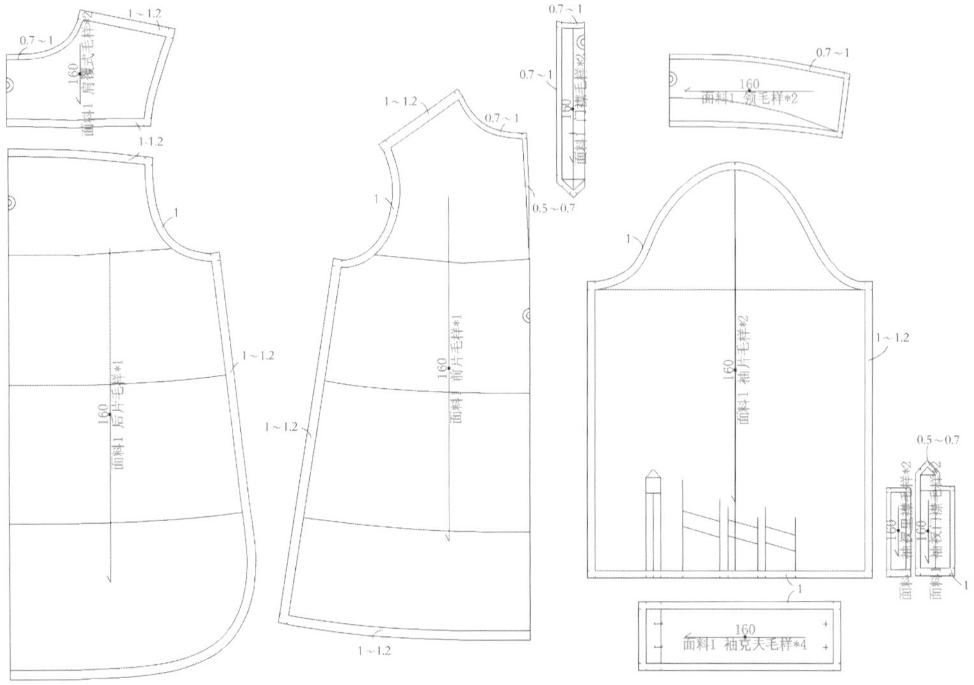

图4.2.4.1.10 面布样片提取及缝份设计

五、样衣试制

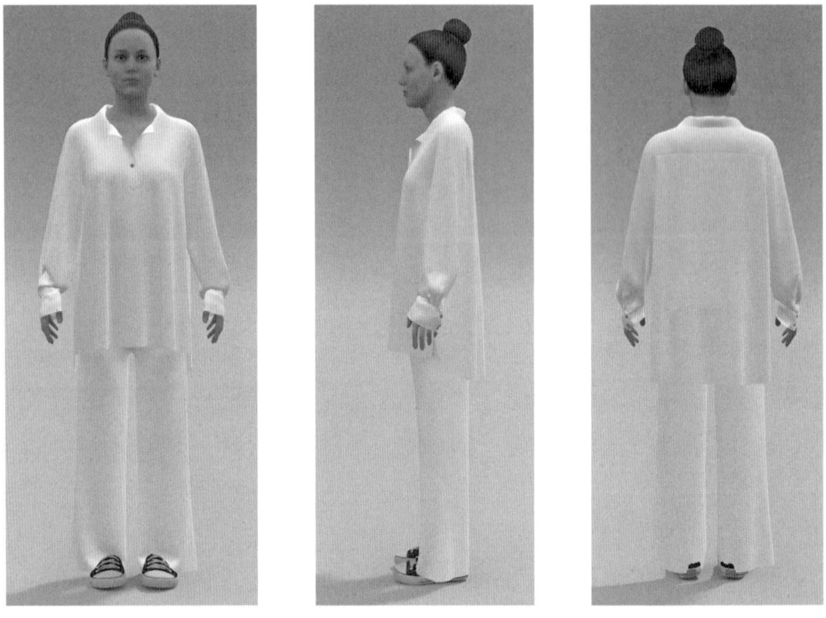

图4.2.4.1.11 三维虚拟样衣试制

4.2.4.2 案例2：肩覆式/插肩袖/驳折领短风衣

一、款式图

图4.2.4.2.1 款式图

二、款式分析

衣身廓形：A廓形，腰部抽褶。

结构要素：无省。

胸围线以上的曲面量处理：前片—袖窿松量、下摆A型量；后片—袖窿松量、下摆A型量。

衣领：驳折领。

衣袖：插肩袖。

三、规格设计

示明规格：153/82A。细部规格：见表4.2.4.2.1。

表4.2.4.2.1 细部规格 （单位：cm）

部位	备注	尺寸
衣长	后衣长	60
胸围	松量10	92
肩宽	不变	37.5
下摆围	加大40	—
袖窿深	下降8	—
腰带长	—	75
腰带宽	—	4
门襟宽	—	3
驳折止点	腰围线以上5	—

（续表）

部位	备注	尺寸
横开领	开大1	—
后直开领	变化量0	—
立领高	—	3
翻领宽	—	8
驳头宽	—	10
袖长	—	50
袖肥	—	40
袖克夫围度	—	24
袖克夫宽	—	5

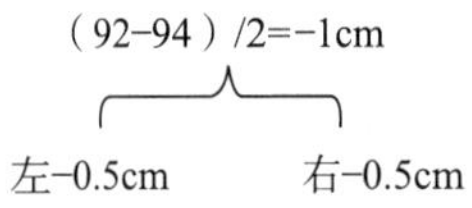

图4.2.4.2.2　胸围变化量分配

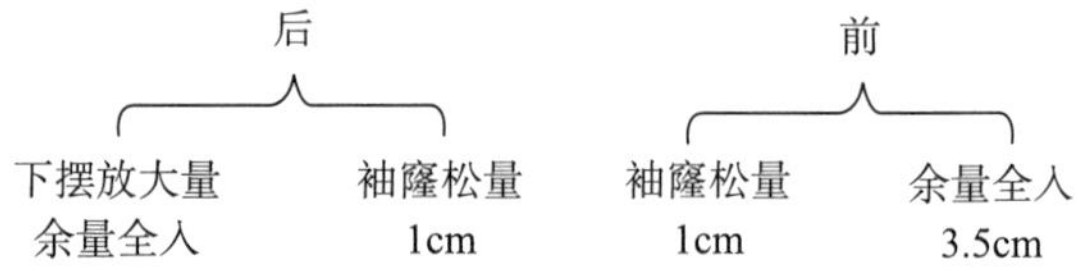

图4.2.4.2.3　曲面量变化分配

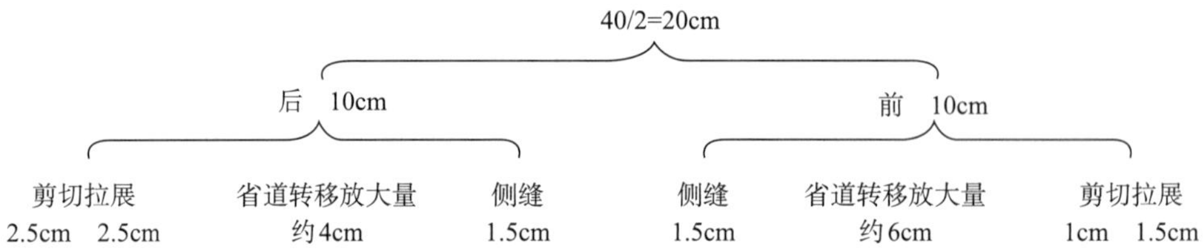

图4.2.4.2.4　下摆围变化量分配

四、结构设计

（1）设计内容：

1）衣长变化设计。

2）胸围变化设计（图4.2.4.2.2）。

3）曲面量变化设计（图4.2.4.2.3）。

4）下摆围变化设计（图4.2.4.2.4）。

5）腰部抽褶。腰部抽褶，加贴腰带。

6）肩宽变化。

7）袖窿深变化。袖窿深开深8cm。

8）门襟、衣领设计。驳折领。

9）衣袖设计。有肩省的一片式插肩袖。

（2）绘图步骤：

1）步骤1：衣长、胸围变化设计（图4.2.4.2.5）。后衣长延长至60cm，绘制底边线；前、后片侧缝分别向内平移0.5cm。

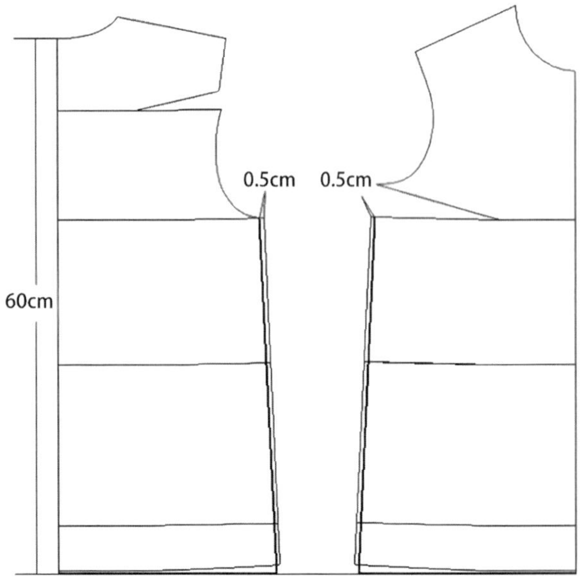

图4.2.4.2.5　衣长、胸围变化设计

2）步骤2：曲面量变化设计（图4.2.4.2.6）。前袖窿余留0.8cm、后袖窿余留1cm作为袖窿松量，余量转移到下摆形成A型量。

3）步骤3：门襟、衣领设计。门襟宽3cm，绘制门襟线；横开领开大1cm，后立领高3cm，翻领宽8cm，绘制衣领造型线；以驳折线对称翻转绘制驳头，剪切拉展后领满足翻领外口弧长，完成衣领绘制。如图4.2.4.2.7所示。

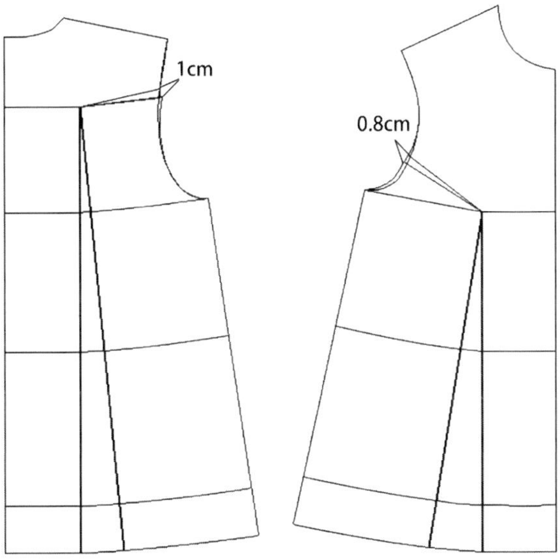

图4.2.4.2.6 曲面量变化设计

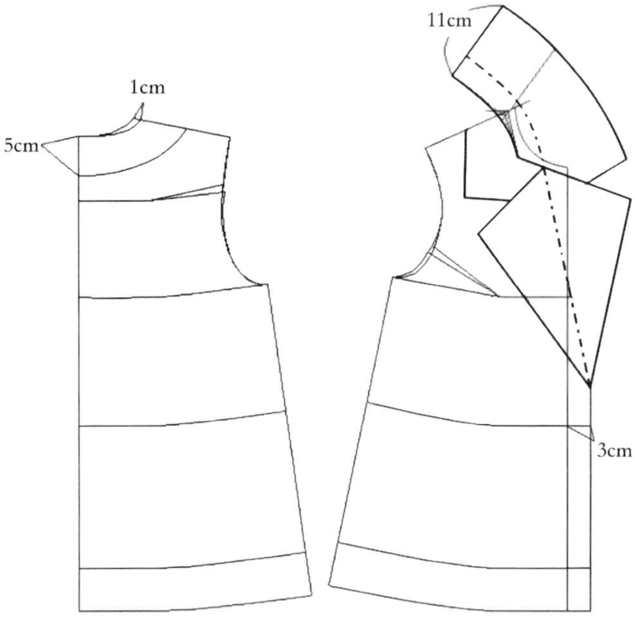

图4.2.4.2.7 驳折领绘制

4）步骤4：插肩袖绘制1（图4.2.4.2.8）。袖窿深下降8cm，绘制袖窿弧线；基于袖窿绘制基础衣袖，袖山吃势为0cm；前袖山斜线=前袖窿弧线长-1cm，后袖山斜线长=后袖窿弧线-0.7cm；袖长=总袖长（50cm）-袖克夫（5cm）=45cm。

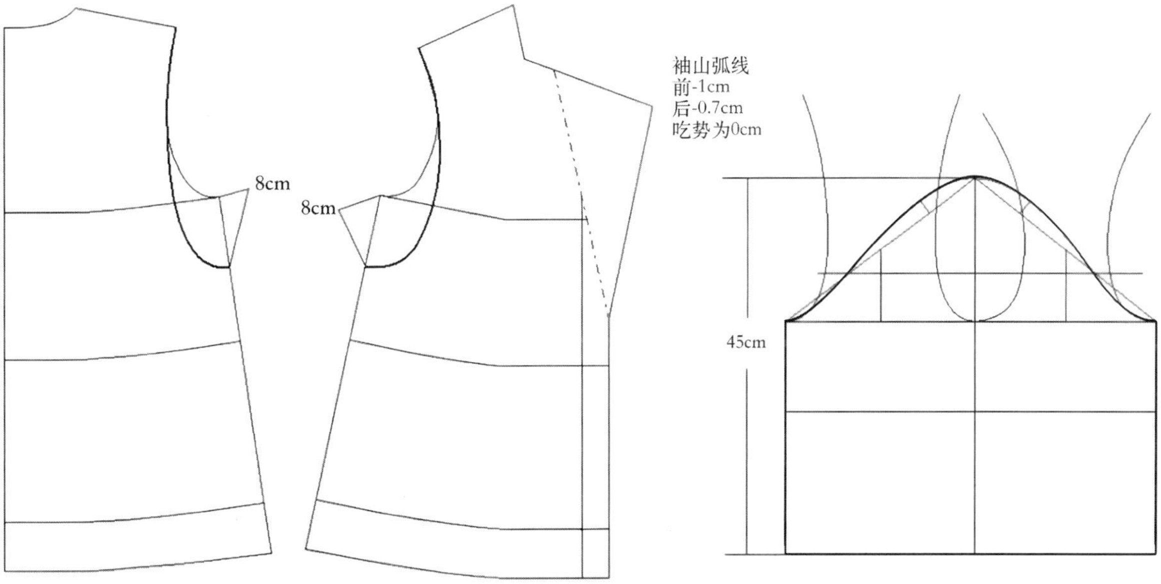

图4.2.4.2.8 基础衣袖绘制

5）步骤5：插肩袖绘制2（图4.2.4.2.9）。拟合法绘制前、后插肩袖片。

6）步骤6：插肩袖绘制3（图4.2.4.2.10）。合并前、后插肩袖片，完成一片式插肩袖的绘制；完成袖克夫的绘制。

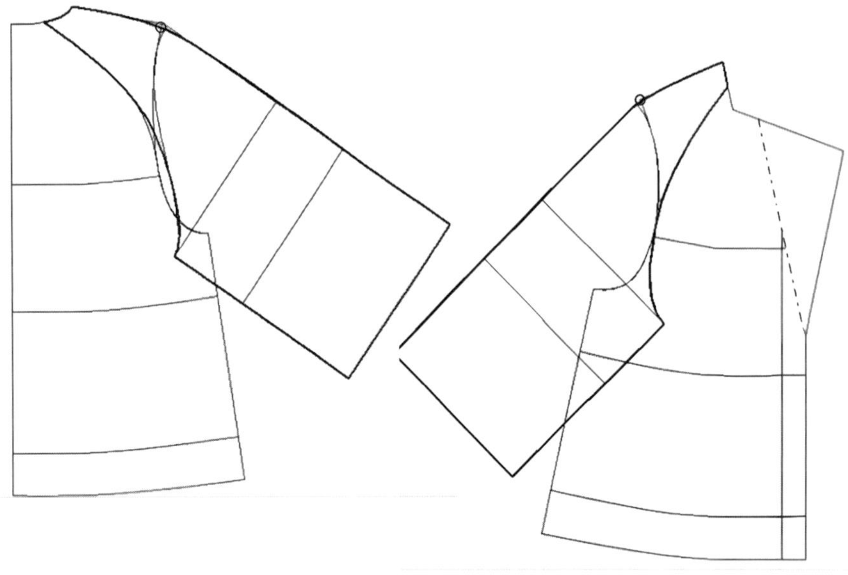

图4.2.4.2.9　拟合法绘制前、后插肩袖片

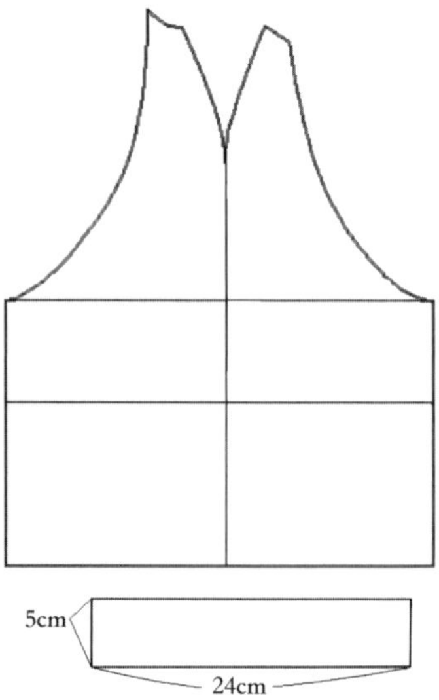

图4.2.4.2.10　一片式插肩袖变化设计

7）步骤7：前、后肩覆式的设计（图4.2.4.2.11）。绘制前、后肩覆式片。

8）步骤8：前、后衣片A型下摆量设计（图4.2.4.2.12）。剪切拉展前、后衣片设计A型量；侧缝设置A型量。

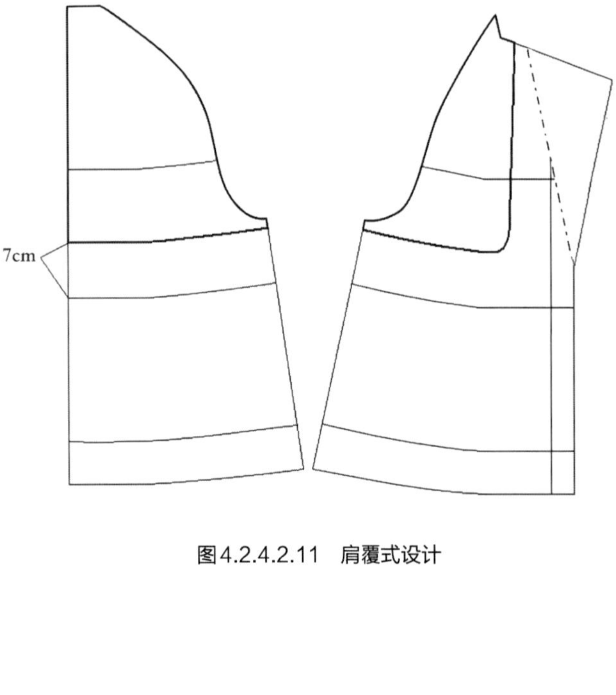

图4.2.4.2.11　肩覆式设计

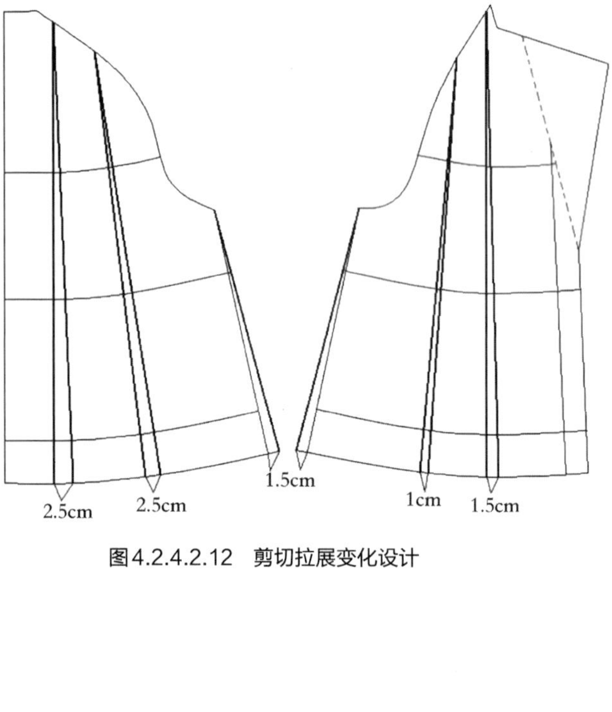

图4.2.4.2.12　剪切拉展变化设计

9）步骤9：腰部抽褶设计（图4.2.4.2.13）。标注腰部抽褶及绘制腰带。

10）步骤10：挂面及领面设计（图4.2.4.2.14）。基于前衣片绘制挂面；基于领里剪切拉展，绘制领面。

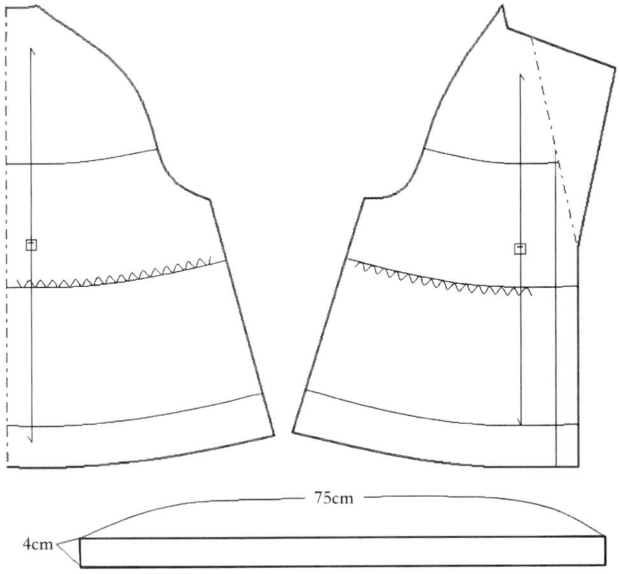

图4.2.4.2.13　腰部抽褶及腰带设计

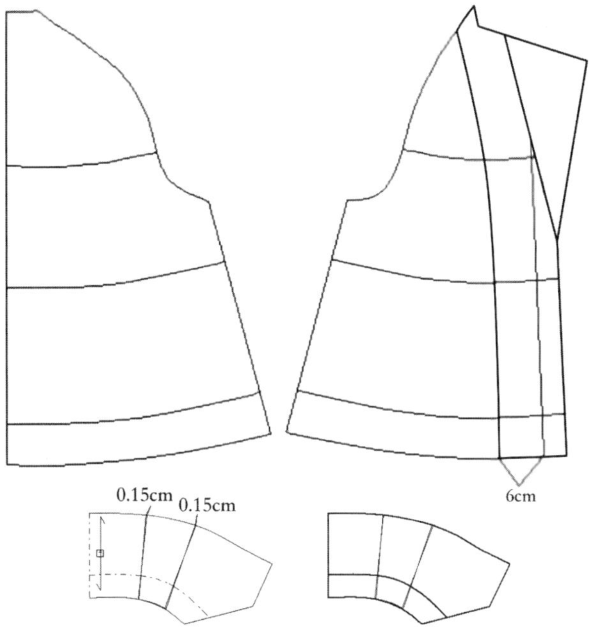

图4.2.4.2.14　挂面及领面变化设计

11）步骤11：样片提取及缝份设置（图4.2.4.2.15）。

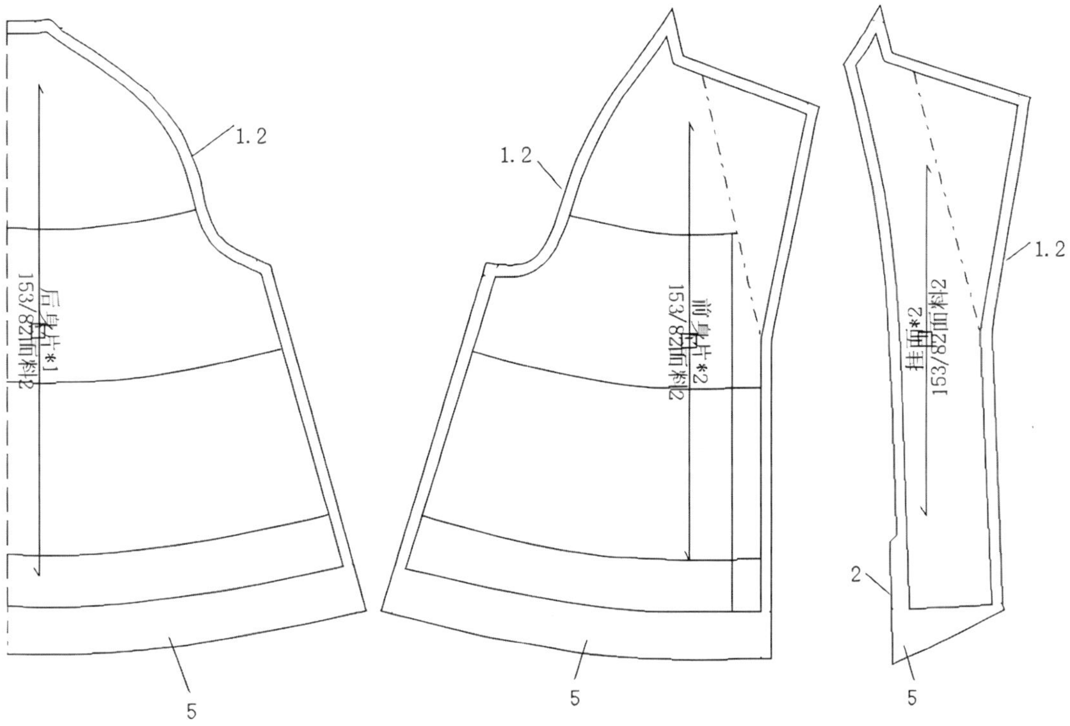

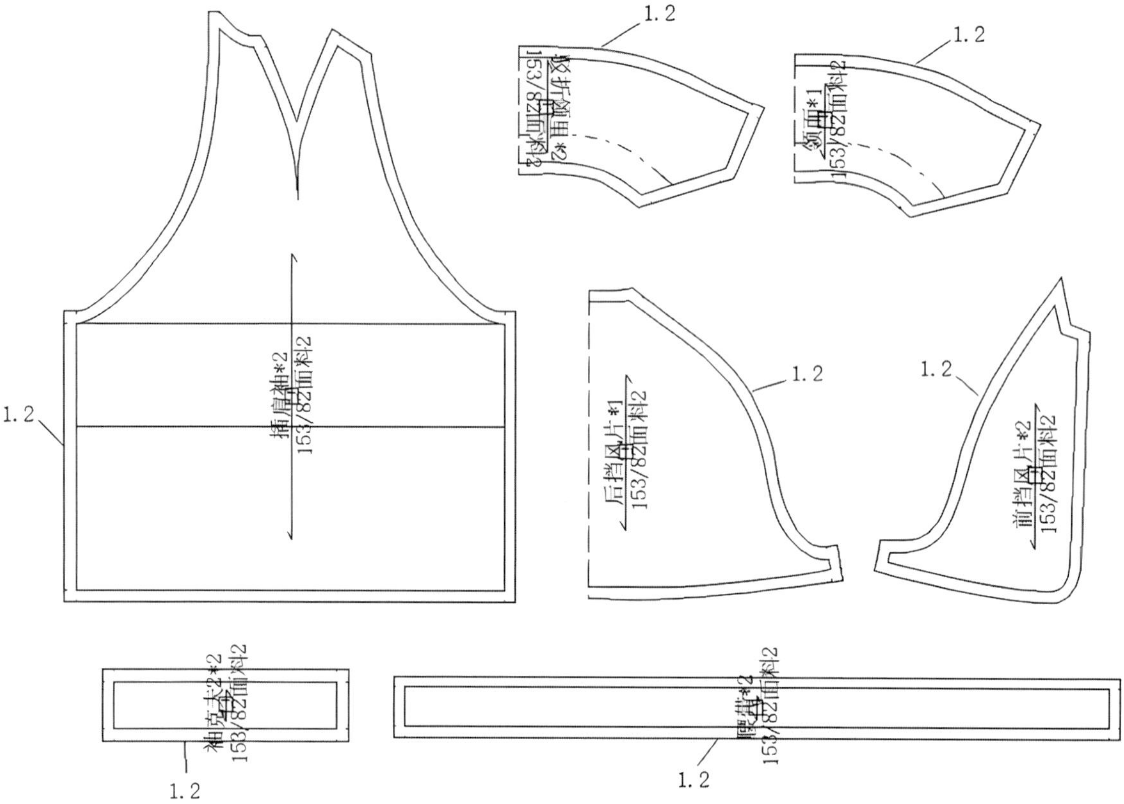

1.2
领面*1
153/82面料2
插肩袖*2
153/82面料2
后挡风片*1
153/82面料2
前挡风片*2
153/82面料2
袖克夫2*2
153/82面料2
153/82面料2

(a)面布样片及缝份设计

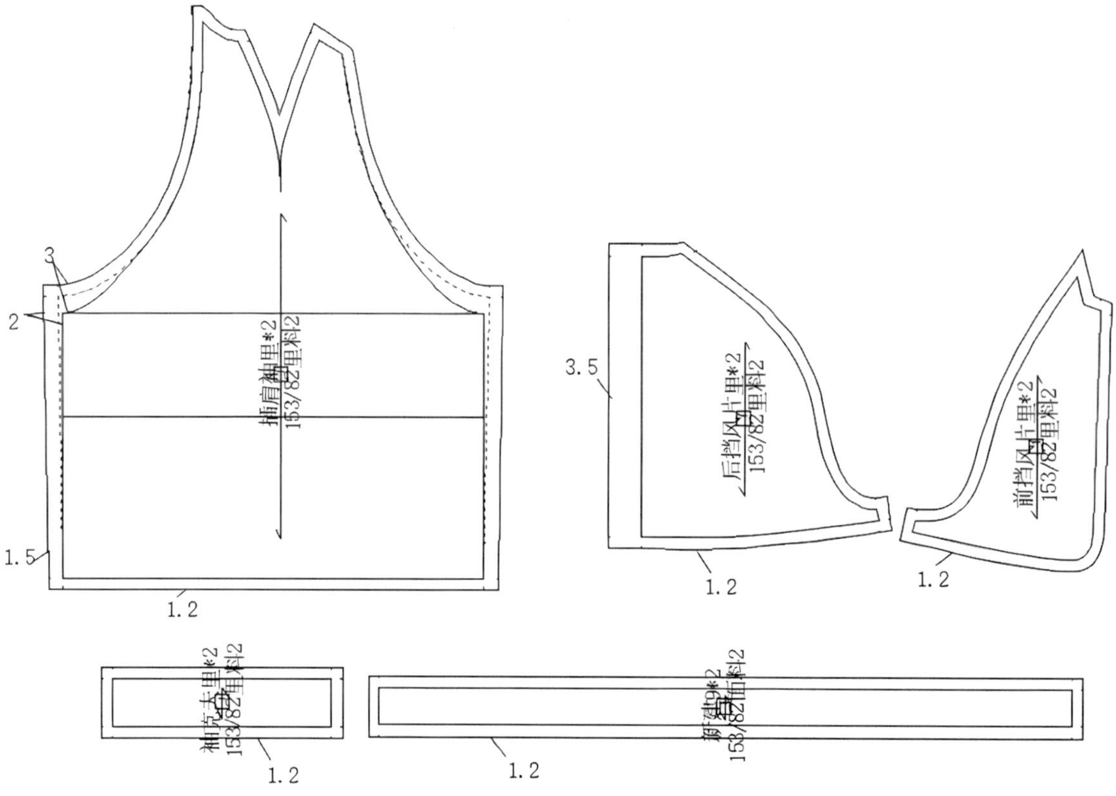

3
2
1.5
1.2
3.5
插肩袖里*2
153/82里料2
后挡风片里*2
153/82里料2
前挡风片里*2
153/82里料2
袖克夫里*2
153/82里料2
153/82面料2

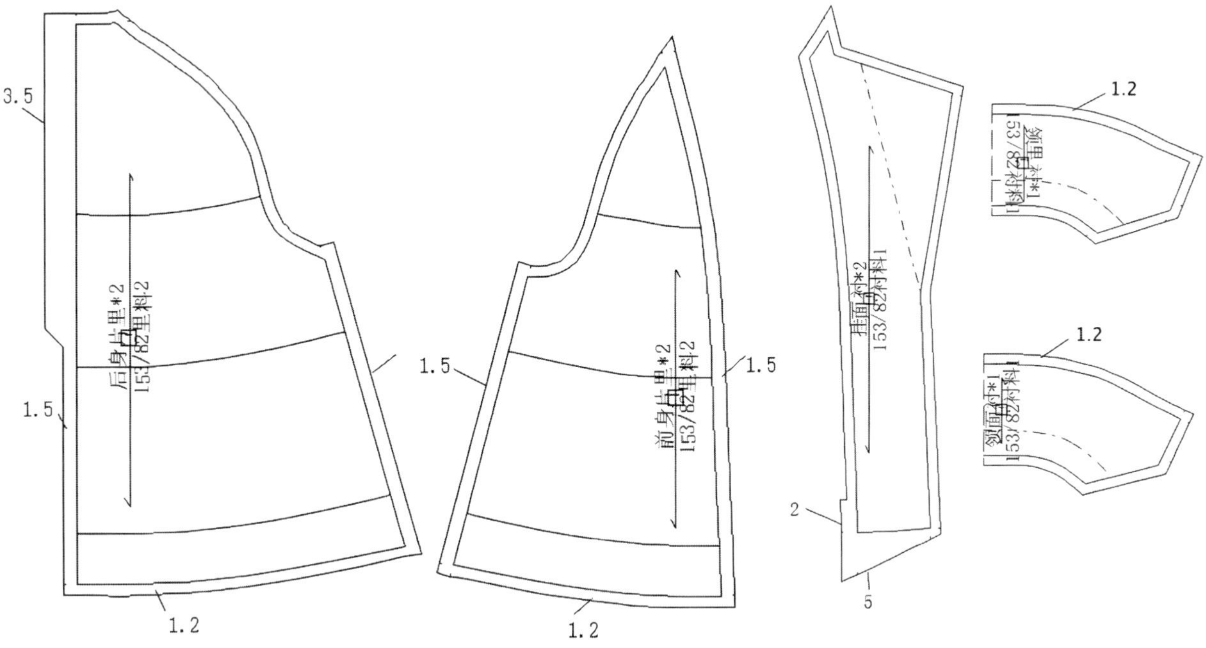

（b）里布样片　　（c）衬布样片

图4.2.4.2.15　面布、里布、衬布样板

五、样衣试制

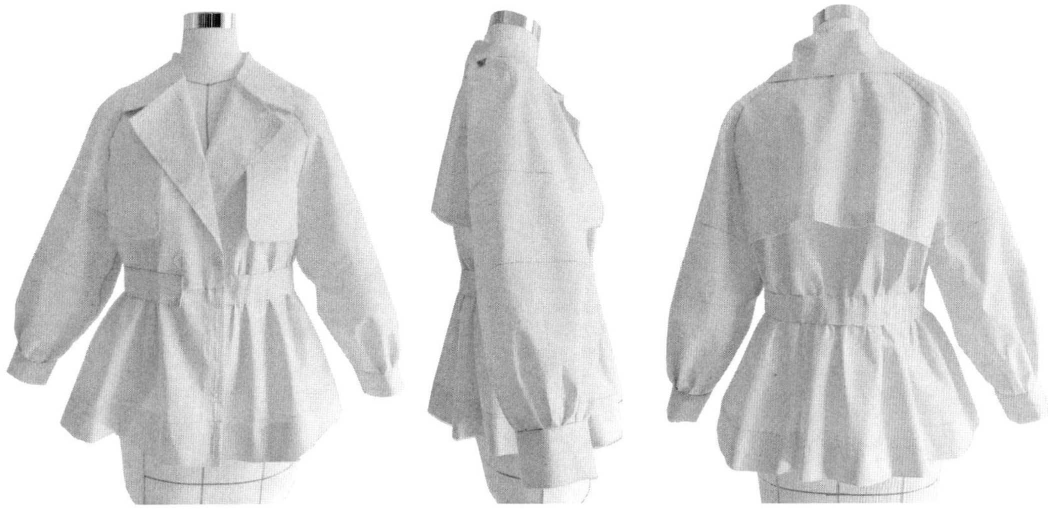

图4.2.4.2.16　坯布样衣试制

4.2.4.3　案例3：斜向分割线/泡泡袖连衣裙

一、款式图

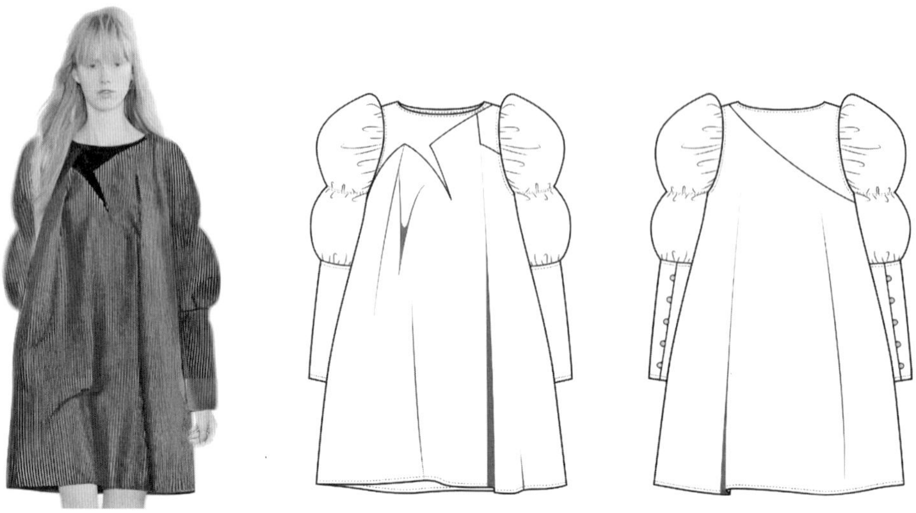

图4.2.4.3.1　款式图

二、款式分析

衣身廓形：A廓形。

结构要素：斜向分割线。

胸围线以上的曲面量处理：前片—袖窿松量、A型量；后片—袖窿松量、A型量。

衣领：领口领。

衣袖：圆装袖，袖山抽褶、袖身横向抽褶、袖肘横向分割。

三、规格设计

示明规格：160/84A。细部规格：见表4.2.4.3.1。

表4.2.4.3.1　细部规格（单位：cm）

部位	备注	尺寸
衣长	后衣长	78
胸围	松量8	92
下摆围	下摆增大量44	—
肩宽	减小8	31.5
袖窿深	不变	—
横开领	开大5	—
前直开领	不变	—
后直开领	开深3	—
袖长	—	60
袖肥	—	33
袖口	—	21
袖山缝缩量	—	2

四、结构设计

（1）设计内容：

1）衣长变化设计。

2）胸围变化设计（图4.2.4.3.2）。

3）曲面量变化设计（图4.2.4.3.3）。

4）下摆围变化设计（图4.2.4.3.4）。

5）领口线变化设计。

6）袖窿变化设计。肩宽减小，袖窿深不变。

7）分割线设计。

8）衣袖设计。

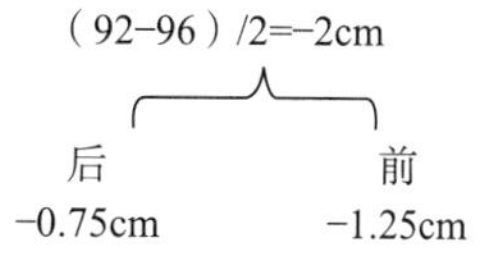

图4.2.4.3.2 胸围变化量分配

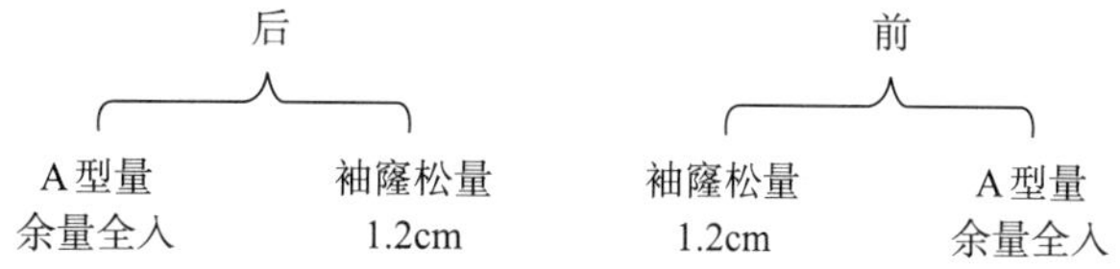

图4.2.4.3.3 曲面量变化分配

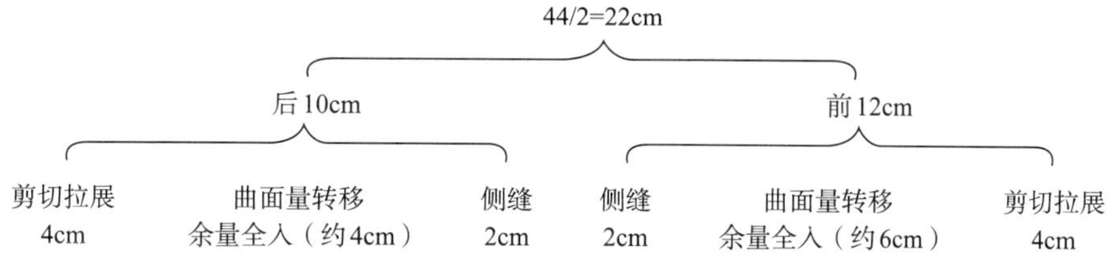

图4.2.4.3.4 下摆围变化量分配

（2）绘图步骤：

1）步骤1：衣长、胸围变化设计（图4.2.4.3.5）。延长后衣长为78cm，绘制底边线；后片侧缝向内平移0.75cm，前片侧缝向内平移1.25cm，绘制侧缝线。

2）步骤2：曲面量分配、领口、袖窿变化设计（图4.2.4.3.6）。预留前、后袖窿松量1.2cm，其余转移至下摆形成A型量；绘制前后领口线；绘制前后袖窿弧线。

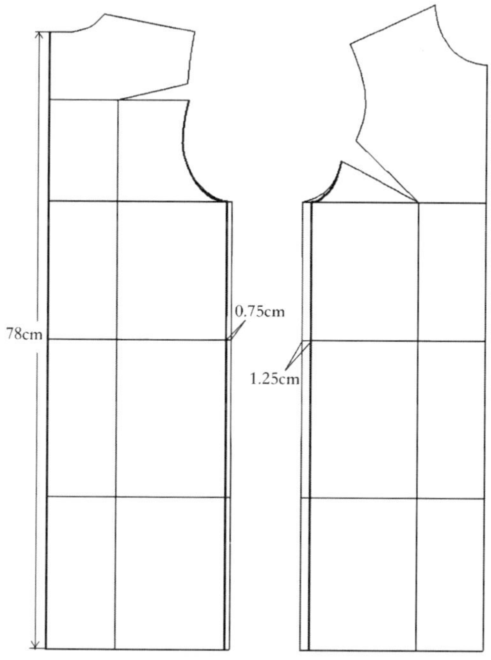

图4.2.4.3.5 衣长、胸围变化设计

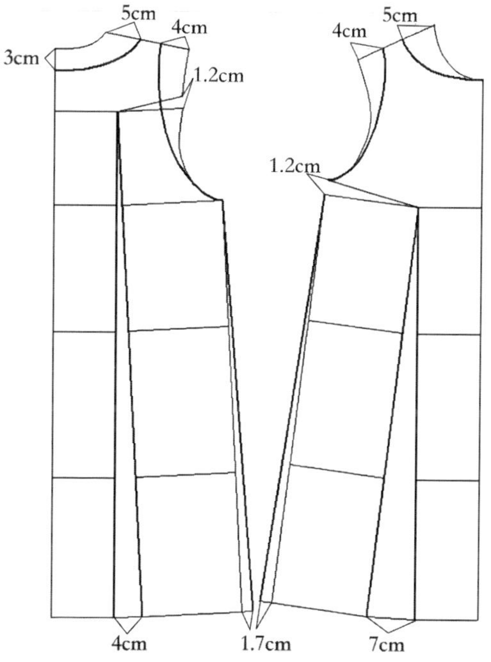

图4.2.4.3.6 曲面量分配、领口、袖窿变化

3）步骤3：分割线及剪切拉展设计（图4.2.4.3.7）。绘制造型分割线；后片剪切拉展A型量，前片剪切拉展衣裥A型量。

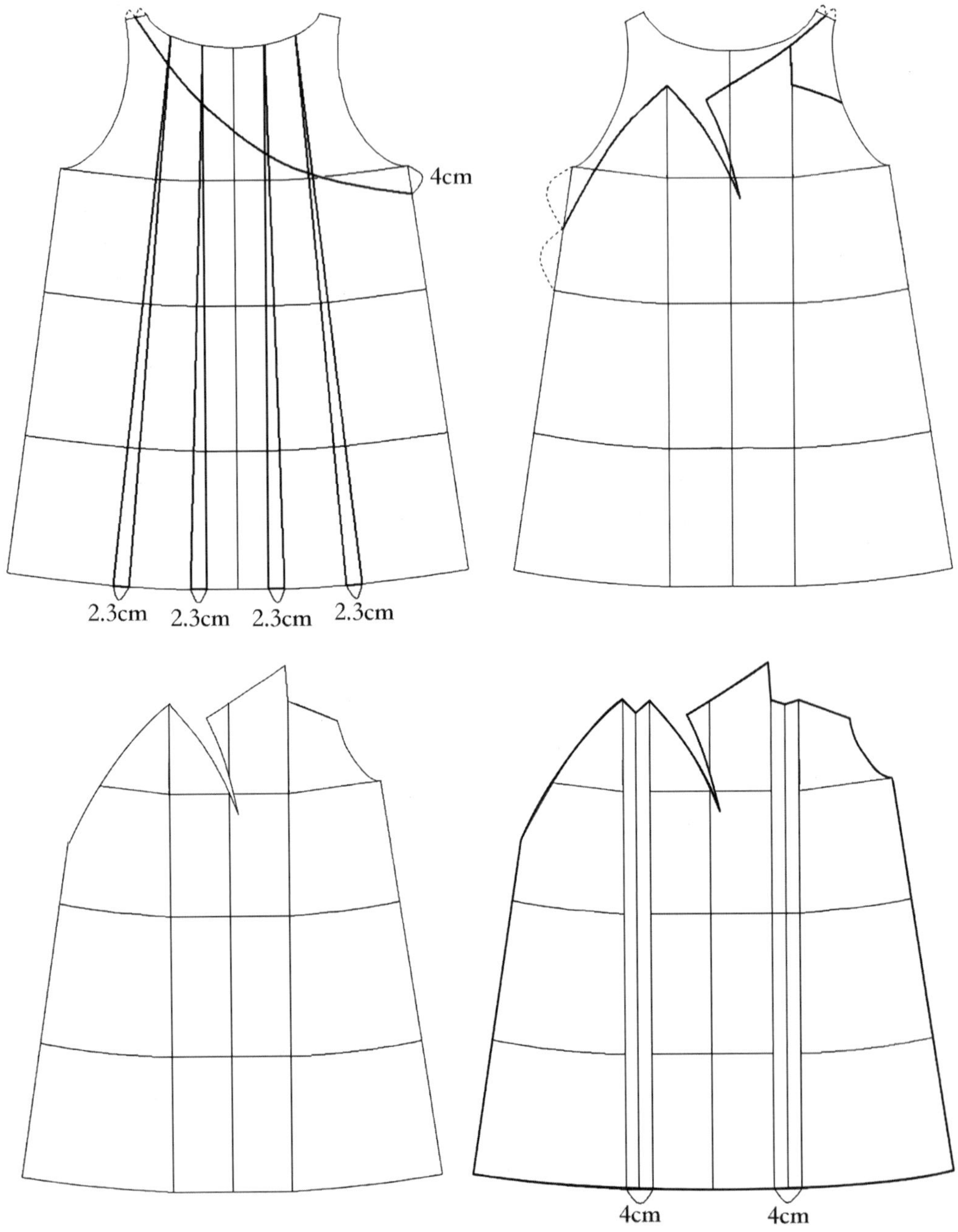

图4.2.4.3.7　分割线及A型量设计

4）步骤4：衣袖绘制（图4.2.4.3.8）。基于袖窿弧线，绘制一片式袖口直省弯身袖；在袖肘线以下5cm处分割为上、下片；上袖片剪切拉展抽褶量，以及设置袖山和袖口泡量，绘制袖山和袖口弧线；标注抽褶及纽位。

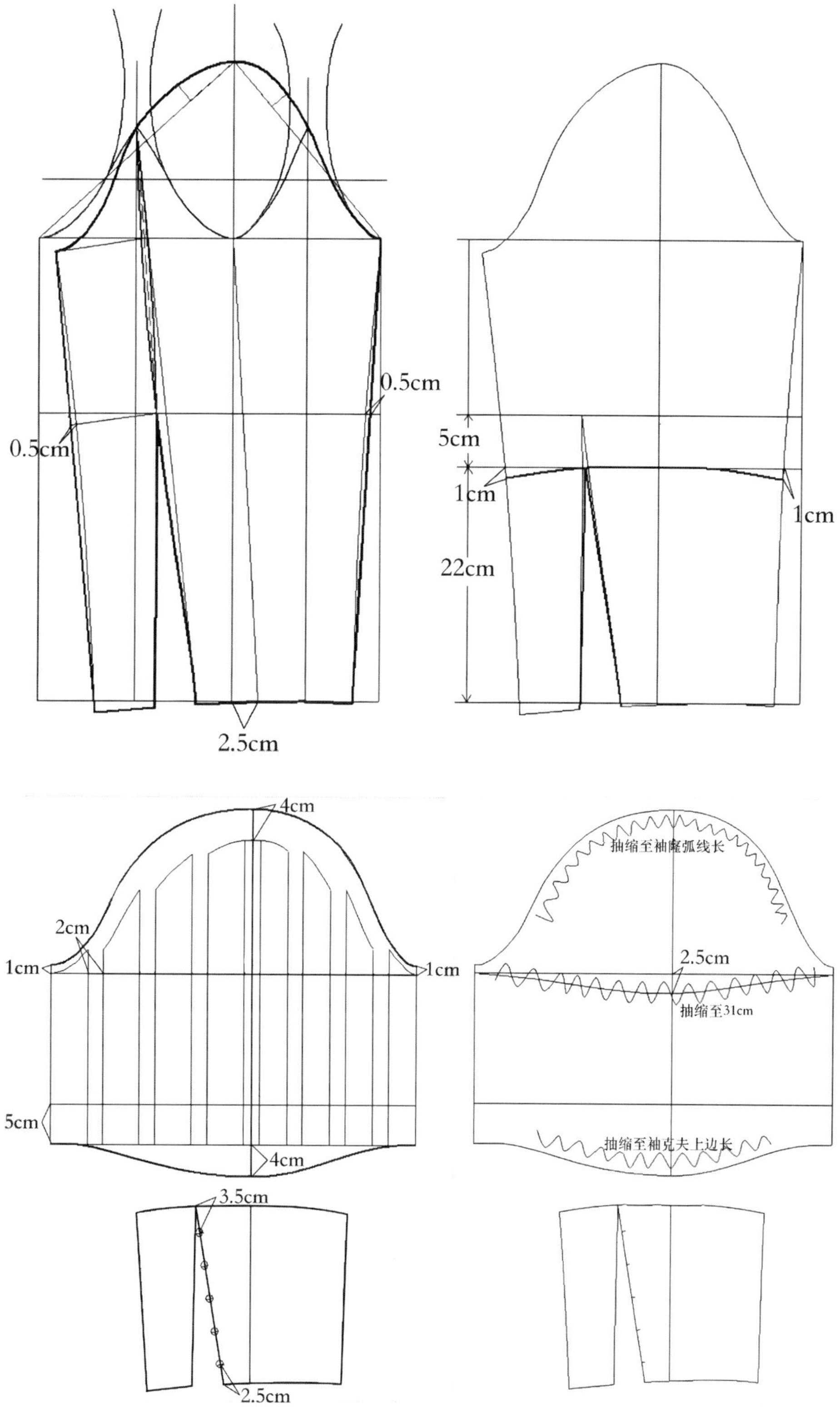

图4.2.4.3.8 衣袖设计

5）步骤5：样片提取和缝份设置（图4.2.4.3.9）。

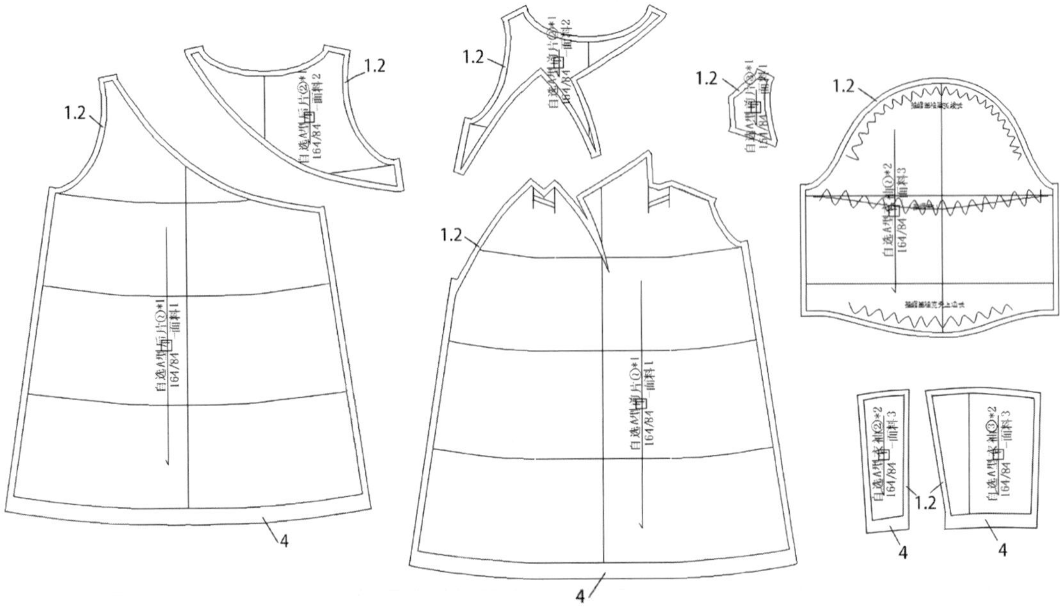

（a）面布样板

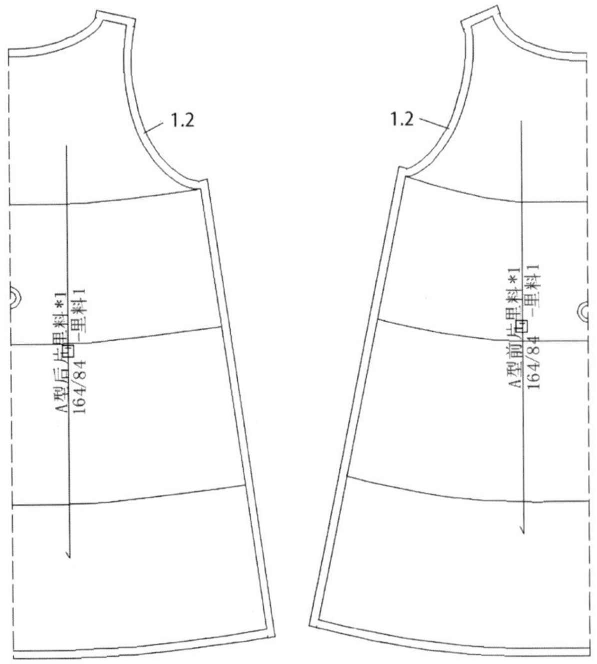

（b）里布样板

图4.2.4.3.9 面布、里布样板

五、样衣试制

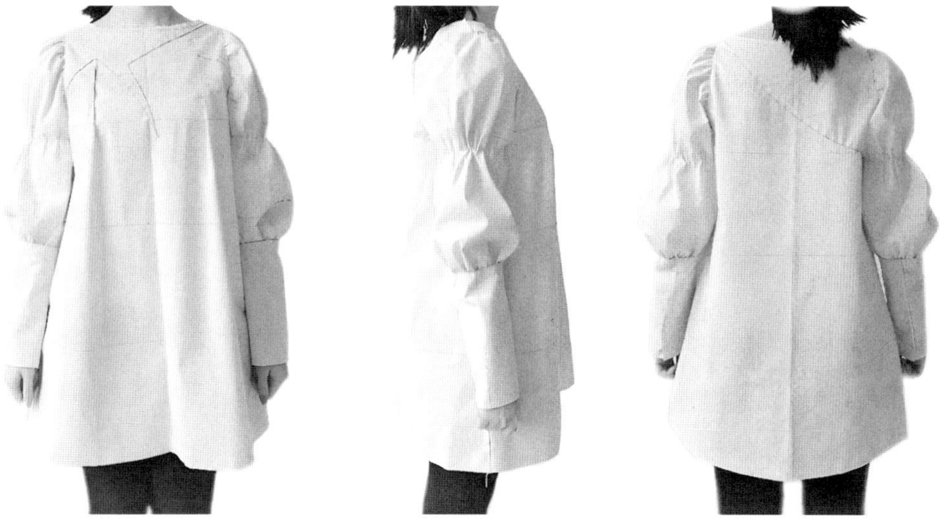

图4.2.4.3.10 坯布样衣试制

4.2.4.4 案例4：纵向多分割线/拖肩/O型袖/连翻领/牛仔短外套

一、款式图

图4.2.4.4.1 款式图

二、款式分析

衣身廓形：A廓形。

结构要素：分割线，前、后片均有横向分割线以及多条纵向分割线。

胸围线以上的曲面量处理：前片—袖窿松量、领口松量、A型量，后片—袖窿松量、领口松量、横向分割线、A型量。

衣领：连翻领。

衣袖：拖肩O型袖。

三、规格设计

示明规格：165/82A。细部规格：见表4.2.4.4.1。

表4.2.4.4.1 细部规格（单位：cm）

部位	备注	尺寸
衣长	后衣长	46
	前衣长比后衣长短5	—
胸围	松量20	102
下摆围	根据下摆造型线变化	—
肩宽	落肩2	—
袖窿深	下降0.5	—
横开领	不变	—
前直开领	开深1	—
门襟宽	—	3
下摆克夫	—	3
立领高	—	3.5
翻领宽	—	4
袖长	包含袖克夫	50
袖山缝缩量	—	0
袖肥	—	38
袖口	—	28
袖克夫	—	3

四、结构设计

（1）设计内容：

1）衣长变化设计。

2）胸围变化设计（图4.2.4.4.2）。

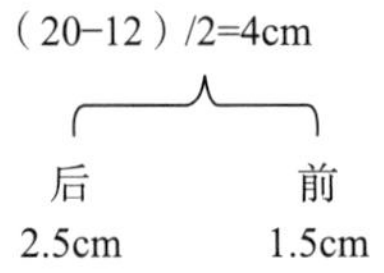

图4.2.4.4.2 胸围变化量分配

3）分割线变化设计。前后衣片均有横向育克分割，和衣身纵向分割，纵向分割形成的侧片主要塑造A造型。

4）曲面量变化设计（图4.2.4.4.3）。

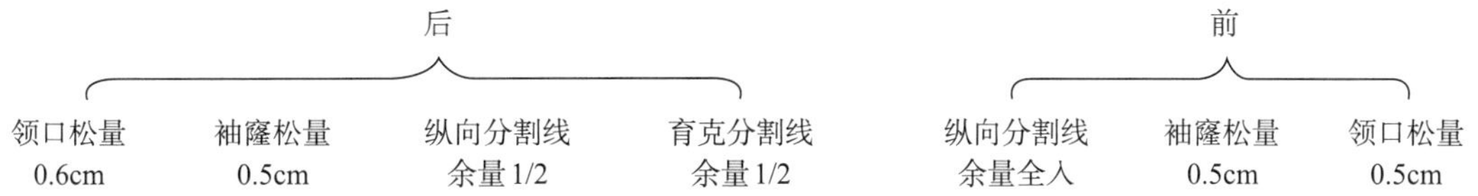

图4.2.4.4.3 曲面量变化分配

5）下摆围变化设计。下摆增大，且呈现帕角造型。

6）门襟、口袋等设计。

7）衣领设计。翻立领。

8）衣袖设计。衣袖为拖肩圆装袖，袖身分割，大袖片袖肘处衣褶，形成O型造型。

（2）绘图步骤：

1）步骤1：胸围及曲面量变化设计（图4.2.4.4.4）。在基础型上将胸围加宽，前后分别为2.5cm、1.5cm。前片袖窿松量转移至：领口松量（0.5cm），袖窿松量（0.5），其余转移至分割线。后片袖窿松量转移至：领口松量（0.6cm），袖窿松量（0.5cm），余量1/2转移至纵向分割线，1/2置于育克分割线。

2）步骤2：衣长、领口变化设计（图4.2.4.4.5）。根据后衣长46cm、前衣长41cm，绘制衣长线；横开领不变，前直开领开深1cm，绘制领口弧线。

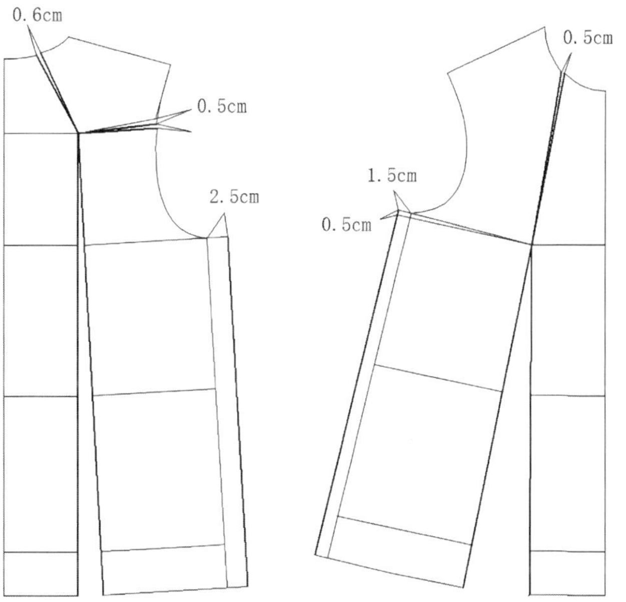

图4.2.4.4.4 胸围变化、曲面量变化设计

图4.2.4.4.5 衣长、领口变化设计

3）步骤 3：衣身前、后片设计（图4.2.4.4.6）。门襟绘制；肩宽变化及袖窿弧线绘制；横向育克分割线绘制；纵向分割线绘制；口袋绘制；下摆克夫绘制。

4）步骤 4：衣身侧片设计（图4.2.4.4.7）。设置A型量合并前、后衣片，绘制衣身侧片。

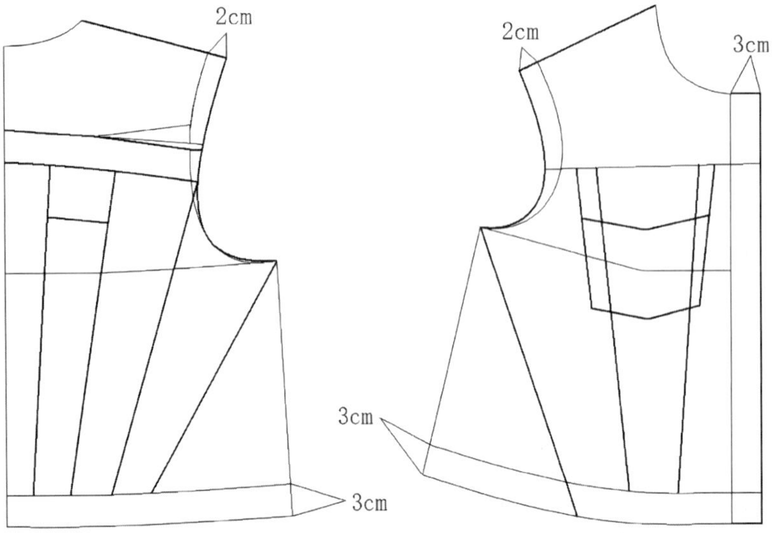

图4.2.4.4.6 门襟、袖窿、分割线、口袋、下摆克夫设计

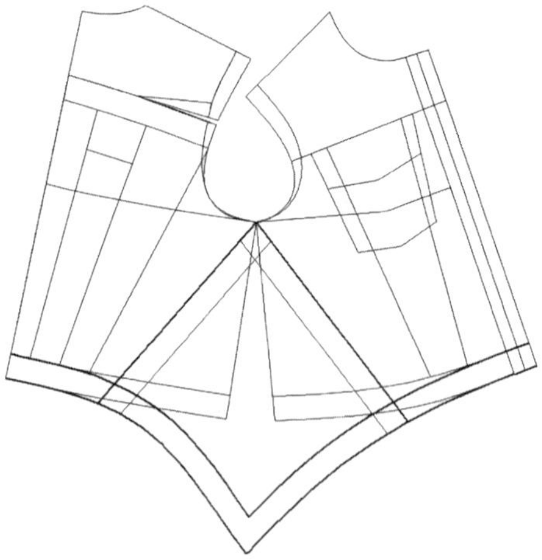

图4.2.4.4.7 侧片设计

5）步骤5：衣袖设计1（图4.2.4.4.8）。前、后胸围线保持水平对齐，拓印袖窿弧线；基于袖窿弧线，绘制衣袖基础型，保证袖肥，调整袖山缝缩量为0cm；绘制直身式大小袖片。

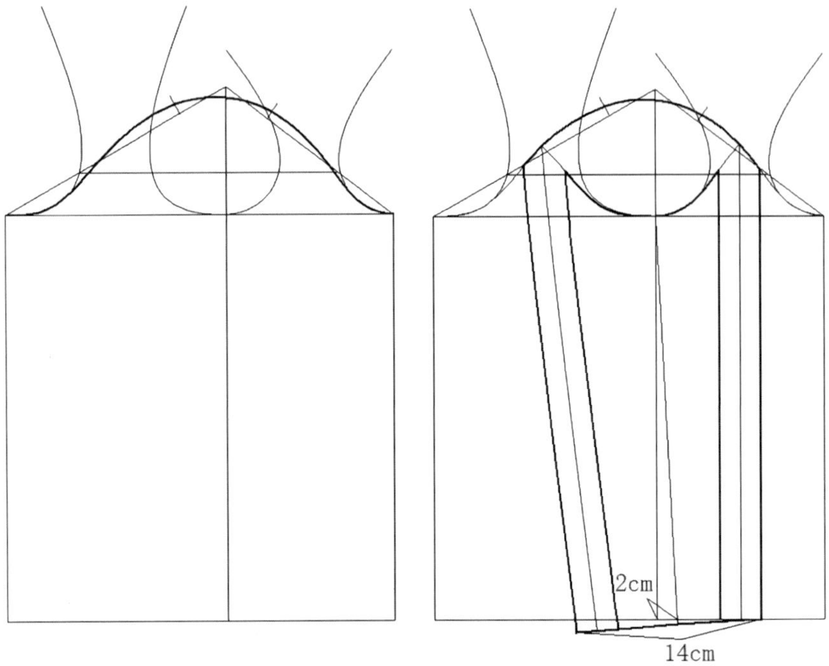

图4.2.4.4.8 衣袖设计1

6）步骤6：衣袖设计2（图4.2.4.4.9）。大袖片剪切拉展，以及袖克夫和袖衩的绘制。

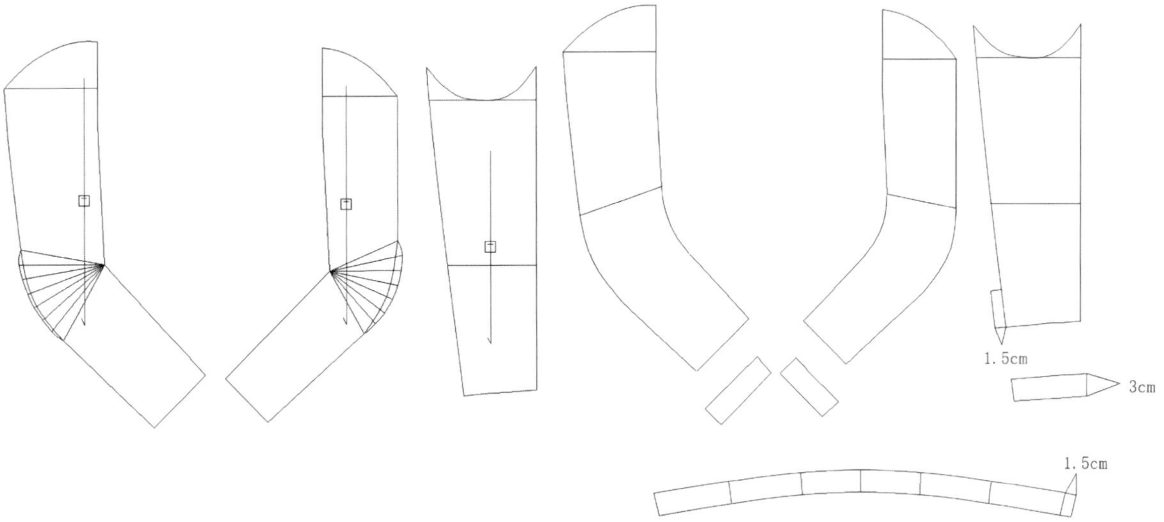

图4.2.4.4.9　衣袖设计2

6）步骤6：衣领设计（图4.2.4.4.10）。基于领口弧线，领高、领宽绘制翻立领领片。

7）步骤7：样片提取及缝份设置（图4.2.4.4.11）。

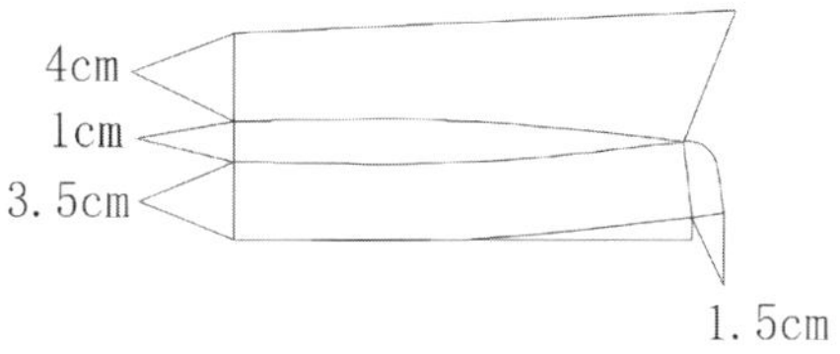

图4.2.4.4.10　衣领设计

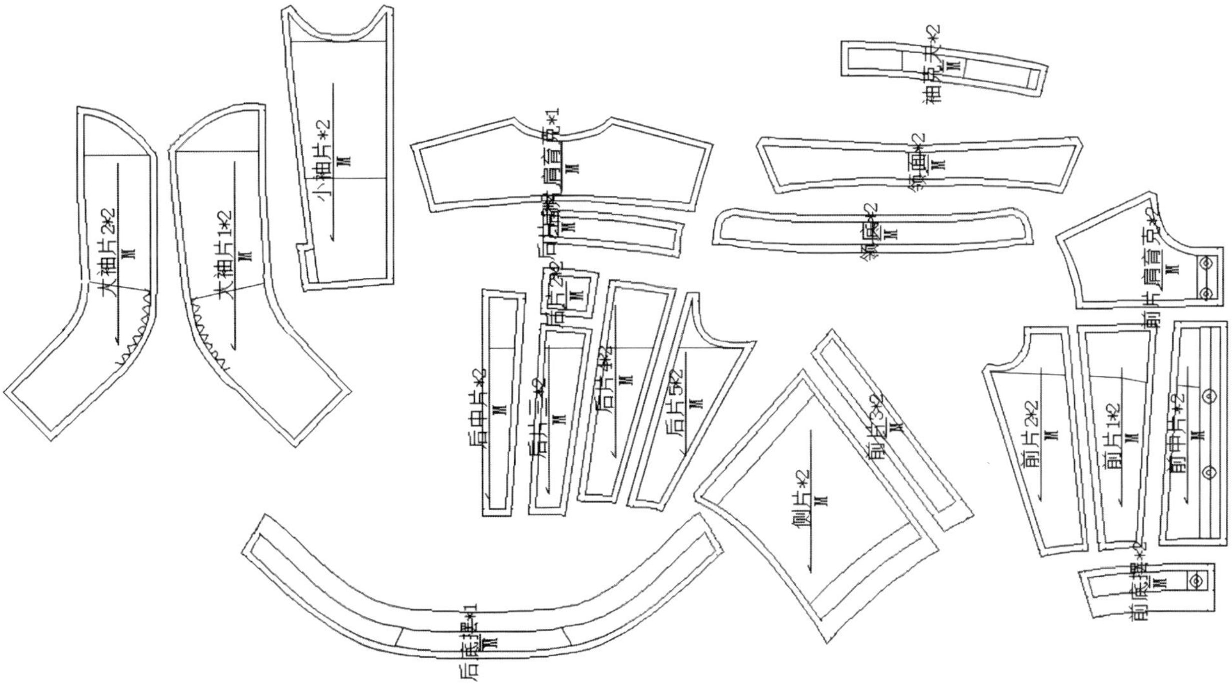

图4.2.4.4.11　面布样板

五、样衣试制

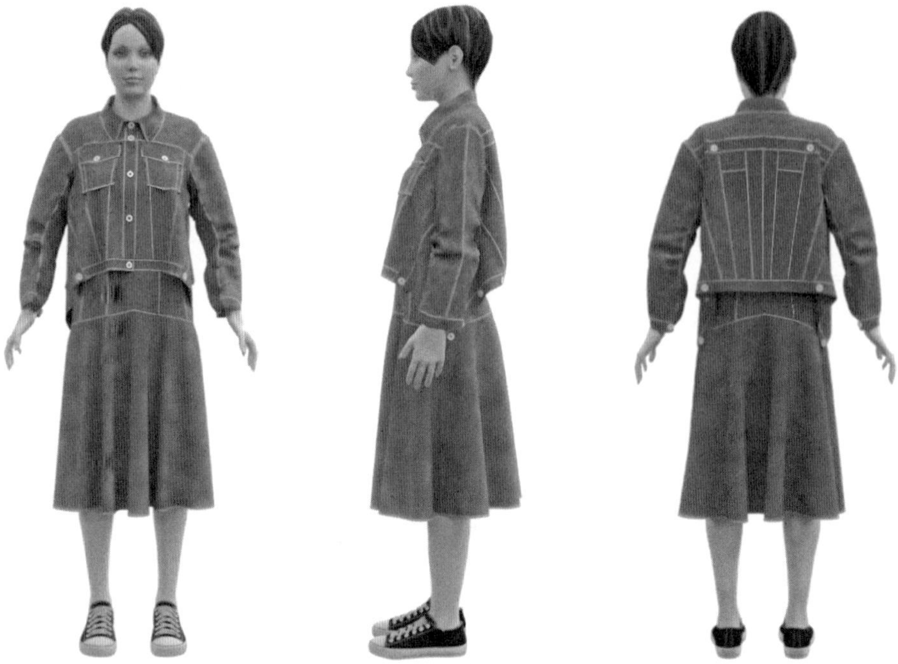

图4.2.4.4.12 三维虚拟样衣试制

4.3 O型

4.3.1 O型服装与人体体型的关系

O廓形可以理解为在A廓形基础上的下摆收窄，O廓形造型变化不仅有基于上半部A型的造型变化，还有下半部分收窄起始位置和收窄程度的变化。O廓形在服装造型中的占比不大，但一些时间段里O廓形也成为过主流的流行廓形。

O廓形服装穿着于人体后，呈现肩颈部位贴合，前身胸部以上部位贴合，后背肩胛骨以上部位贴合，其下部位呈现由外扩转收窄的O形态。一般O廓形的收窄起始于腰线以下部位，收窄的结构形式有纵向省道或分割线或者横向分割线，收窄的形态需要细腻刻画。如图4.3.1.1所示为一些O廓形典型设计。

图4.3.1.1 O廓形服装款式

4.3.2 O型服装规格设计要点

O型服装的主要规格指标为胸围、最大围、下摆围以及最大围的位置。其中最大围的位置可基于腰围线位置的上下变化量来确定，最大围可基于胸围的放大量来确定，下摆围可基于最大围的收窄量确定。

同样，O型服装肩部宜窄不易宽，O廓形还常以衣袖的肥宽来配合塑造，特别是袖肘部肥大。如图4.3.2.1所示为O型服装与人体透视关系三视图。

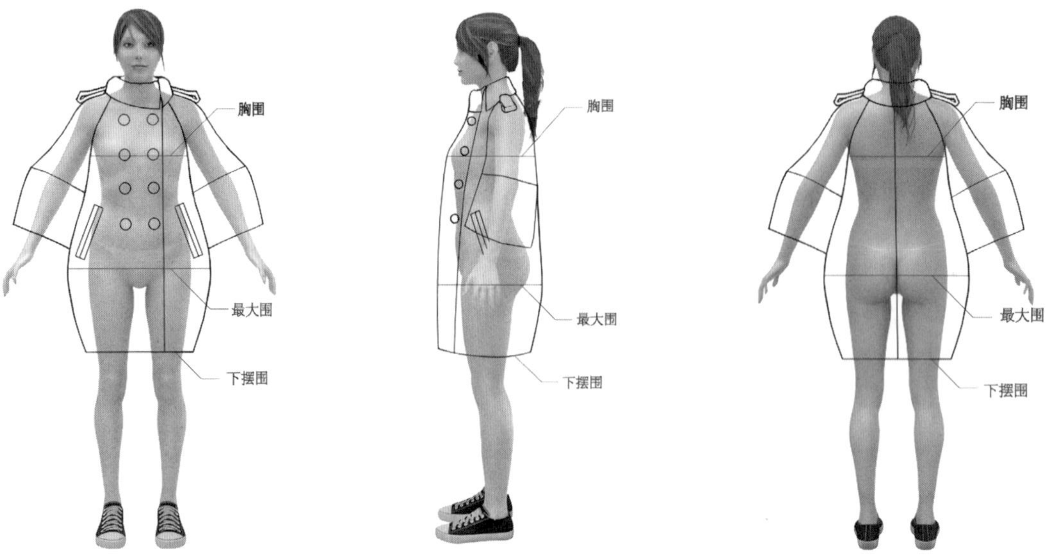

图4.3.2.1　O型服装与人体透视关系三视图

4.3.3　O型服装结构设计要点和方法

O廓形的服装结构设计要点是胸围到最大围的放大以及最大围到下摆的收窄。

胸围到最大围的放大结构设计途径有二：一为曲面量转移形成放大量，另一为剪切拉展形成放大量。对应胸点和肩胛骨点的放大量由原型中的胸省量或肩背省量转移形成，其他位置的放大量由剪切拉展形成。

下摆的收窄可分为以纵向省道或分割线收窄和横向分割线的收窄两类。前者，纵向省道或分割线的位置和收窄量的分布是设计重点；后者，横向分割后，下摆片的收窄通过剪切合并，完成样片设计，实现下摆的收窄。如图4.3.3.1所示为最大围位于腰围和臀围的O廓形比较，表4.3.3.1所示为对应的三维虚拟试衣三视图对比。

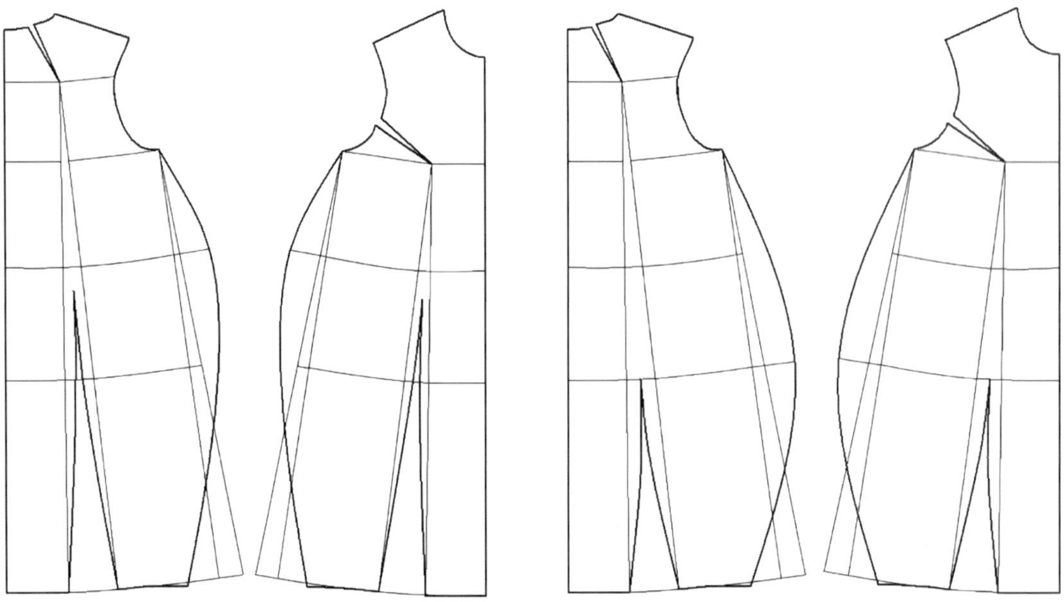

图4.3.3.1　最大围位置位于腰围与臀围的O型服装结构图对比

表4.3.3.1 最大围位置位于腰围与臀围的O型服装三维虚拟试衣三视图对比

最大围位置	正面	侧面	背面
最大围位置位于腰围线	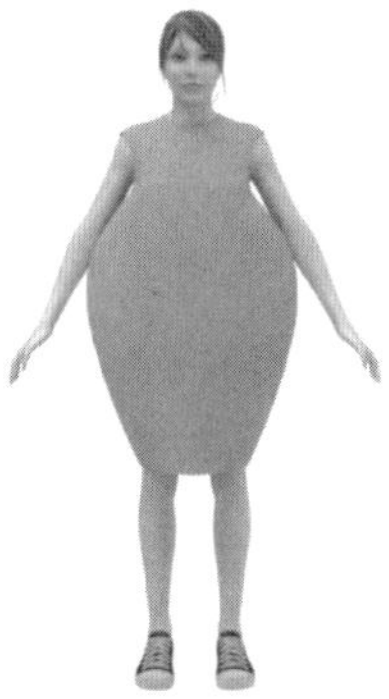		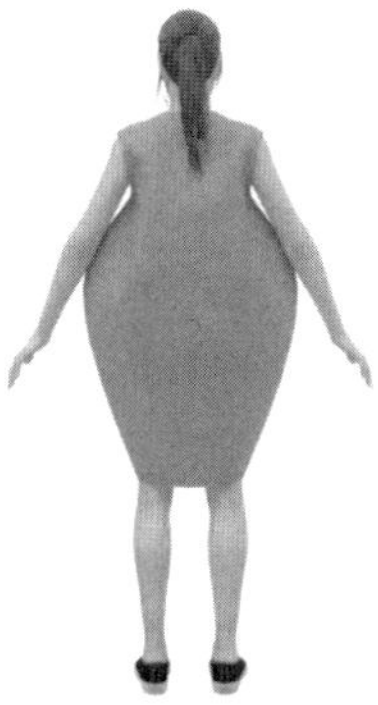
最大围位置位于臀围线	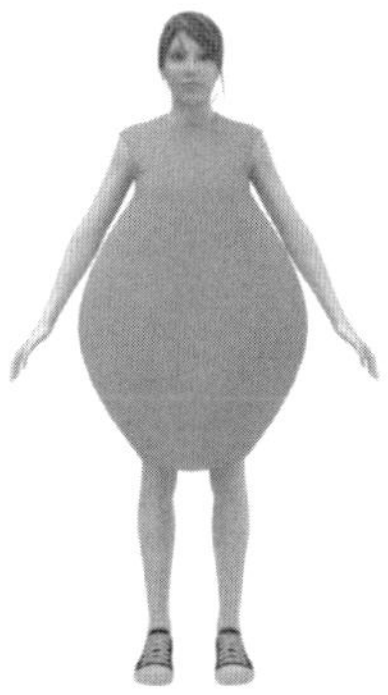		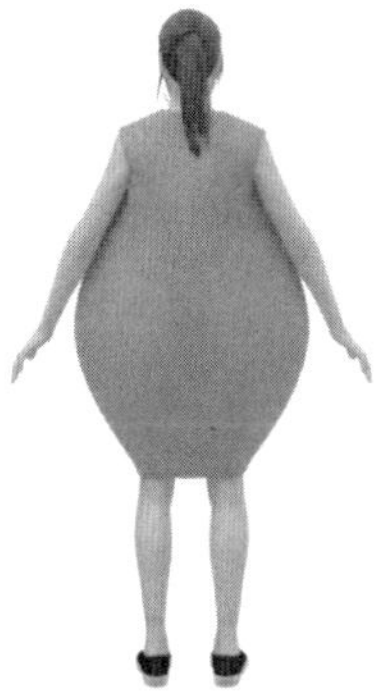

4.3.4 O型服装综合结构设计案例

4.3.4.1 案例1：侧缝插袋/驳折领/无省/毛呢外套

一、款式图

图4.3.4.1.1 款式图

二、款式分析

衣身廓形：O型。

结构要素：无省、侧缝前移、后中线。

胸围线以上的曲面量处理：前片—腹部最大围放大量、袖窿松量、领底省；后片—臀部最大围放大量、领口松量、袖窿松量。

衣领：驳折领。

衣袖：圆装袖、拖肩、纵向分割线、袖底缝合并。

三、规格设计

示明规格：160/84A。细部规格：见表4.3.4.1.1。

表4.3.4.1.1 细部规格（单位：cm）

部位	备注	尺寸
衣长	后衣长	78
胸围	松量28	112
最大围	胸围+18	130
下摆围	最大围-28	102
最大围位置	腰围线以下8	—
侧缝前移量	前移6.5cm	—
门襟宽	—	3.5
袋口	—	15
拖肩	—	8
袖窿深	下降5	—
袖长	—	48
袖肥	—	48
袖口	—	30
袖山缝缩量	—	1.3
横开领	开大2.5	—
后直开领	开深1	—
驳折止点	腰围线下8	—
后立领高	—	4.5
后翻领宽	—	11
驳头宽	—	17

四、结构设计

（1）设计内容：

1）衣长变化设计。

2）胸围变化设计（图4.3.4.1.2）。

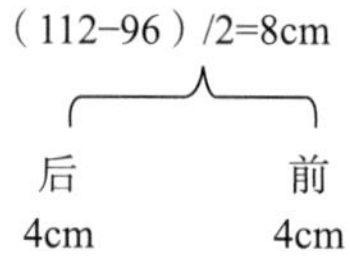

图4.3.4.1.2 胸围变化量分配

3）胸围线以上曲面量变化设计（图4.3.4.1.3）。

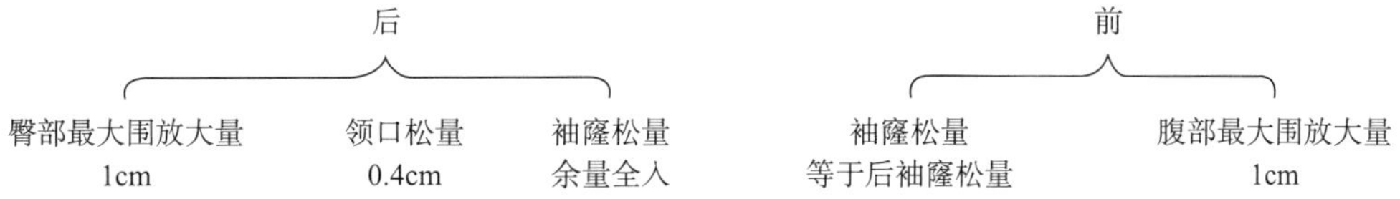

图4.3.4.1.3 曲面量变化分配

4）最大围变化设计（图4.3.4.1.4）。

5）下摆围变化设计（图4.3.4.1.5）。

6）门襟衣领设计。驳折领，后立领高4.5cm，后翻领宽11cm，驳头宽17cm。

7）口袋设计。侧缝插袋。

8）衣袖设计。袖山缝缩量为1cm，袖身稍偏后由纵向分割线，纵向分割线袖口处收小，形成袖身的弧形，袖底缝合并。

（2）绘图步骤：

1）步骤1：原型准备（图4.3.4.1.6）。

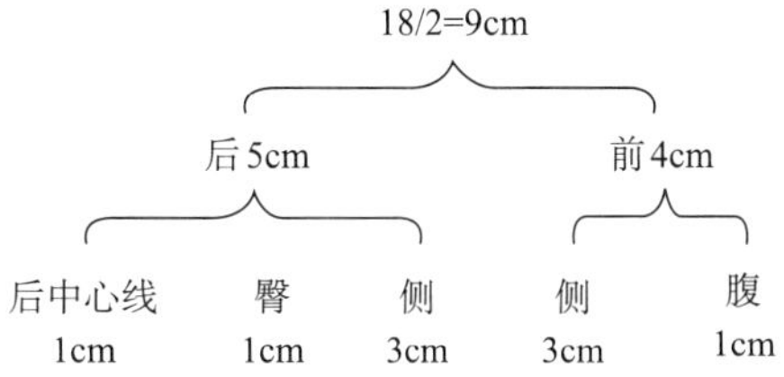

图4.3.4.1.4 最大围变化量分配

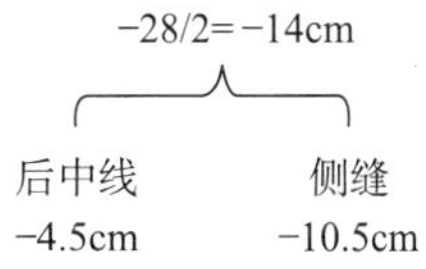

图4.3.4.1.5 下摆围变化量分配

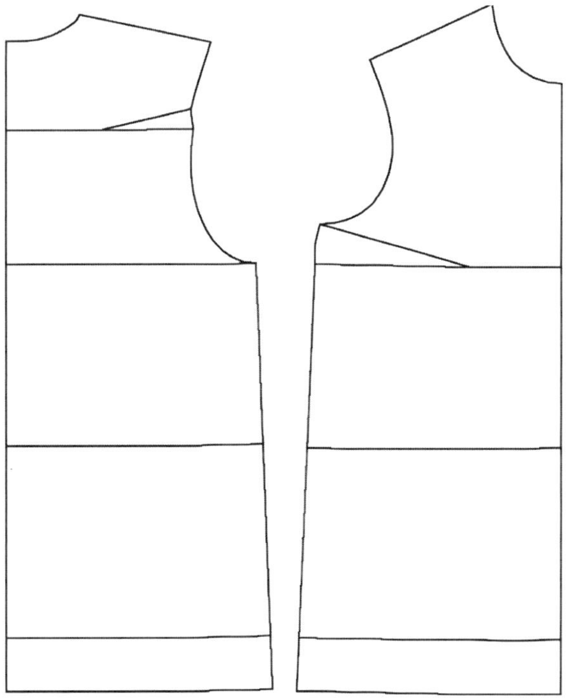

图4.3.4.1.6 原型准备

2）步骤2：衣长、胸围变化（图4.3.4.1.7）。将后中心线延长至后衣长，前中心线等长延长；以胸围加放4cm平行绘制前、后侧缝线。

3）步骤3：胸围线以上曲面量分配（图4.3.4.1.8）。绘制最大围线；将后片曲面量部分转移为后领口松量0.4cm、后臂部最大围处大量1cm，余量留置袖窿作为后袖窿松量；将前片曲面量部分转移为腹部最大围放大量1cm，部分转移为等于后袖窿松量的前袖窿松量，余量转入领口省。

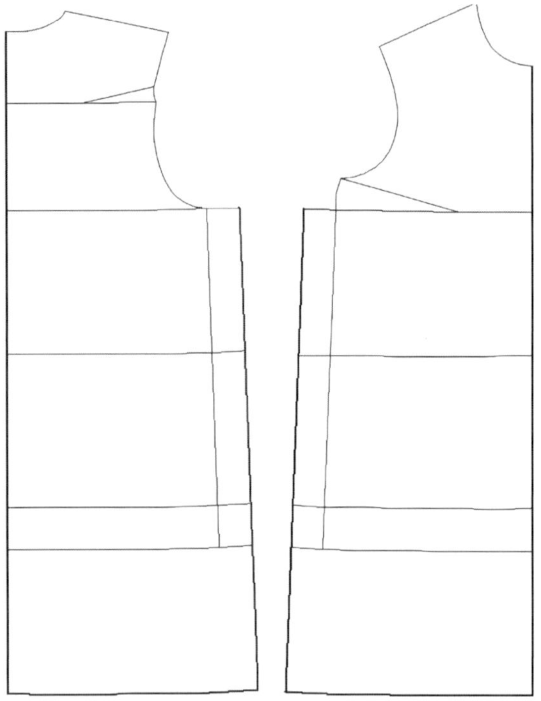

图4.3.4.1.7　衣长、胸围变化

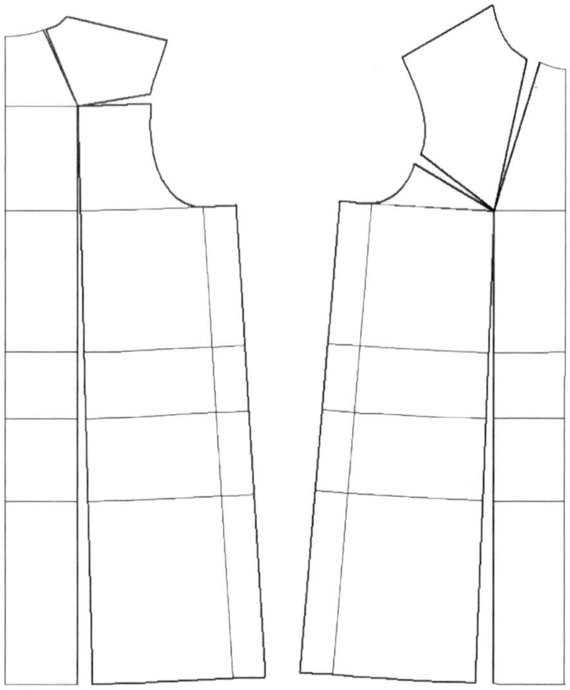

图4.3.4.1.8　曲面量分配

4）步骤4：肩线、袖窿变化设计（图4.3.4.1.9）。将肩线延长8cm，后片落肩量为1.5cm、前片落肩量为2cm，绘制前、后肩线；袖窿深降5cm，观察袖窿造型线形态绘制前、后袖窿弧线，前胸宽加宽量宜稍小于后背宽加宽量。

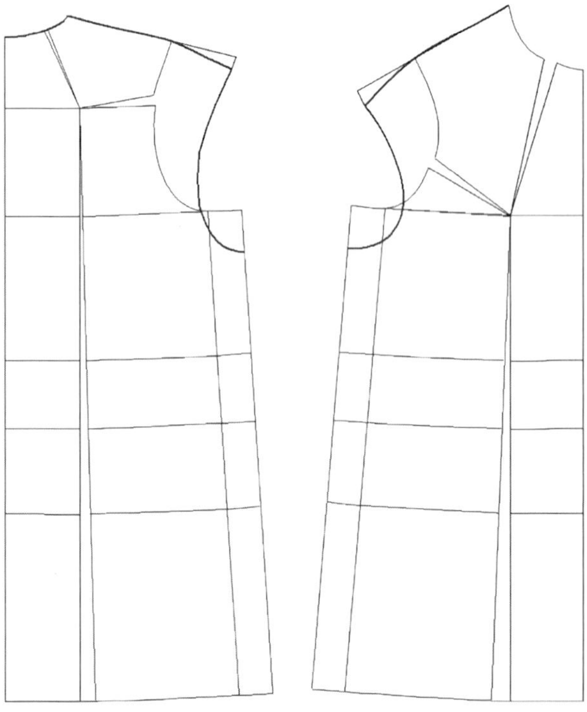

图4.3.4.1.9　肩线、袖窿变化

5）步骤5：侧缝前移（图4.3.4.1.10）。绘制前片前偏分割线；切割前片前偏部分，与后片合并。

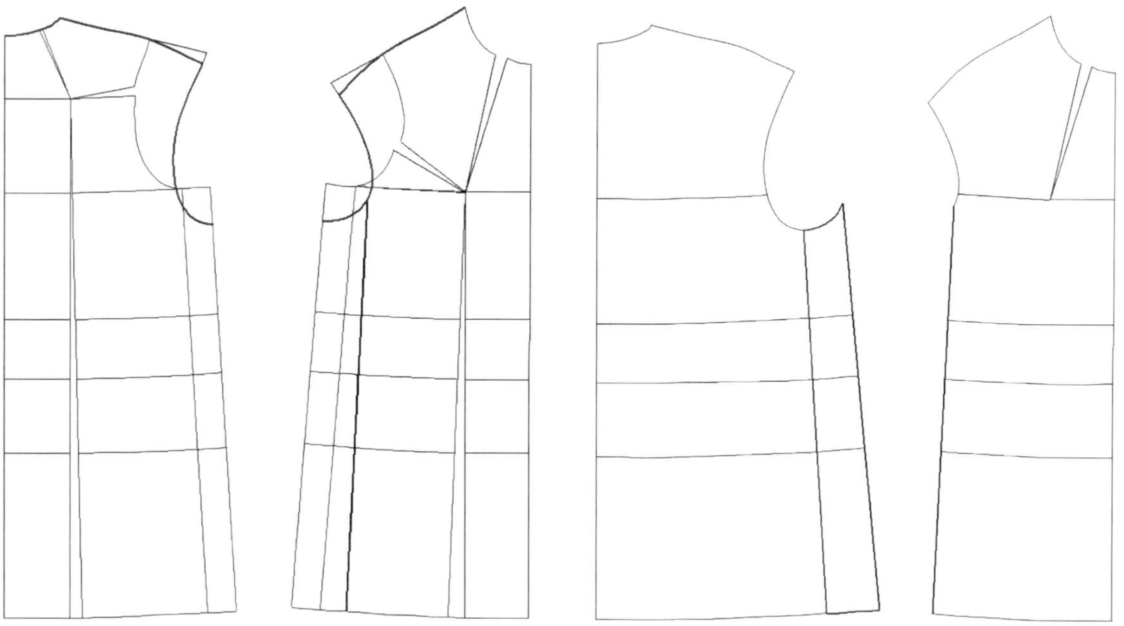

图4.3.4.1.10 侧缝前偏变化

6）步骤6：最大围、下摆围变化（图4.3.4.1.11）。根据最大围变化量分配方案，后中缝处加放1cm、侧分割线处加放3cm，前片侧分割线处加放3cm；根据下摆围变化设计，后中缝处收小4.5cm，前、后片侧分割线处各收小5.25cm；绘制后中线、前后侧缝线以及底边线。

7）步骤7：驳折领设计1（图4.3.4.1.12）。将领口省转移至过渡省道；绘制驳折领模拟造型图；基于驳折线驳头部分对称翻转，绘制后衣领基础线。

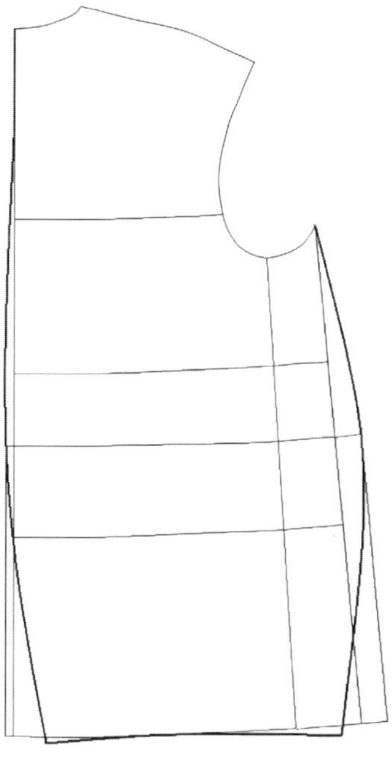

图4.3.4.1.11 最大围、下摆围变化设计

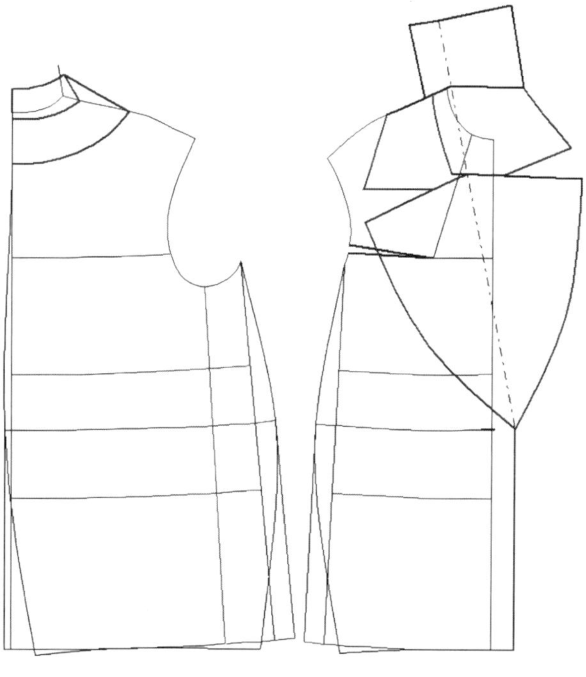

图4.3.4.1.12 驳折领设计1

8）步骤8：驳折领设计2（图4.3.4.1.13）。将后衣领剪切拉展；绘制挂面；绘制后领贴。

9）步骤9：领底省、口袋绘制（图4.3.4.1.14）。将前片过渡省转移回领口省，修正省尖绘制领口省；确定袋口位置，绘制袋布。

图4.3.4.1.13　衣领设计2

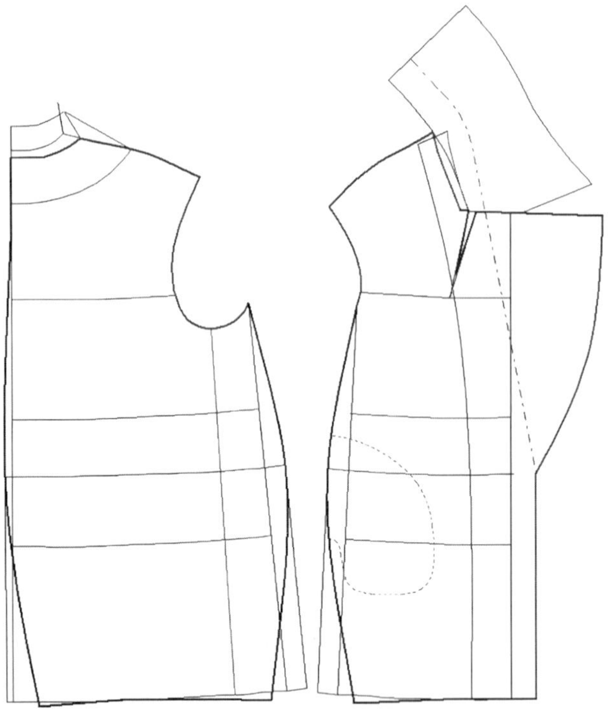

图4.3.4.1.14　胸围、肩线及袖窿变化

10）步骤10：分领脚、翻领及挂面翻转量设计（图4.3.4.1.15）。

11）步骤11：衣袖设计（图4.3.4.1.16）。将前、后片胸围线保持水平对齐，拓印袖窿弧线；基于袖窿弧线，保证袖肥，袖山缝缩量为1cm，绘制袖山弧线；根据袖口大小，绘制一片式直袖身；绘制衣袖纵向分割线，纵向分割线处设置袖口收小量4cm，实现衣袖的O型造型；在袖底缝处将分割袖片拼合。

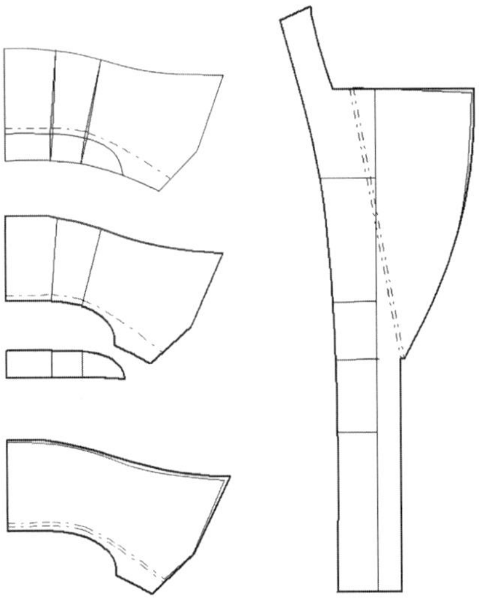

图4.3.4.1.15　挂面及后领贴片设计

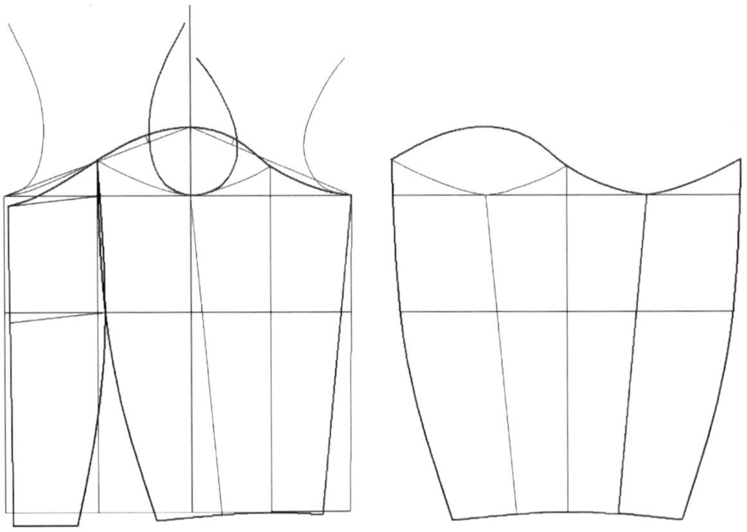

图4.3.4.1.16　衣袖设计

12）步骤12：样片提取以及缝份设置（图4.3.4.1.17）。分别取出面布样片，里布样片及衬料样片；设置缝份，面料及衬料缝份为1cm，里料缝份为1.2cm，修改切角，设置对位刀口与纽位等。

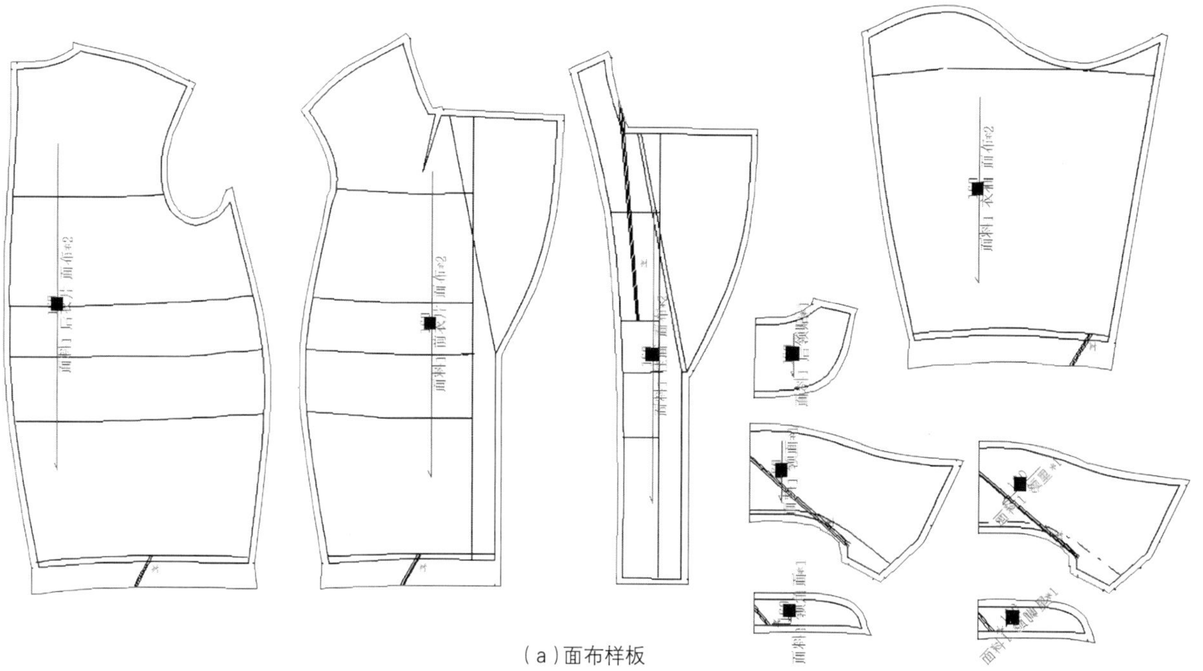

（a）面布样板

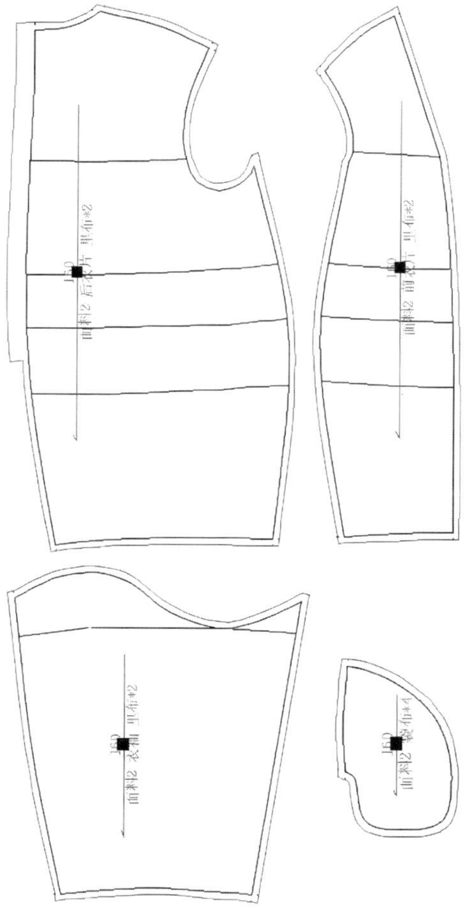

（b）里布样板

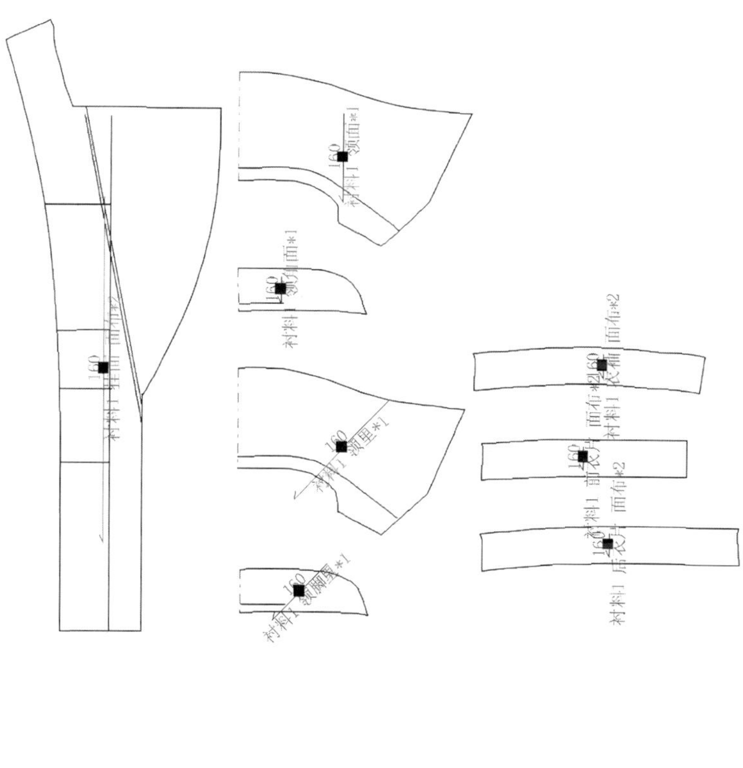

（c）粘衬样板

图4.3.4.1.17　面布、里布、粘衬样板

五、样衣试制

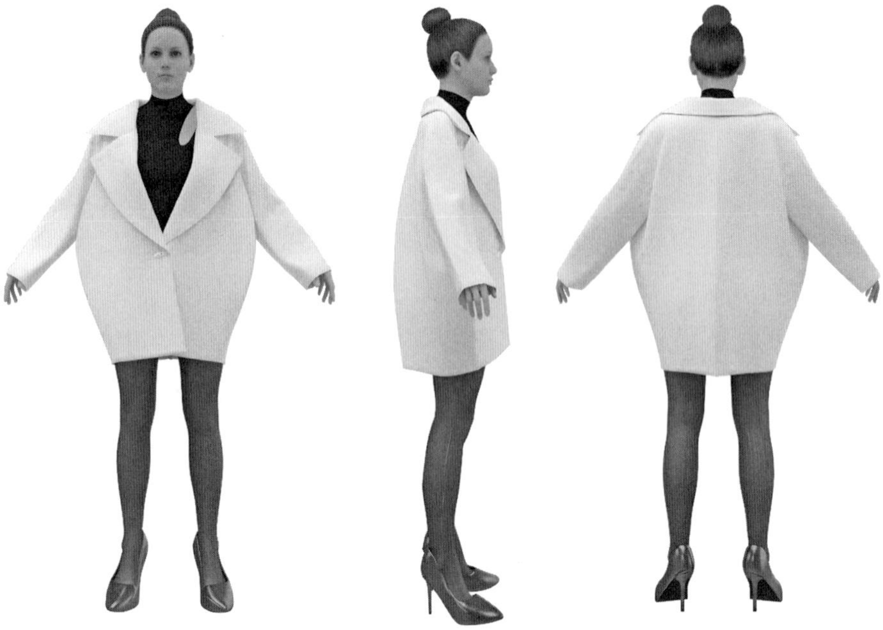

图4.3.4.1.18　三维虚拟样衣试制

4.3.4.2　案例2：插肩袖/双层立领短大衣

一、款式图

图4.3.4.2.1　款式图

二、款式分析

衣身廓形：O廓形。

结构要素：横向分割线、下摆省。

胸围线以上的曲面量处理：前片—领口松量、袖窿松量、下摆省、撇门量；后片—袖窿松量、领口松量、横向分割线。

衣领：立领，连口双层。

衣袖：插肩袖。

三、规格设计

示明规格：160/84A。细部规格：见表4.3.4.2.1。

表4.3.4.2.1 细部规格（单位：cm）

部位	备注	尺寸
衣长	后衣长	100
胸围	松量36	120
最大围	臀围线向下5，B+24	128
下摆围	最大围-24	104
门襟	—	6
袖窿深	下降5	—
袖长	总袖长	52
袖肥	—	52
袖口	—	72
横开领	开大3	—
前直开领	开深3	—
后直开领	开深1.5	—
领高	连口双层	6
纽扣直径	—	2.5
纽扣间距	间距等分	—
袋口宽	—	28
袋口嵌条宽	—	6

四、结构设计

（1）设计内容：

1）衣长变化设计。

2）胸围变化设计（图4.3.4.2.2）。

3）曲面量变化设计（图4.3.4.2.3）。

图4.3.4.2.3 曲面量变化分配

4）最大围变化设计（图4.3.4.2.4）。

5）下摆围变化设计（图4.3.4.2.5）。

6）门襟及衣领设计。双排纽门襟，连口双层立领。

7）衣袖设计。插肩袖，袖口大于袖肥，袖身有横向分割线。

8）口袋设计。结合省道边的单嵌线开袋。

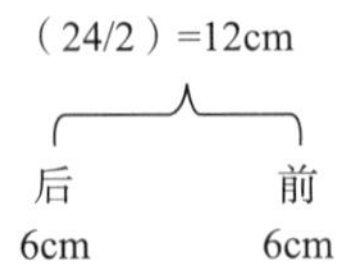

图4.3.4.2.4 最大围变化分配

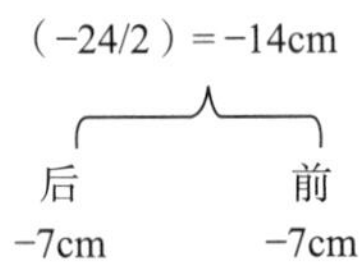

图4.3.4.2.5 下摆围变化分配

（2）绘图步骤：

1）步骤1：衣长、胸围变化设计（图4.3.4.2.6）。延长后中线至衣长线，绘制底边；间距6cm平行于侧缝线绘制前、后片侧缝。

2）步骤2：曲面量分配变化（图4.3.4.2.7）。将后肩背曲面量分配为后领口松量0.3cm、最大围放大量2cm，其余留置于袖窿作为后袖窿松量；将前胸曲面量分配为前领口松量0.4cm、最大围放大量为2cm，与后片袖窿松量等大的袖窿松量，其余转至前中心线作为前片撇门量；在臀围线向下5cm处（为最大围位置）绘制最大围线。

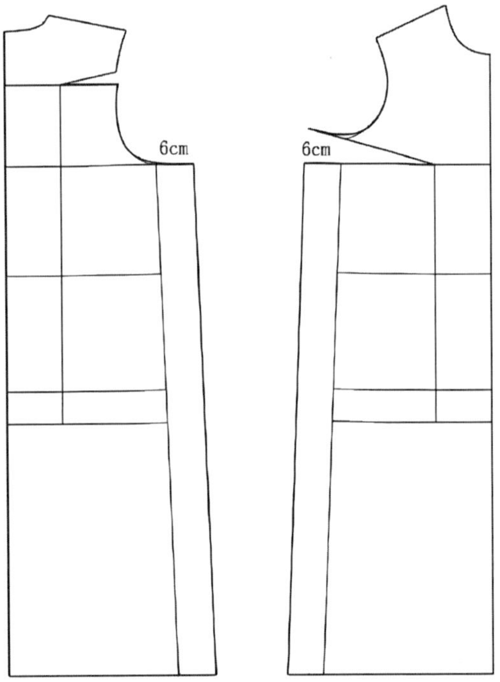

图4.3.4.2.6 衣长、胸围的变化设计

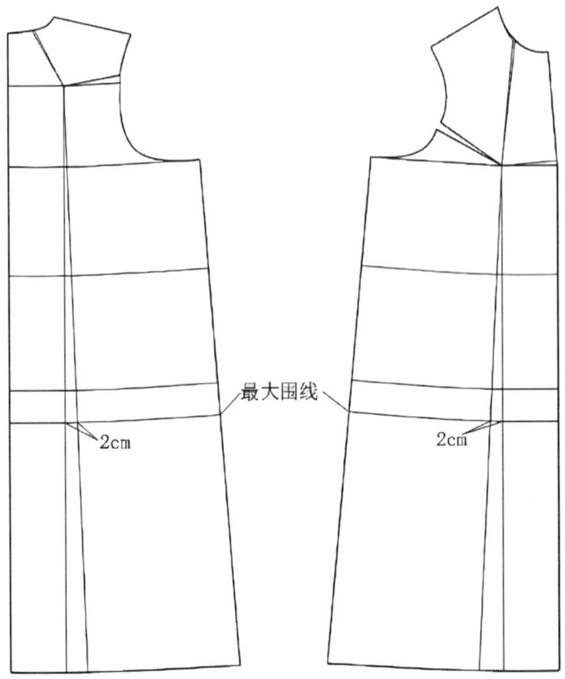

图4.3.4.2.7 曲面量分配变化

3）步骤3：袖窿变化、O型造型设计（图4.3.4.2.8）。将袖窿深下降5cm，绘制前、后袖窿弧线；确定侧缝最大围变化量和下摆收小量，然后绘制侧缝线；绘制前、后下摆省（省道量为4cm），修正底边线。

4）步骤4：领口线、门襟及口袋变化设计（图4.3.4.2.9）。确定前、后横开领开大3cm，前直开领开大3cm，后直开领开大1.5cm，绘制前、后领口线；门襟宽为6cm，绘制门襟线，并确定纽扣位置。依据前片省道省边确定口袋位置，绘制口袋。合并后片下摆省道，将O型量转移至最大围横向分割线。

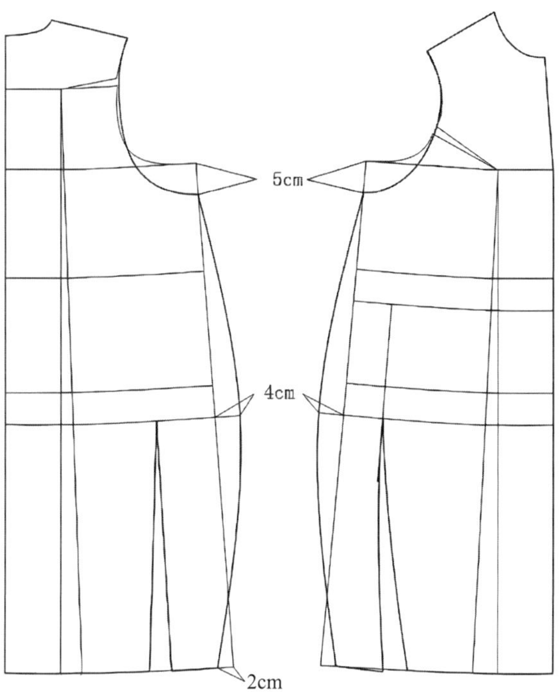

图4.3.4.2.8　袖窿变化、O型造型设计

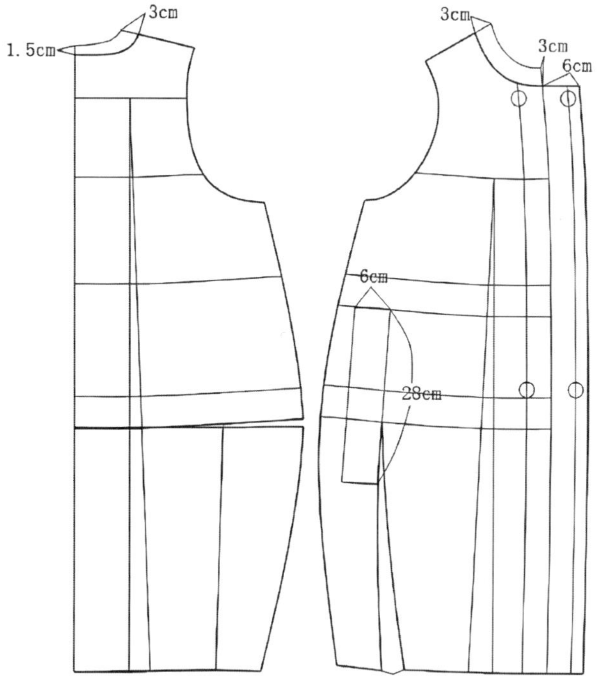

图4.3.4.2.9　领口线、门襟、口袋设计

5）步骤5：插肩袖设计（图4.3.4.2.10）。保持胸围线水平对齐，拓印袖窿弧线；基于袖窿弧线绘制袖山基础线，保证袖肥大小以及袖山缝缩量为0cm；在此基础上，绘制基础袖片,并从袖中线分割为前、后基础袖片。后基础袖片与后袖窿拟合，绘制后插肩袖分割线以及衣袖和衣片轮廓线；前基础袖片与前袖窿拟合，绘制前插肩袖分割线以及衣袖和衣片轮廓线。

图4.3.4.2.10　插肩袖绘制1

6）步骤6：袖口放大及袖身分割、衣领设计（图4.3.4.2.11）。提取前、后插肩袖袖片，剪切展开袖口的展开量；拼合前、后袖片，袖身横向分割；根据领口线长度以及领高，绘制一片式/连口/双层立领片。

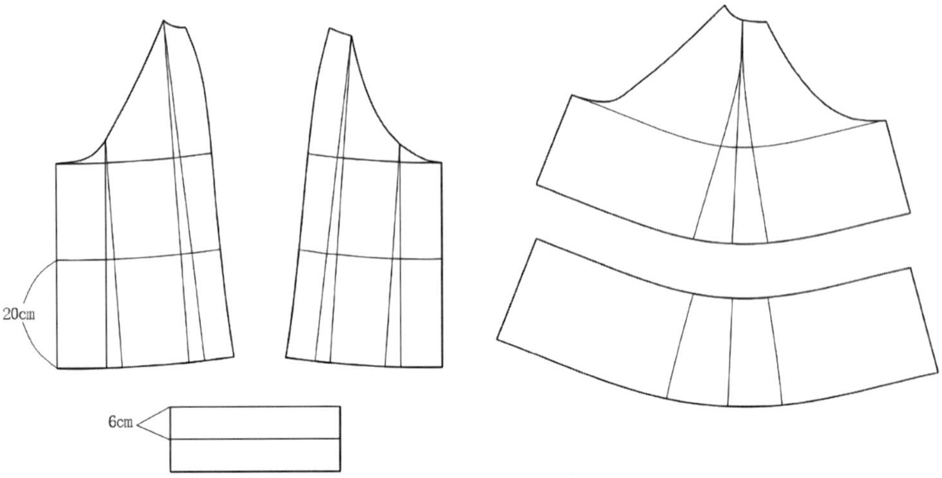

图4.3.4.2.11　插肩袖绘制2以及衣领绘制

7）步骤7：样片提取及缝份设计（图4.3.4.2.12）。检查结构线的顺滑，取出各样片；设置样片名称、丝缕线、片数等样片信息，设置缝份；标注暗扣位置。

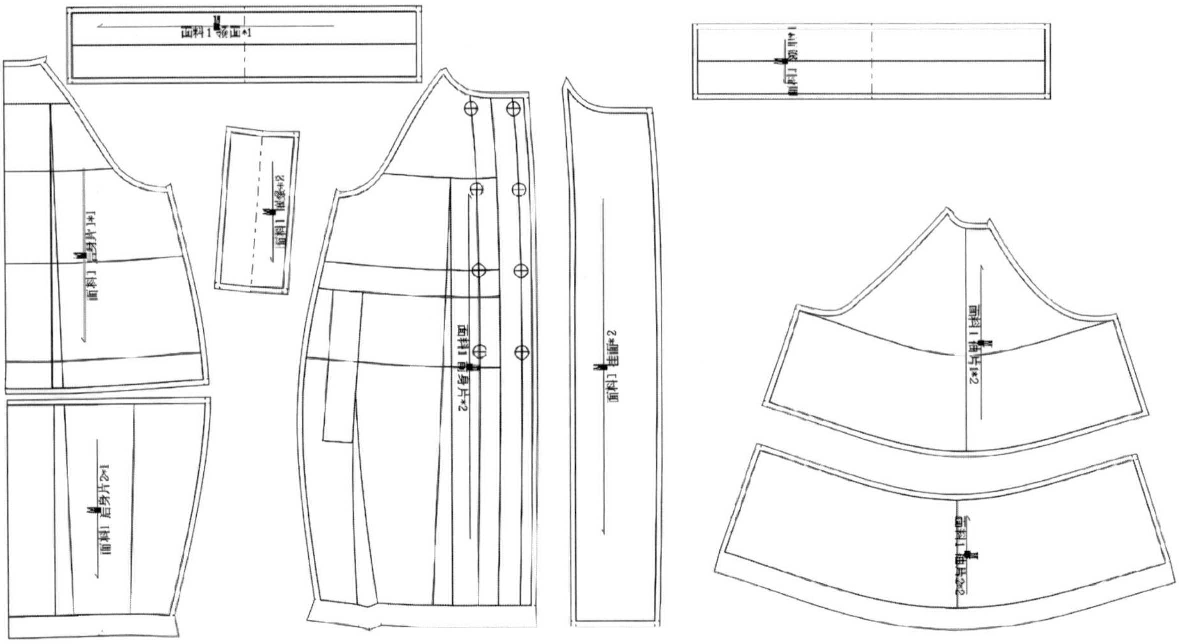

图4.3.4.2.12　面布样板

五、样衣试制

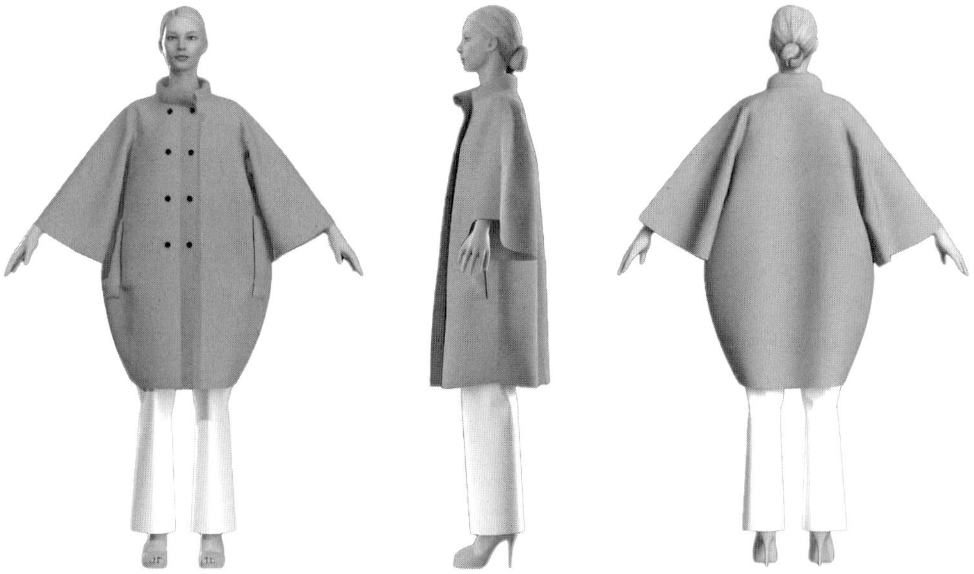

图4.3.4.2.13　三维虚拟样衣试制

4.4 X型

4.4.1 X型服装与人体体型的关系

X廓形自16世纪开始成为西方服装的主流廓形。随着西方文化对世界的影响，自20世纪初东方服装也逐渐受其影响，一方面引入了西方X型的服装款式，另一方面当地的传统服装也结合了西方X型服装结构元素产生了演变。比如，传统旗袍加入了省道演变成为紧身的X廓形现代旗袍，藏袍等直身民族服装也引入省道或分割线有了改良设计。20世纪后，虽然西方的现代服装不再完全以X型服装为主流廓形，但X型服装仍占有相当大的比例。

X廓形，表现为服装整体的合体性，即胸围以上的合体、胸围到腰围的合体、腰围到臀围的合体或放大。所以，X型服装不仅要解决胸围线以上的曲面量，还需要处理胸到腰的吸腰量以及下摆的放大量。典型的X型服装可根据处理曲面量的结构形式分类。根据腰部是否有横向分割线分为连腰类和断腰类，根据纵向分割线的不同分为两面构成、四面构成和三面构成，如图4.4.1.1所示。

图4.4.1.1　X型服装典型类型

4.4.2 X型服装规格设计要点

X型服装，由肩、胸、腰、臀和下摆形成服装的X廓形。肩宽可合体，也可适量加放。胸围的放松量确定与H型服装相同，需要考虑内衣的厚度和服装的宽松程度，因为一般X型服装整体的合体度较高，所以胸围的放松量一般不大。吸腰是X型服装的重要特征，腰围放松量的确定非常关键。最常用的方案是，腰围的放松量和胸围的放松量一致，这样服装的合体度就比较匀称，服装的X程度与人体的X程度一致，服装穿着就比较舒适。当然，在进行加放量确定时基于的净腰围，一定是考虑了穿着内衣和裤子的腰围。对于较为夸张的X型服装，腰围放松量也可稍小于胸围放松量，但较小的腰围放松量容易导致手臂上抬时的不便，以及手臂上抬再放下后的服装衣纹堆积现象。臀围和下摆的放大是X造型的另一重要指标，所以臀围的放松量可以加大、放大再加大。X型服装同A型服装一样，其臀围和下摆的放大不一定非是前、后、侧均匀，可以侧面大于前和后，或后面大于前面的造型。

以图4.4.1.1中的服装为例：其两面构成的薄风衣的胸围加放量可设计为8~10cm，腰围放松量同胸围放松量为8~10cm，臀围放松量在18~20cm；四面构成的迪奥外套整体合体度高，特别强调吸腰，其胸围加放量可设计在6~8cm，腰围放松量稍小于胸围放松量为4~6cm，下摆夸张，臀围放松量在24~26cm；三面构成服装的宽松程度稍大于四面构成的服装，三面构成西装外套的胸围加放量可设计在8~10cm，腰围放松量同胸围放松量为8~10cm，臀围放松量在18~20cm；断腰X型服装的腰部合体度一般要高于连腰类服装，断腰连腰裙的胸围加放量设计在6~8cm，腰围放松量在4~6cm，下裙是多层波浪造型，下摆大小可结合面料的门幅宽度考虑，可设计为4个门幅宽或更大量的波浪裙。

4.4.3 X型服装结构设计要点和方法

4.4.3.1 两面构成

两面构成指衣身只有纵向侧缝分割线，将衣身分为前衣片和后衣片。两面构成是H型、A型和O型服装的主要构成形式，在X型服装中也占一定比例。两面构成X型服装的吸腰量一般由侧缝再组合前、后片腰省承担，前、后片腰省形式的不同就形成了两面构成X型服装的不同类型。这里的腰省是连腰省的形式，也就是腰胸省连接腰腹省和腰背省连接腰臀省，又可分为闭合式连腰省和开口式连腰省两种类型，如图4.4.3.1.1所示。

（a）闭合式连腰省

（b）开口式连腰省

图4.4.3.1.1 两面构成的闭合式连腰省和开口式连腰省款式对比

一、闭合式连腰省

闭合式连腰省的两面构成X型服装，需要组合侧缝省、肩省或领口省等处理胸围线以上的曲面量，其连腰省只承担吸腰的曲面造型功能。但根据胸围线以上曲面量是否有部分转为臀围及下摆的放大量，又可有两种不同的结构形式：A类，原型胸省或肩背省中无省量转移至下摆量；B类，原型胸省或肩背省的部分省量转移至下摆形成下摆放大量。这两类在外观造型上看上去几乎一样，但对于同样的下摆放大量来说：A类结构的下摆放大量全部由侧缝承担，集中于侧面；B类结构的下摆放大量由前胸省和后肩胛省的少许量转移至下摆，以及侧缝的少许加放量，共同形成前、侧、后的匀称放大造型。如图4.4.3.1.2~图4.4.3.1.4所示。

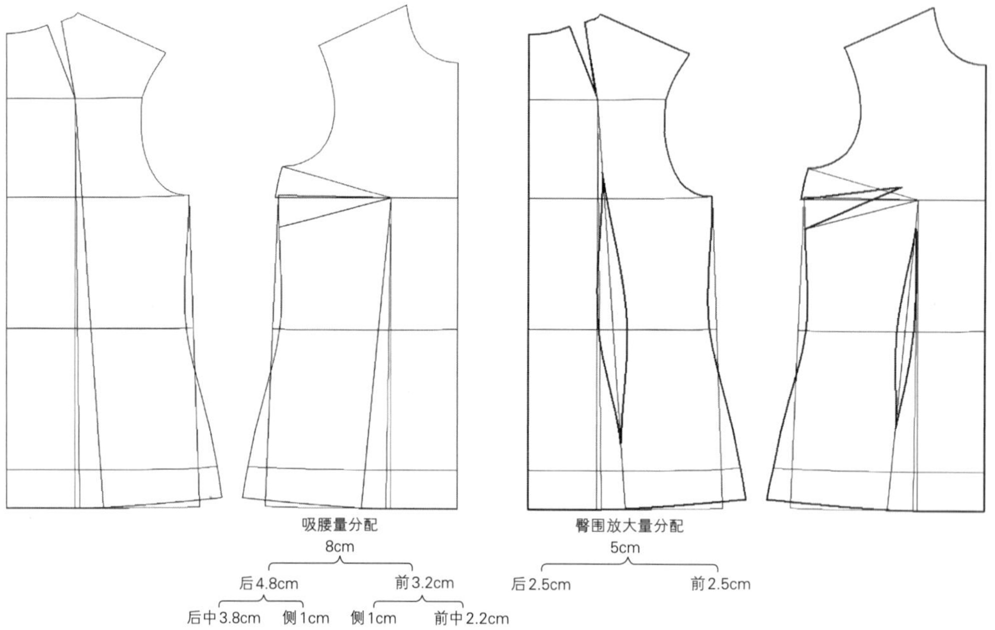

（a）A类的臀围和下摆仅在侧面放大

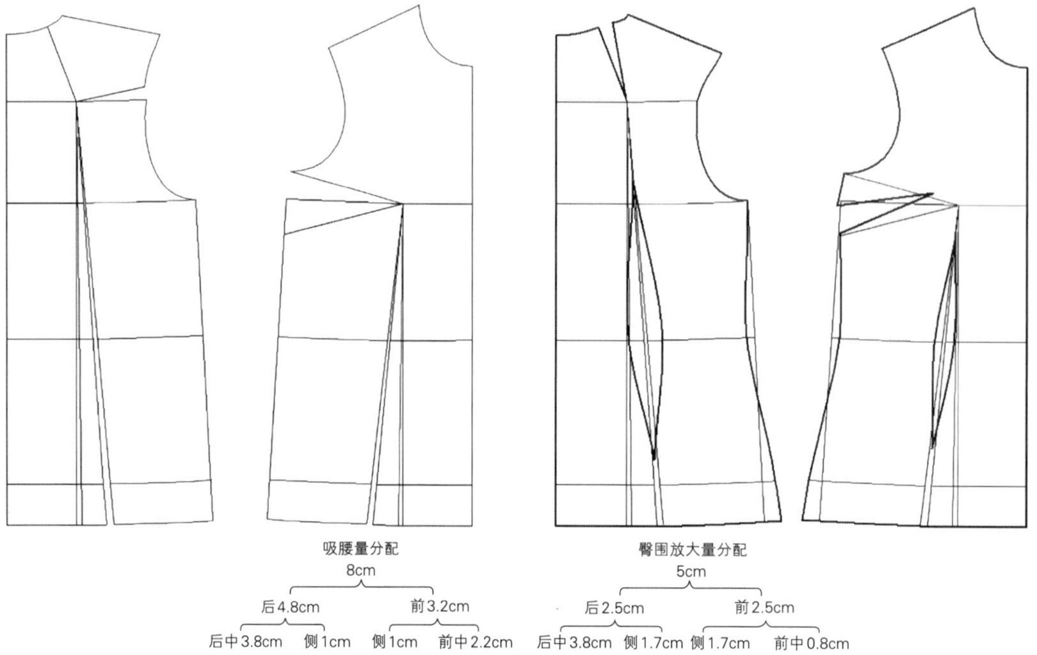

（b）B类的臀围和下摆在前、侧、后均匀放大

图4.4.3.1.2 闭合式/连腰省/两面构成的两类结构对比

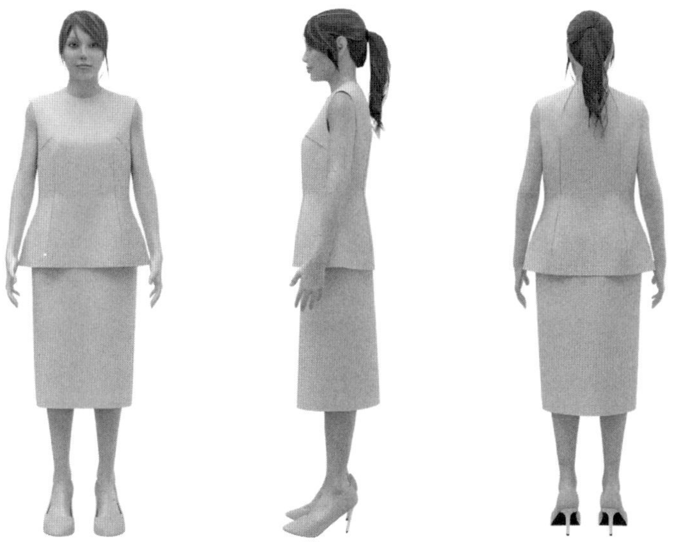

图4.4.3.1.3 闭合式连腰省/两面构成/A类三维虚拟试衣三视图

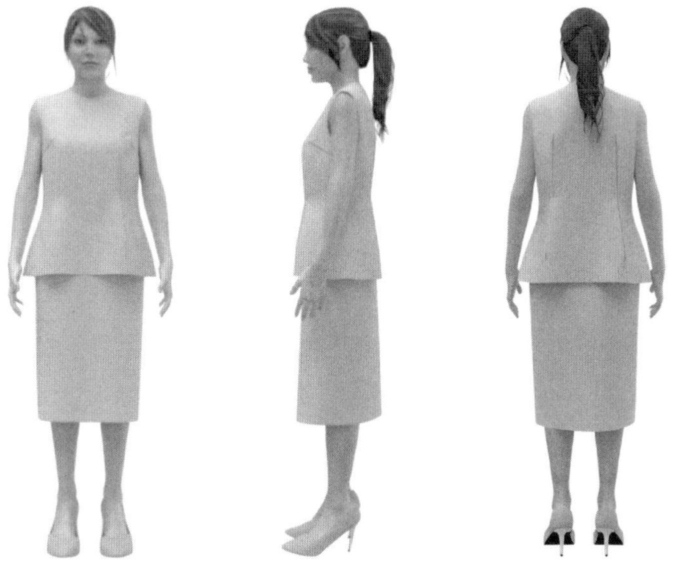

图4.4.3.1.4 闭合式连腰省/两面构成/B类三维虚拟试衣三视图

二、开口式连腰省

开口式连腰省的两面构成X型服装，其胸围线以上的曲面量可设置侧缝省、肩省或领口省等处理，也可转移至开口式连腰省处理，从而无侧缝省、肩省或领口省的设置。也就是开口式连腰省不仅处理吸腰曲面量，还可包含胸围线以上曲面量的转移。

开口式连腰省的开口量从工艺的角度要求至少两个缝份量，开口量至少在1cm以上。开口量的形成有两类结构设计途径：A类，衣长位于中臀围以上的短衣长类，就是在短闭合式连腰省两面构成X型结构基础上直接截短纸样，如图4.4.3.1.5、图4.4.3.1.6所示。闭合式连腰省由于衣长的截短会直接形成开口式连腰省，这时检查开口量是否足够，若足够则纸样设计完成，若不足则需要用后面的B类方法。B类，原型的胸省和肩胛省的部分或全部量转移至臀围及下摆，形成腹、臀部的放大量以及开口式连腰省的开口量，如图4.4.3.1.7、图4.4.3.1.8所示。

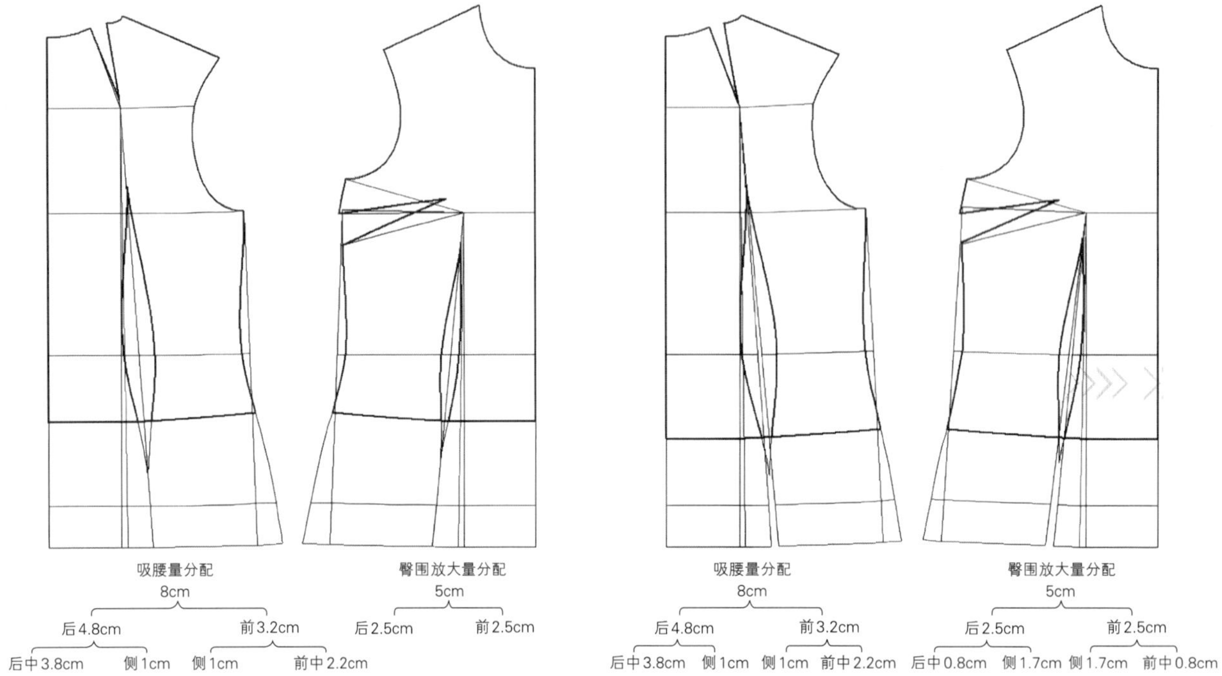

图4.4.3.1.5　开口式/连腰省/两面构成/A类短衣长类结构

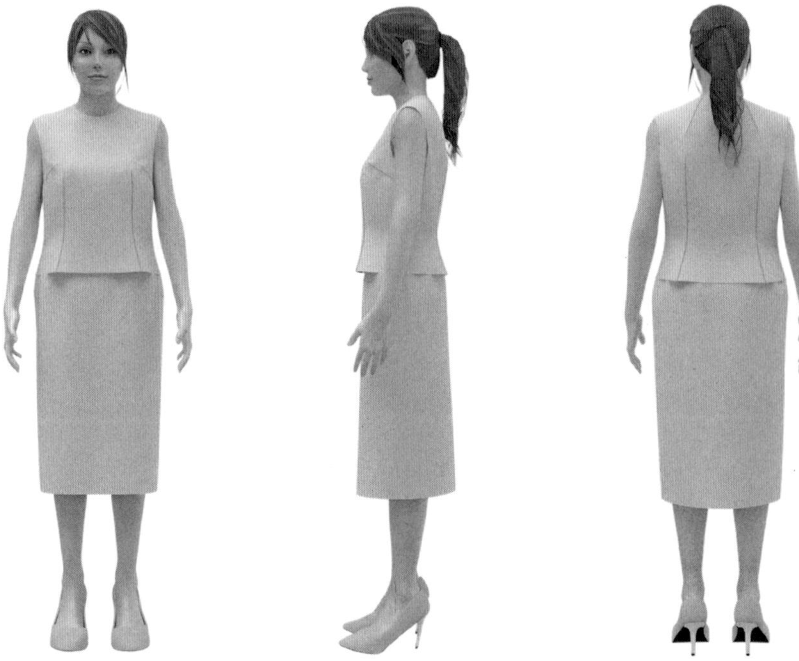

图4.4.3.1.6　开口式/连腰省/两面构成/A类短衣长类的三维虚拟试衣三视图

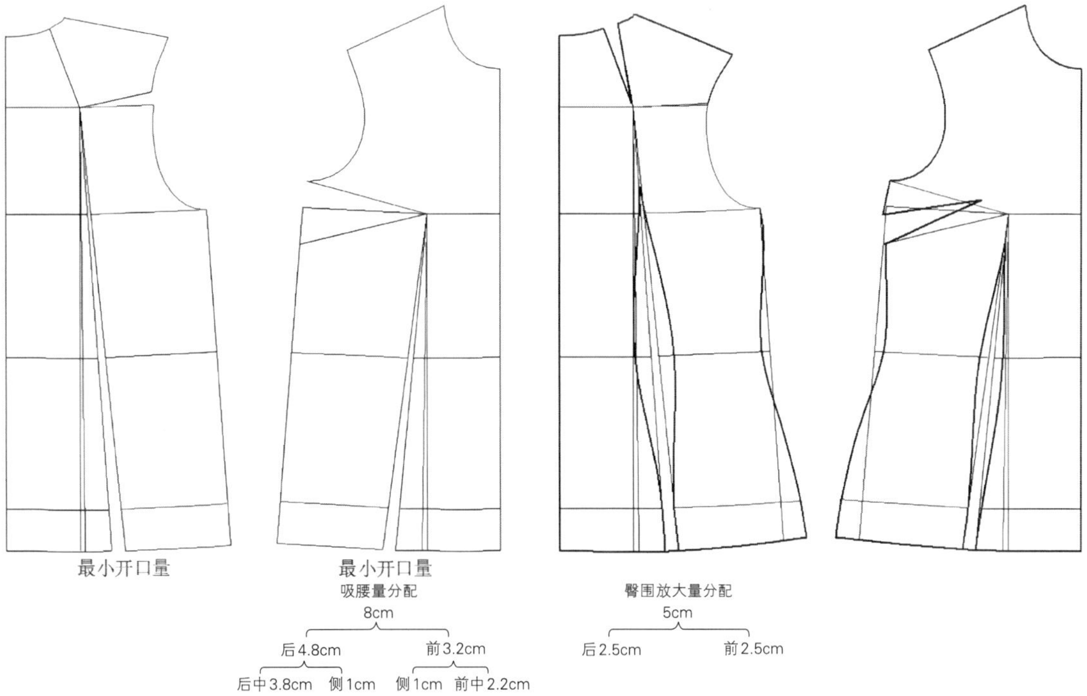

（a）有侧缝省及领口省、部分曲面量转移至开口省

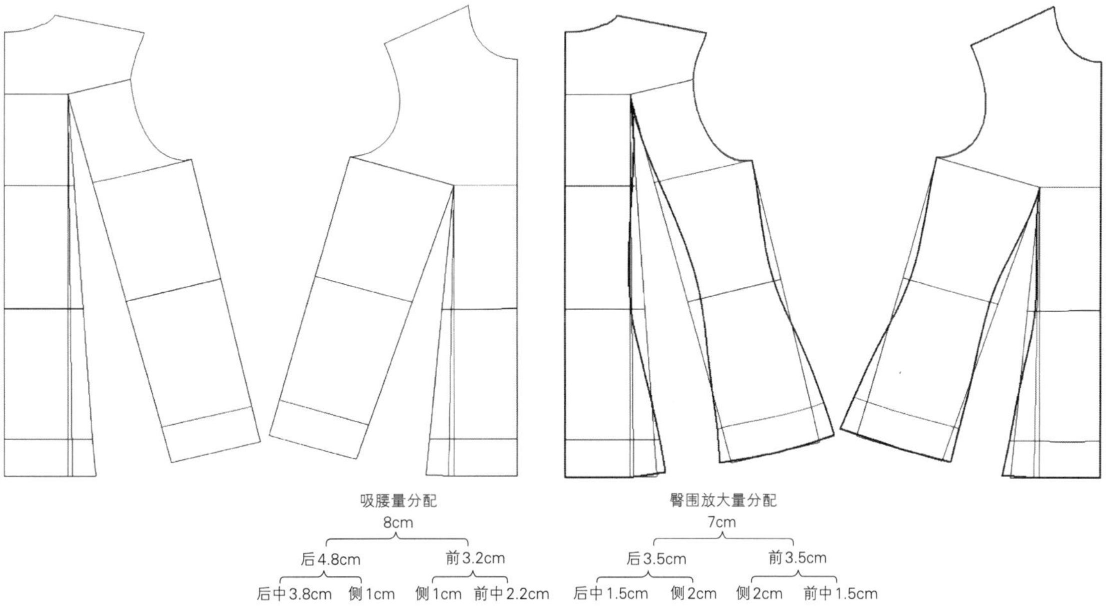

（b）无侧缝省及领口省、全部曲面量转移至开口省

图4.4.3.1.7 开口式/连腰省/两面构成/B类结构

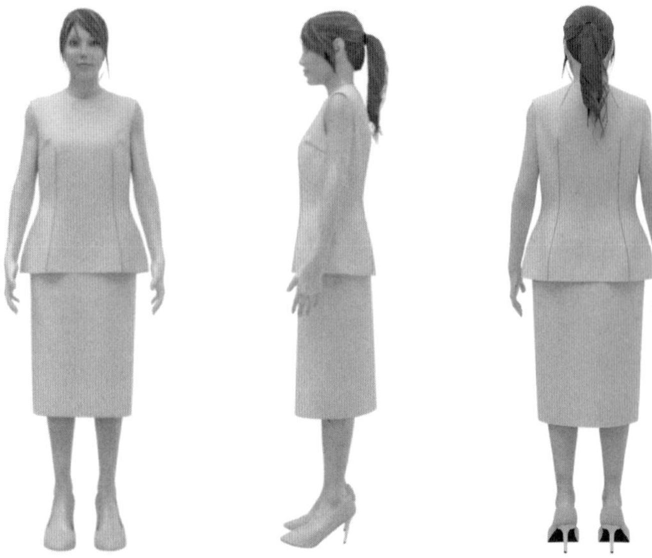

图4.4.3.1.8　开口式连腰省/两面构成/B类三维虚拟试衣三视图

部分或全部的胸围线以上曲面量转移至连腰省，会导致省道量的加大。省道量大的连腰省，其省边和省中线的差值就会大，所以采取哪种结构形式，还需要结合考虑连腰省的工艺形式。如果采用不修剪缝份的侧倒烫连腰省工艺形式，就要注意开口量的最小设计，也就是胸围线以上的曲面量转移至连腰省的量只要保证最小的开口量就可以了，不宜再大，否则转移量过大的话，就会导致省道的省边和省中线的差值过大，这种情况下在省边缝合省份向一侧倒后，省中线与衣身相贴，但因省中线长度不足，所以就形成衣身的牵拉拉纹。因此对于省道量较大的连腰省需要采用分开烫或省份修剪后的侧倒烫工艺形式。

开口式连腰省与闭合式连腰省相比，更具备腹、臀位置放大的功能，更适合吸腰程度较大和X程度较大的服装。

4.4.3.2　四面构成

四面构成衣身有前身纵向分割线、后身纵向分割线以及侧缝分割线，它们将衣身比较均匀地分成前中片、前侧片、后中片和后侧片。

从形式来讲，前、后衣身的纵向分割线分为两类：A类，为从肩缝出发的分割线，B类，为从袖窿出发的分割线。A类与B类相比较，二者前分割线的结构功能相同但后分割线的结构功能不同。对于A类，前、后分割线都可承担胸围线以上的曲面量、吸腰量以及下摆放大量功能；对于B类，前分割线可承担胸围线以上的曲面量、吸腰量以及下摆放大量的功能，但后分割线只能承担吸腰和下摆放大功能，无法承担处理肩背部曲面量的功能，肩背部的曲面量即原型中的肩背省需要以后领口线、后肩线、后袖窿上段分散的缝缩形式或其他省道或分割线的结构形式处理。另外，A类的前分割线还通过了胸上的凹陷部位，可以通过设置对应的结构量以实现服装这一部位的合体。

从位置来讲，前、后衣身的纵向分割线也分为两类，称为第1类和第2类，以示区别。第1类为分割线通过胸点或肩胛点，第2类为分割线偏离胸点或肩胛骨点。对于胸围线以上曲面量的处理，第1类因分割线通过前片胸省省尖点或后片肩背省省尖点，前胸省或后肩背省可完全转移至分割线的上段；第2类因分割线一般向侧缝靠近且偏离前片胸省省尖点或后片肩背省省尖点，前胸省或后肩背省合并转移至分割线上段时，靠近省尖处会有省道余量，这一余量的处理或采用中片分割线缝缩的形式、或采用作为宽松余量的形式，前者适合合体程度高、面料可归拢缝缩的情况，后者适合合体度稍弱、面料紧密且不易归拢缝缩的情况。对于吸腰量处理来讲，第1类的四个衣片腰部宽度均匀，适合吸腰程度大的情况；第2类的前、后中片腰部宽度大于前、后侧片的腰部宽度，对于前、后中片来说吸腰程度做不到很贴体。也就是服装合体度高的服装宜采用第1类形式，对于合体程度要求高又要采用第2类形式的服装，可在中片增加腰省设计来分担吸腰量。如图4.4.3.2.1所示。

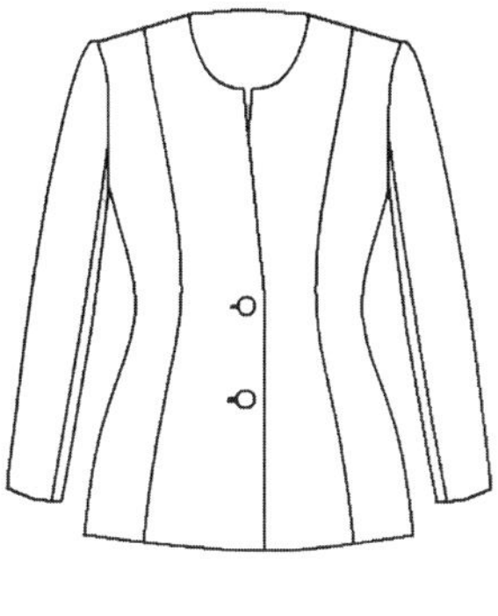

（a）A1类：肩线分割线通过胸点及肩胛骨点

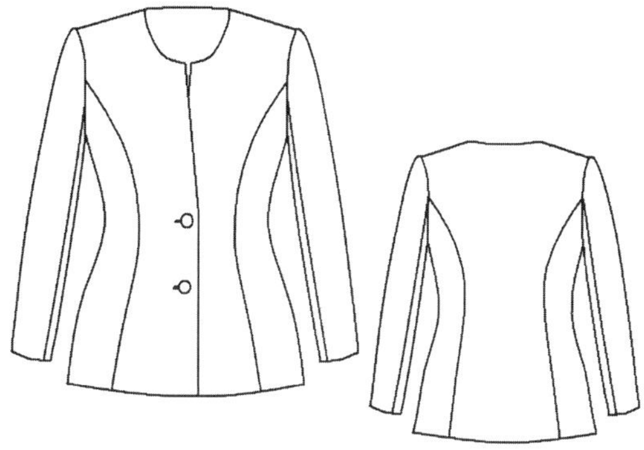

（b）B1类：袖窿分割线通过胸点及肩胛骨点

（c）B2类：袖窿分割线偏离胸点及肩胛骨点

图4.4.3.2.1　四面构成分割线形式和位置的款式对比

四面构成的前、后分割线，从造型上来看是一条造型分割线，但从结构上来说是两条分割线，也就是中片的结构分割线和侧片的结构分割线。其中中片结构分割线的形状更接近于造型分割线的形状，而侧片结构分割线的形状与造型分割线的形状差异很大，所以将中片结构分割线称为主分割线，侧片结构分割线称为跟随分割线即次分割线。也就是在结构制图时，根据款式图中分割线的造型首先绘制中片分割线即主分割线，再设置曲面量即吸腰量、下摆放大量等，然后再跟随主分割线绘制次分割线。

（一）A1类：肩线分割线通过胸点及肩胛骨点

四面构成A1类的分割线，从肩线出发，通过胸点或肩胛骨点，分割线的上段可以完全承担胸围线以上的曲面量，分割线的中段可以均匀地处理吸腰量，分割线的下段可以均匀地放大臀围和下摆。图4.4.3.2.2所示为A1类四面构成结构制图，图4.4.3.2.3为A1类四面构成三维虚拟试衣三视图。

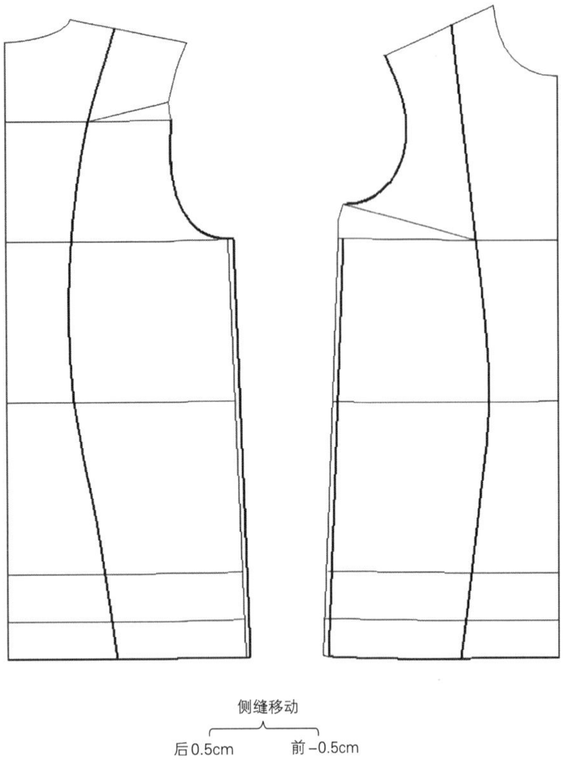

（a）衣长及侧缝变化、主分割线绘制

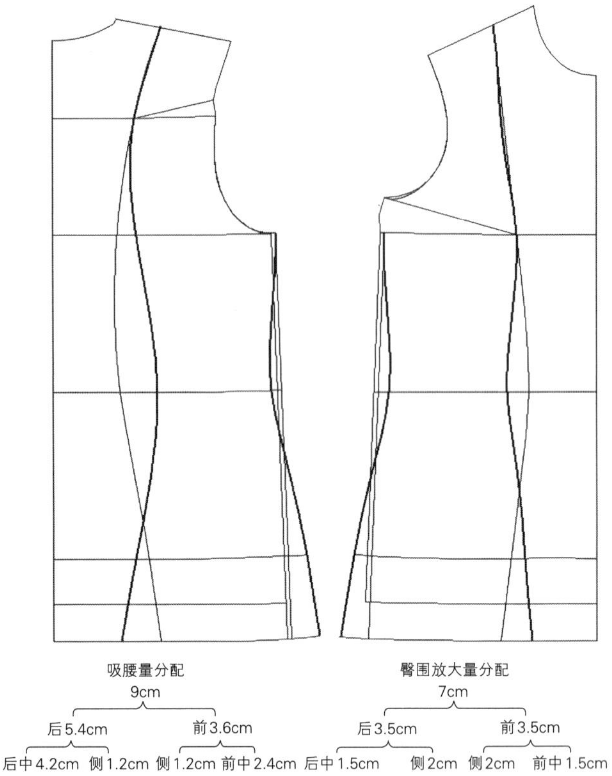

（b）吸腰量和臀围放大量分配、次分割线绘制

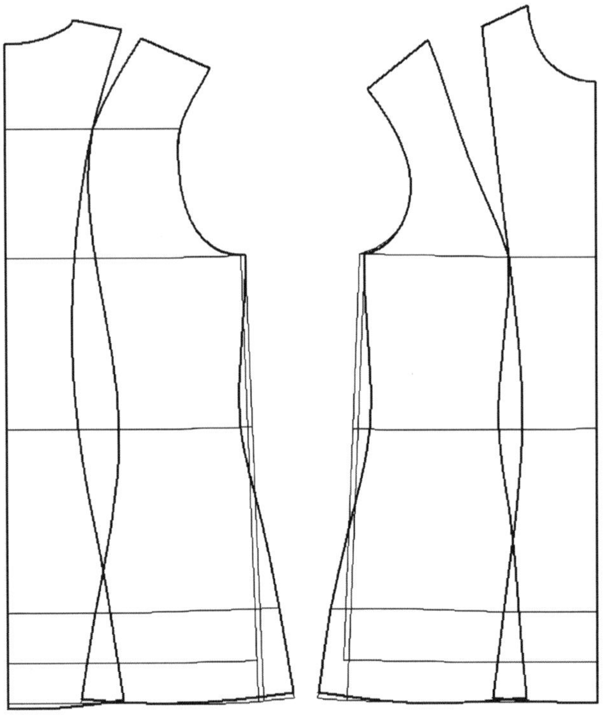

（c）将胸围线以上曲面量转入分割线

图4.4.3.2.2　A1类四面构成结构制图

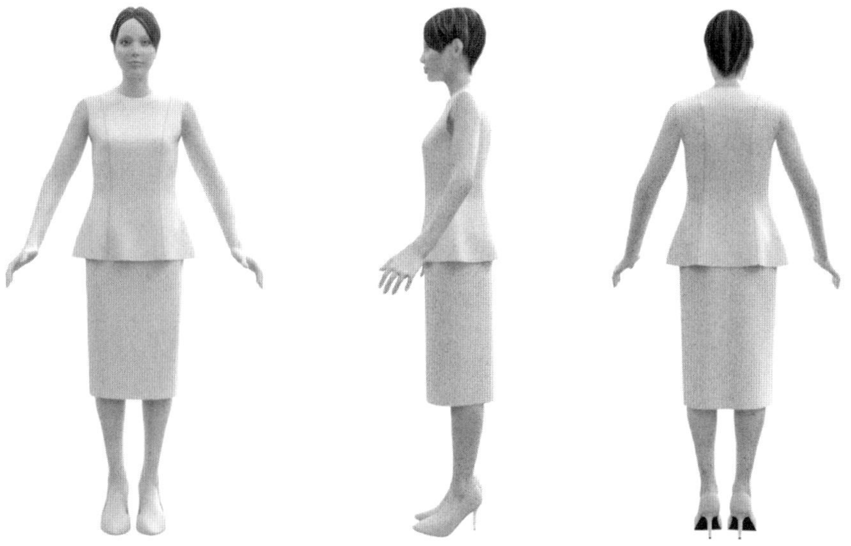

图4.4.3.2.3 A1类四面构成三维虚拟试衣三视图

（二）B1类：袖窿分割线通过胸点及肩胛骨点

四面构成B1类的分割线，从袖窿出发，前分割线通过胸高点，结构功能同A1类，分割线的上段可以完全承担胸围线衣身的曲面量，分割线的中段可以均匀地处理吸腰量，分割线的下段可以均匀地放大臀围和下摆。但后分割线不通过肩胛骨高点，分割线的上段无法承担胸围线以上的曲面量，分割线的中段可以均匀地处理吸腰量，分割线的下段可以均匀地放大臀围和下摆。后胸围线以上的曲面量一般被分配至领口线、肩线以及袖窿上段缝缩处理，所以可缝缩类的面料才可采用B1类的四面构成设计。图4.4.3.2.4所示为B1类四面构成结构制图，图4.4.3.2.5为B1类四面构成三维虚拟试衣三视图。

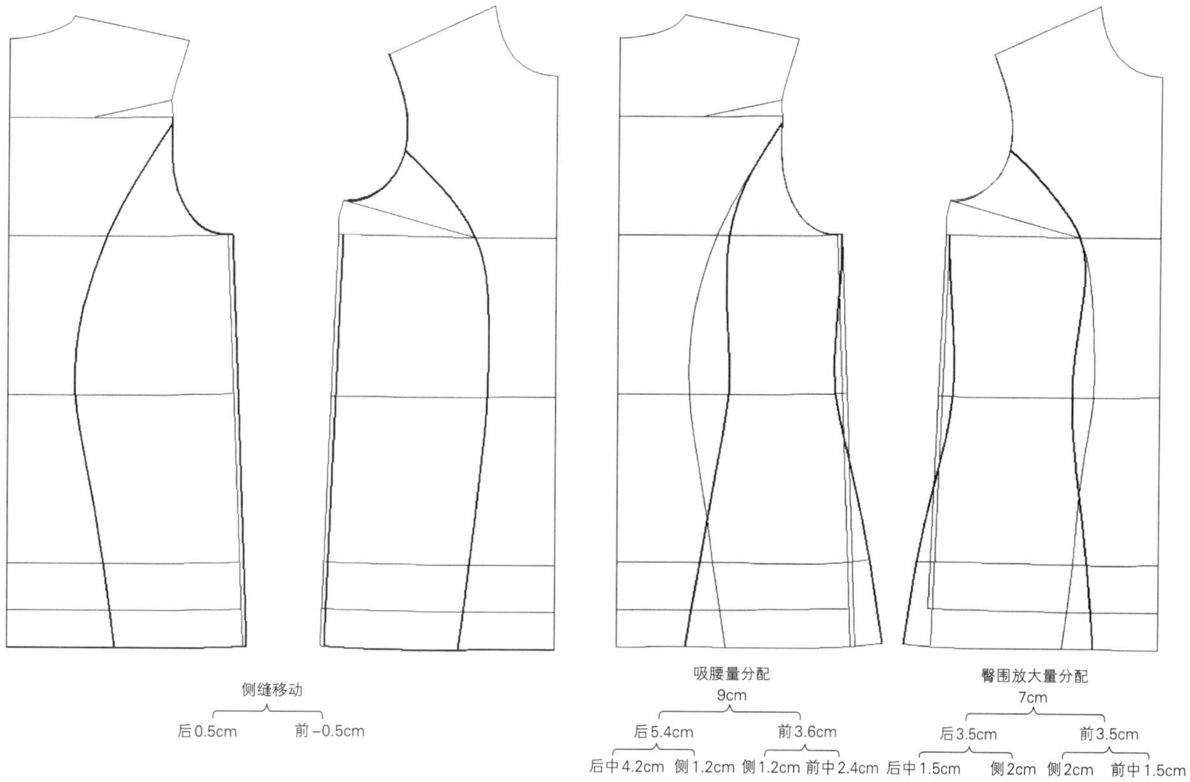

（a）衣长及侧缝变化、主分割线绘制

（b）吸腰量和臀围放大量分配、次分割线绘制

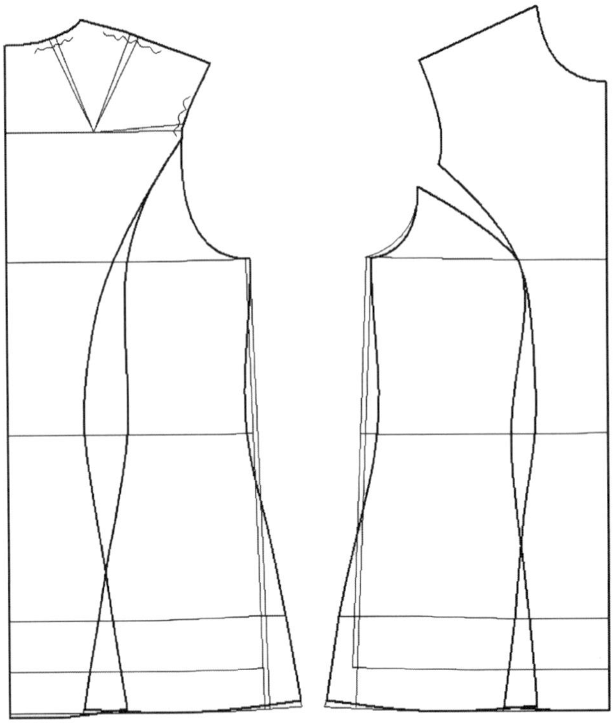

（c）胸围线以上曲面量曲面量处理

图4.4.3.2.4　B1类四面构成结构制图

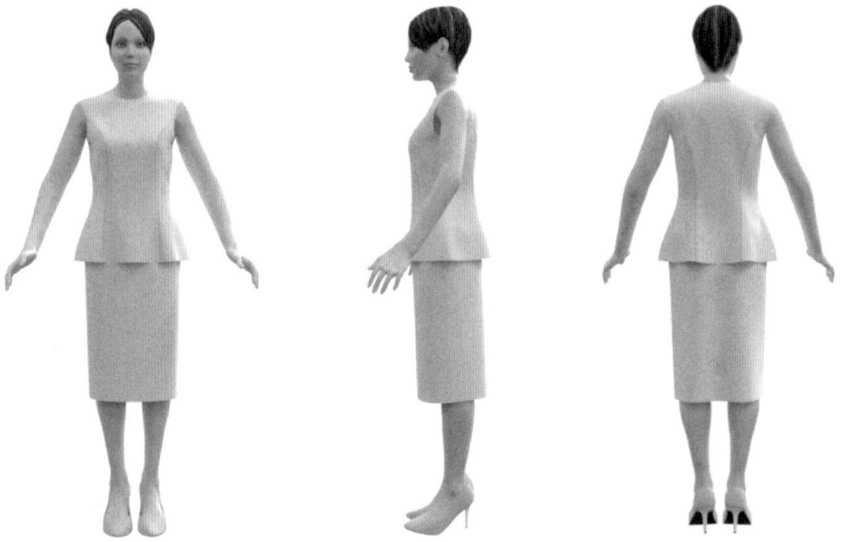

图4.4.3.2.5　B1类四面构成三维虚拟试衣三视图

（三）B2类：袖窿分割线偏离胸点及肩胛骨点

四面构成B2类相对于B1类来讲，其分割线向侧缝便移。对于后片来讲，B2类与B1类完全相同。对于前片来讲，B2类的分割线也不通过胸点，所以原型中的曲面量转入分割线时，就会余留一些曲面量，这一余量需要缝缩处理。图4.4.3.2.6所示为B2类四面构成结构制图，图4.4.3.2.7为B2类四面构成三维虚拟试衣三视图。

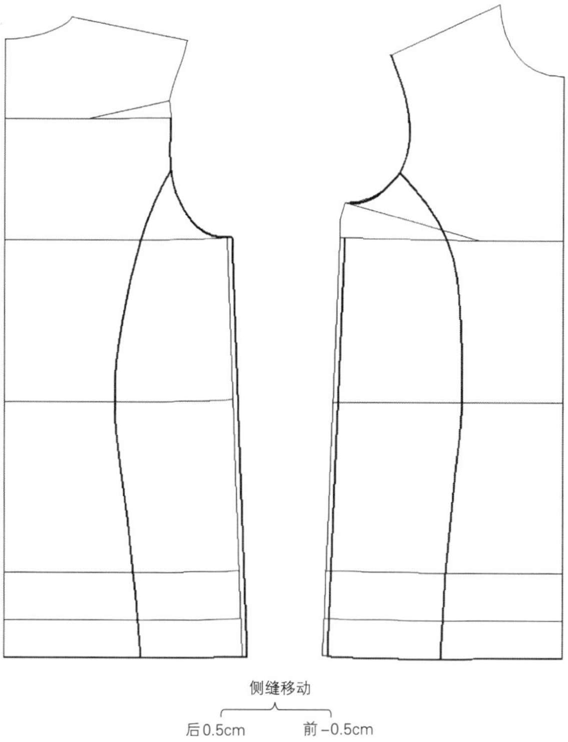

（a）衣长及侧缝变化、主分割线绘制

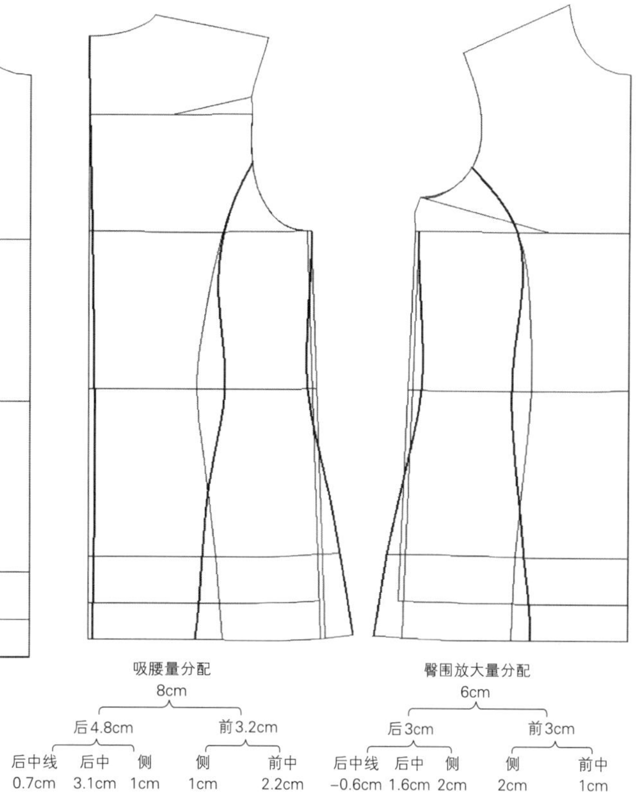

（b）吸腰量和臀围放大量分配、次分割线绘制

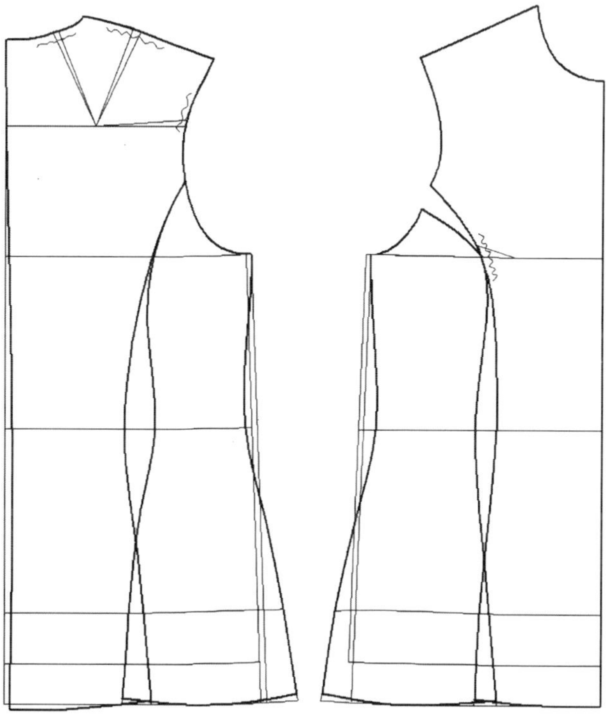

（c）胸围线以上量曲面量处理

图4.4.3.2.6 B2类四面构成结构制图

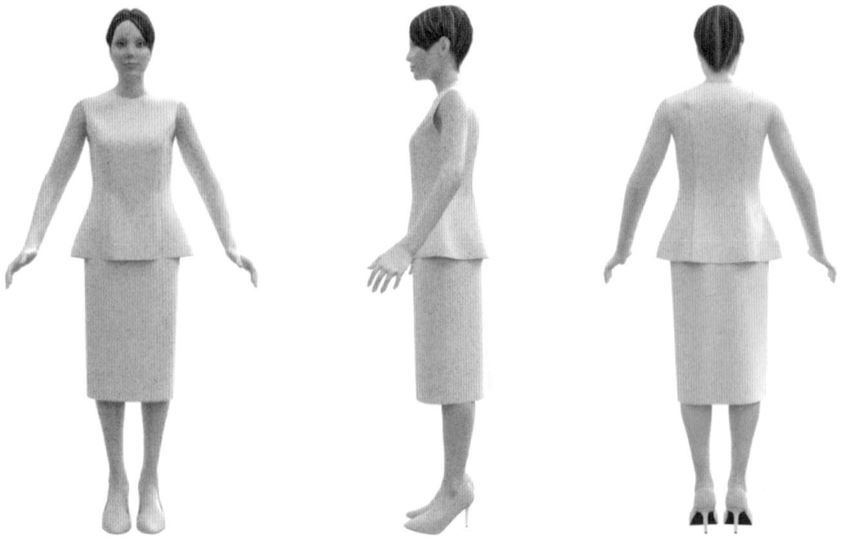

正面　　侧面　　背面

图4.4.3.2.7　B2类四面构成三维虚拟试衣三视图

4.4.3.3　三面构成

三面构成衣身有前纵向分割线和后纵向分割线，但无侧缝分割线，它们将衣身分成前中片、侧片和后中片。三面构成的前分割线和后分割线都偏离胸点及后肩胛点，一般都是从袖窿出发的靠近侧面的纵向分割线形式，同类于四面构成B2类，但相比较而言分割线更偏靠侧面。

对于胸围线以上的曲面量处理：后肩背曲面量一般仍采用分散于后领口线、后肩线和后袖窿上段以归拢缝缩的形式处理；而前胸曲面量位于侧片的部分可以合并置入分割线，但位于中片的部分，由于省量比较大而无法以归拢缝缩形式完成处理，需要设计领口省、侧缝或下摆省加以处理。根据常用的省道形式分为五类：A类，为领底省形式；B类，为侧缝横省形式；C类，为下摆开口连腰省形式；D类，为贴袋袋中L型连腰省形式；E类，为开袋袋口L型连腰省形式。如图4.4.3.3.1所示。

（a）A类：领底省形式

（b）B类：侧缝横省形式

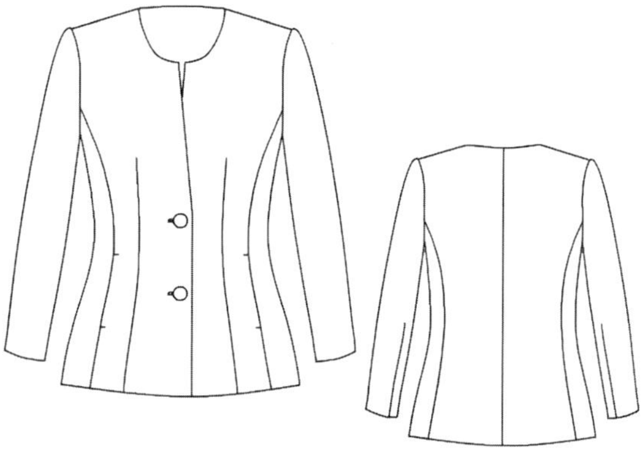

（c）C类：下摆开口连腰省形式

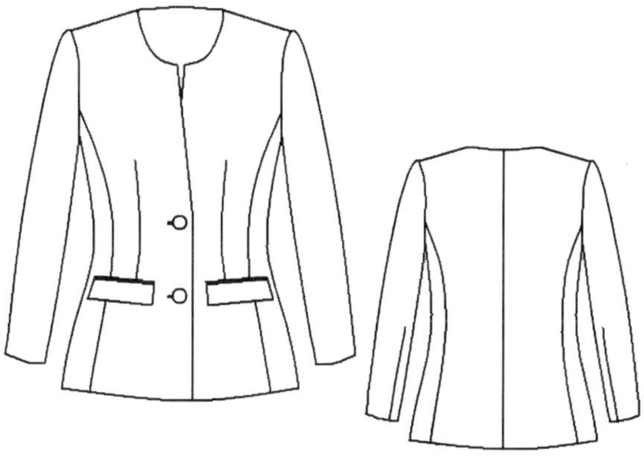

（d）D类：开袋袋口L型连腰省形式

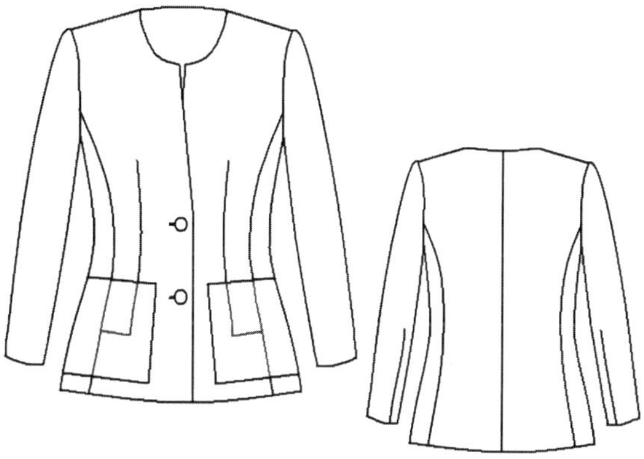

（e）E类：贴袋袋中L型连腰省形式

图4.4.3.3.1　三面构成款式分类

（一）A类：领底省形式

领底省形式三面构成是常用的三面构成结构形式，对于驳头较宽的驳折领或青果领，其省道隐藏于驳头之下，款式外观更显整体。如图4.4.3.3.2所示为其结构制图，图4.4.3.3.3为其三维虚拟试衣三视图。

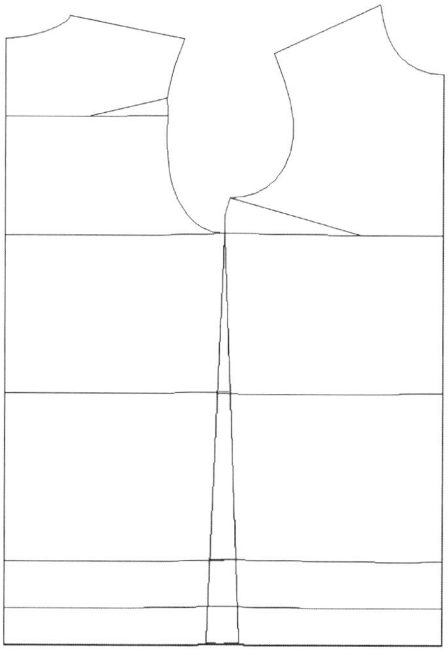

（a）侧缝合并及衣长胸围变化

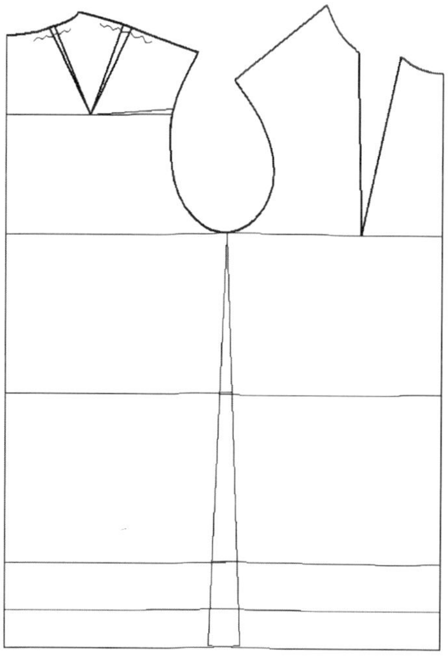

（b）曲面量分配

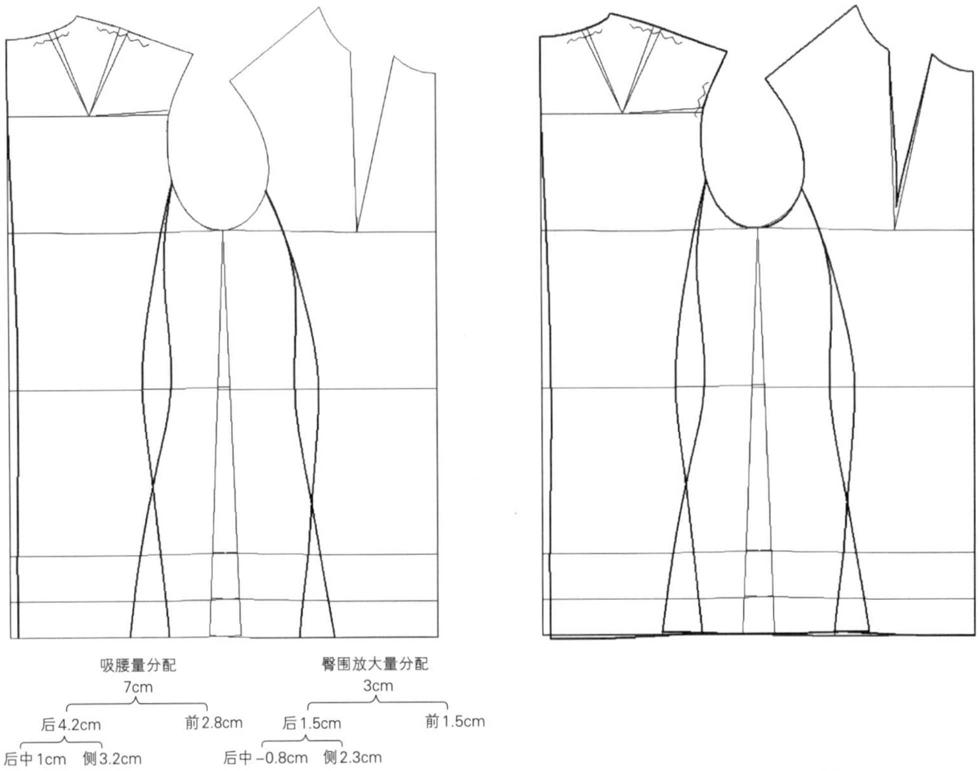

（c）吸腰量和臀围放大量分配及分割线绘制　　（d）省道及下摆等绘制

图4.4.3.3.2　领底省形式三面构成的结构制图

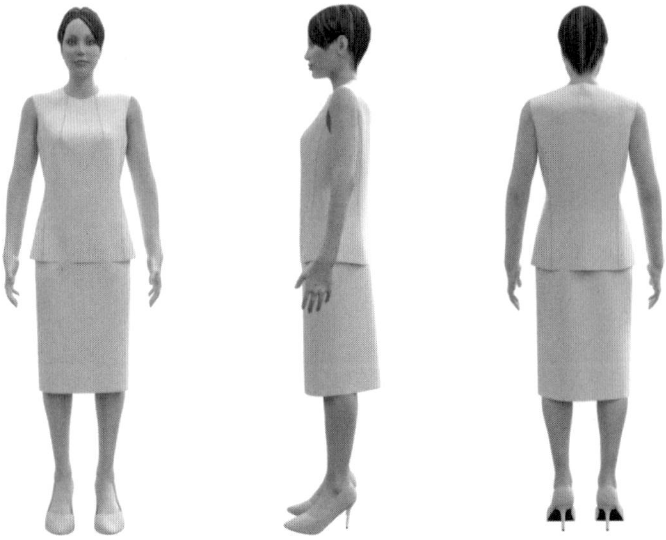

图4.4.3.3.3　领底省形式三面构成的三维虚拟试衣三视图

（二）B类：侧缝横省形式

侧缝横省形式三面构成的结构制图的前两个步骤同A类，之后将作为过渡省道的领口省转移至侧缝横省，即完成结构制图，如图4.4.3.3.4所示。图4.4.3.3.5所示为其三维虚拟试衣三视图。

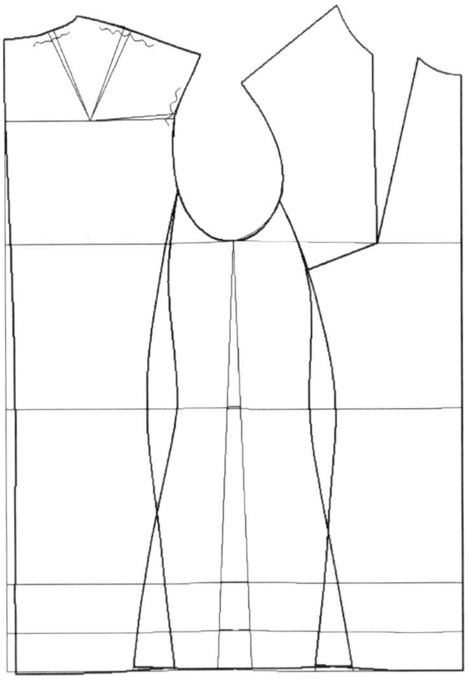

（a）吸腰量和臀围放大量分配及分割线绘制

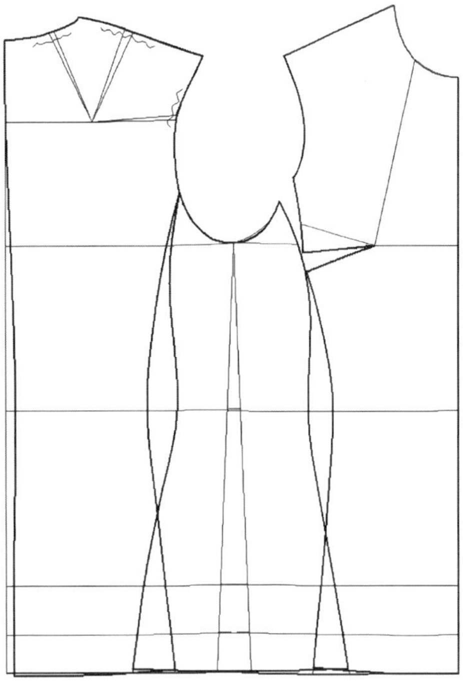

（b）省道及下摆等绘制

图4.4.3.3.4 侧缝横省形式三面构成的结构制图

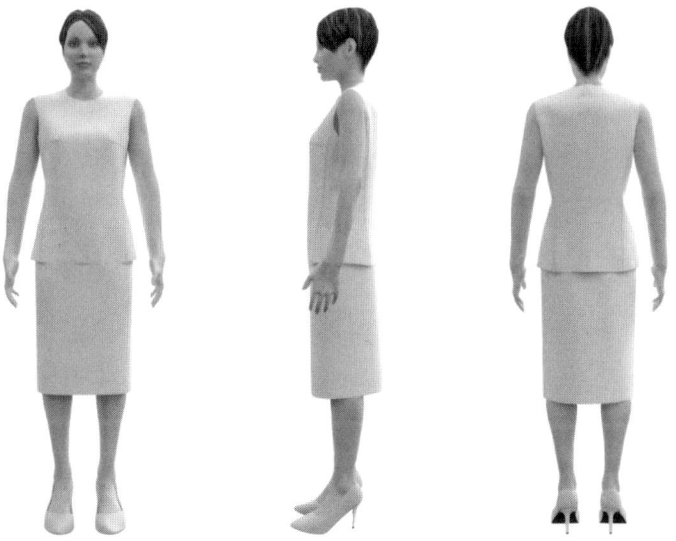

图4.4.3.3.5 侧缝横省形式三面构成的三维虚拟试衣三视图

（三）C类：下摆开口连腰省形式

下摆开口连腰省形式三面构成的结构制图的前两个步骤同A类，之后将作为过渡省道的领口省转移至下摆开口连腰省，即完成结构制图。此类形式的连腰省还可以分担处理少许的吸腰量，如图4.4.3.3.6所示。图4.4.3.3.7所示为其三维虚拟试衣三视图。

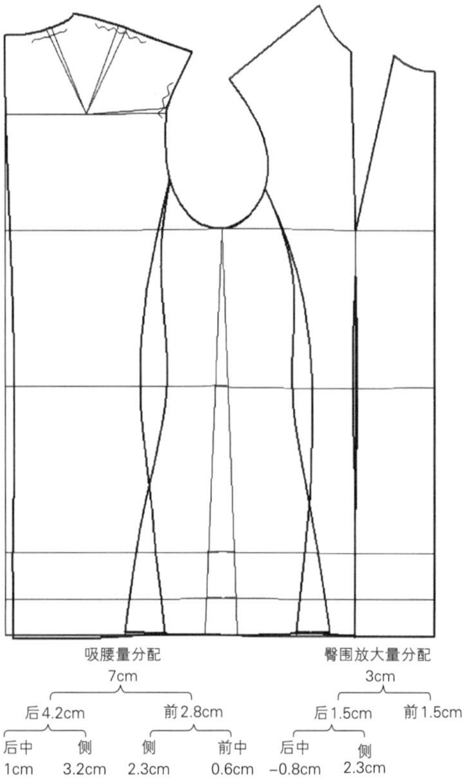

（a）吸腰量和臀围放大量分配及分割线和省道绘制

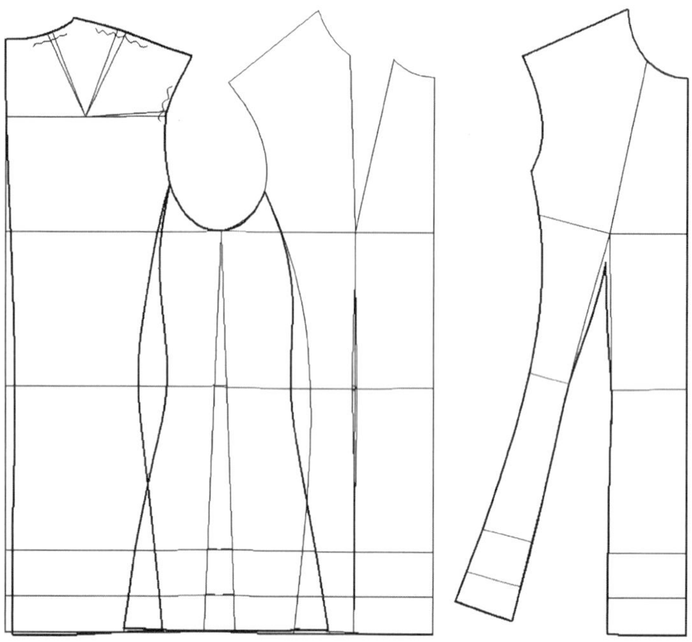
（b）下摆及省道转移绘制

图4.4.3.3.6　下摆开口连腰省形式三面构成结构制图

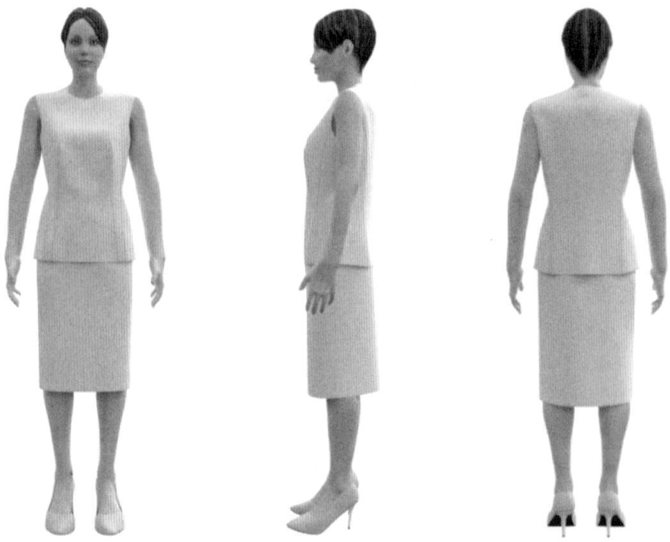

图4.4.3.3.7　下摆开口连腰省形式三面构成三维虚拟试衣三视图

（四）D类：开袋袋口L型连腰省形式

开袋袋口L型连腰省形式三面构成的结构制图的前两个步骤同A类，之后将作为过渡省道的领口省转移至开袋袋口L型连腰省形式，即完成结构制图，同样连腰省可以分担少许的吸腰量，如图4.4.3.3.8所示。图4.4.3.3.9所示为其三维虚拟试衣三视图。

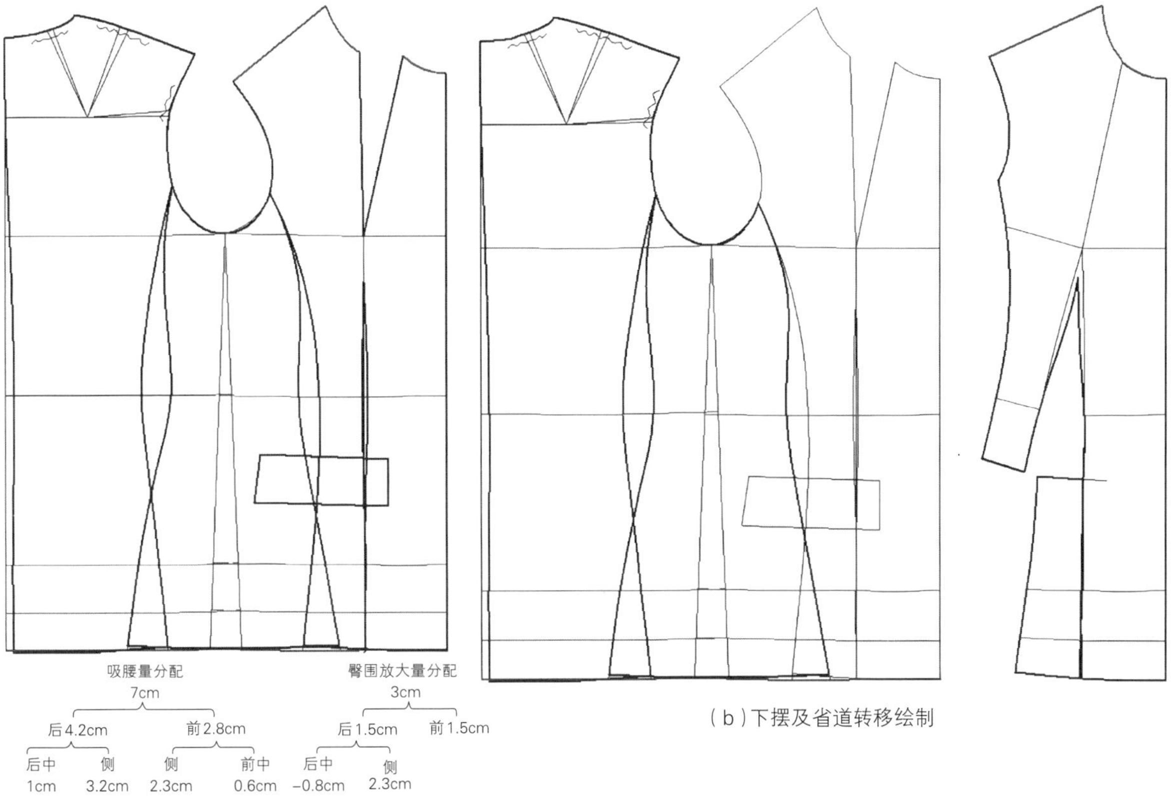

（a）吸腰量和臀围放大量分配及分割线和省道绘制

（b）下摆及省道转移绘制

图4.4.3.3.8　开袋袋口L型连腰省形式三面构成结构制图

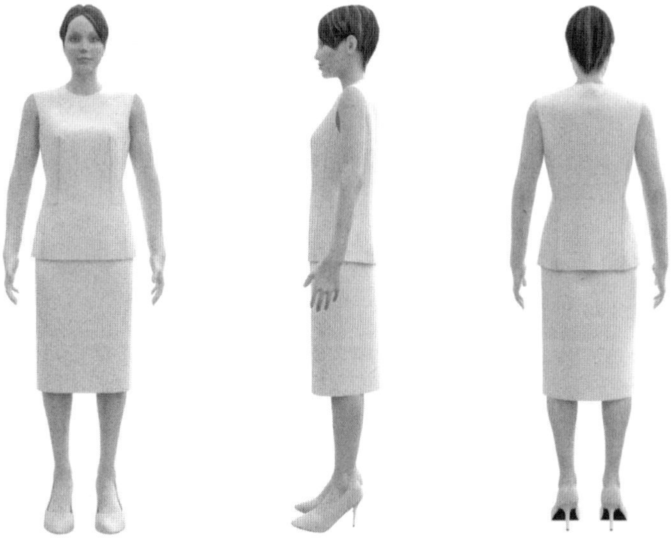

图4.4.3.3.9　开袋袋口L型连腰省形式三面构成三维虚拟试衣三视图

（五）E类：贴袋袋中L型连腰省形式

贴袋袋中L型连腰省形式三面构成的结构制图的前两个步骤同A类，之后将作为过渡省道的领口省转移至贴袋袋中L型连腰省形式，即完成结构制图，同样连腰省可以分担少许的吸腰量，如图4.4.3.3.10所示。图4.4.3.3.11所示为其三维虚拟试衣三视图。

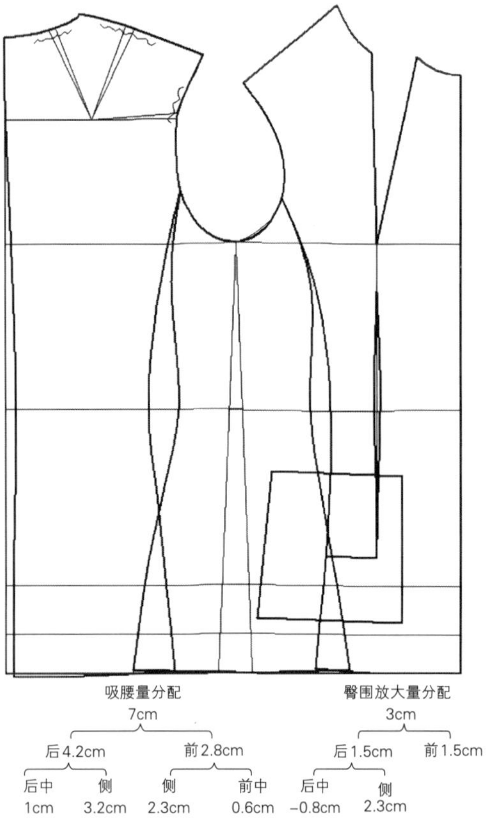

（a）吸腰量和臀围放大量分配及分割线和省道绘制

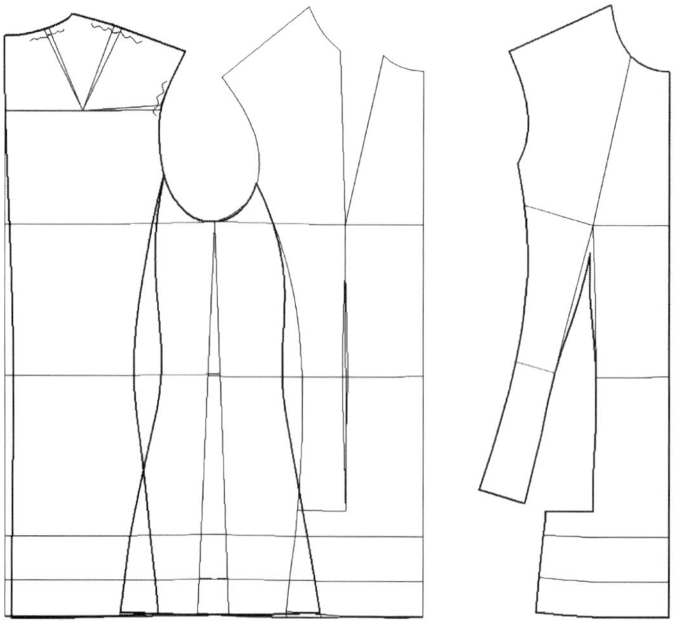

（b）下摆及省道转移绘制

图4.4.3.3.10　贴袋袋中L型连腰省形式三面构成结构制图

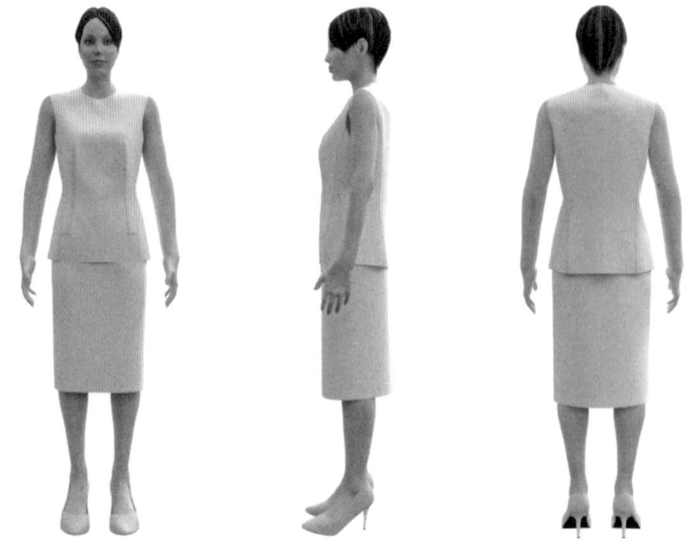

图4.4.3.3.11　贴袋袋中L型连腰省形式三面构成三维虚拟试衣三视图

4.4.3.4　断腰构成

断腰构成指腰部有横向分割线的构成形式。对于X型断腰服装来讲，这一腰部横向分割线不只是装饰性分割线，还担当了吸腰和放大下摆的X型造型功能，在结构上不是连腰服装结构的剪开和再拼接，而是之间包含结构量的一组结构线。这一组结构线在三维造型上表现为一条造型线，但在二维结构上则为两条结构线：一条是上衣片的腰线结构线，另一条是下衣片的腰线结构线。这两条腰线结构线的二维形状不相同，它们之间存在的空隙量或者重叠量就是塑造X造型的功能量，具有收腰和下摆放大的结构造型功能。

断腰构成根据腰部横向分割线相对于人体腰围线的位置分为两类：A类，为分割线位于或高于人体腰围线；B类，为分割线低于人体腰围线。A类的腰省可完全转移至侧缝省或领口省等，实现吸腰造型；B类的腰省则无法完全转移至侧缝省或领口省等。下摆部分腰省可合并转移为下摆放大量，也可保留。如图4.4.3.4.1和图4.4.3.4.2所示。

（a）A1类

（b）A2类

（c）A3类

图4.4.3.4.1　A类（正常或高腰）断腰构成款式类型

（a）B1类

（b）B2类

图4.4.3.4.2　B类（低腰）断腰构成款式类型

（一）A类（正常或高腰）断腰

分割线位于或高于人体腰围线的断腰分割，其腰围线以上部分可有三种构成形式：A1类，为胸围线以上的曲面量和吸腰量分别处理；A2类，为胸围线以上曲面量被转移至吸腰腰省一起处理；A3类，为吸腰量被转移至胸围线以上省道处理。腰围线以下，吸腰量省道都可被合并转移为下摆放大量，但因高腰断腰要显露腰身，腰省就需保留。如图4.4.3.4.3~图4.4.3.4.8所示为其相应的结构制图和三维虚拟试衣三视图。

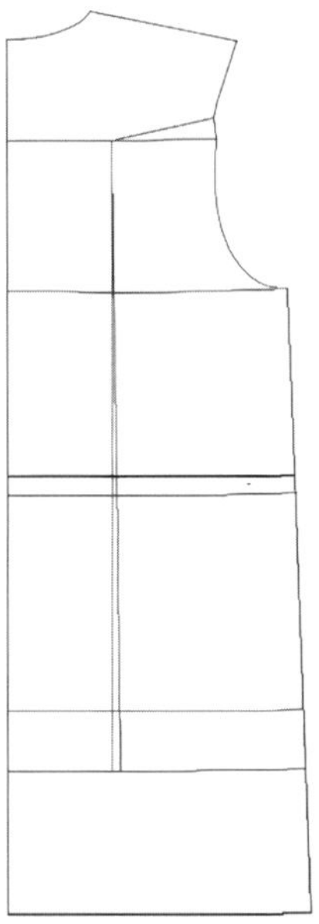

（a）衣长及腰围线变化

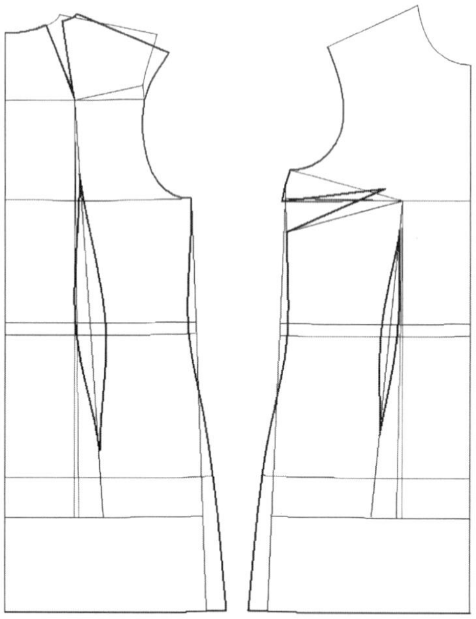

（b）曲面量处理

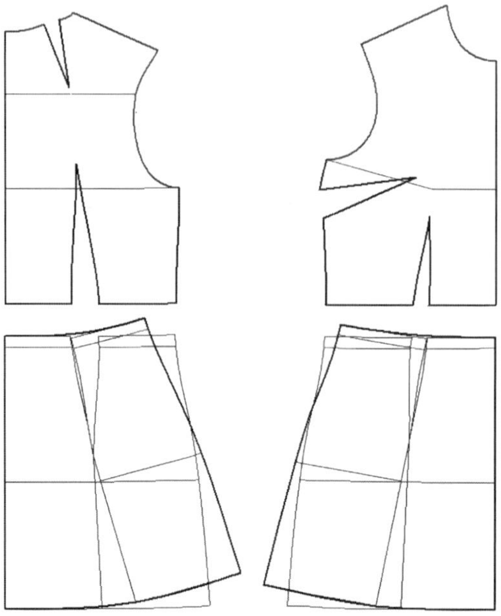

断腰构成A1类，正常腰线或高腰腰线时，胸围线上、下曲面量分别以不同省道处理

（c）上、下衣片分割及下衣片省道合并处理

图4.4.3.4.3　A1类断腰构成结构制图

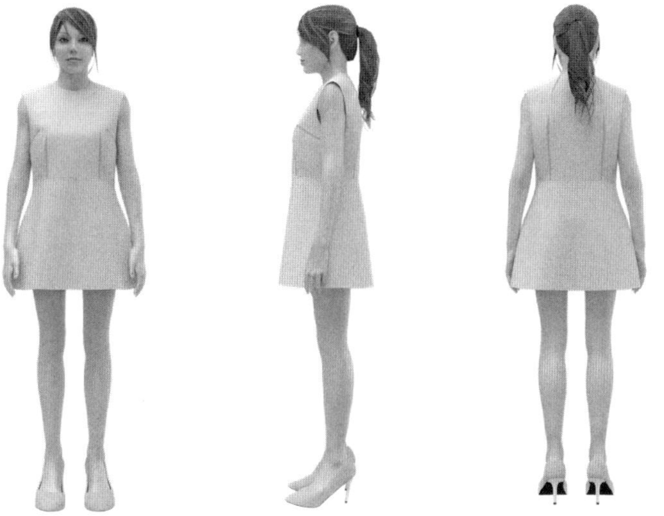

图4.4.3.4.4 A1类断腰构成三维虚拟试衣三视图

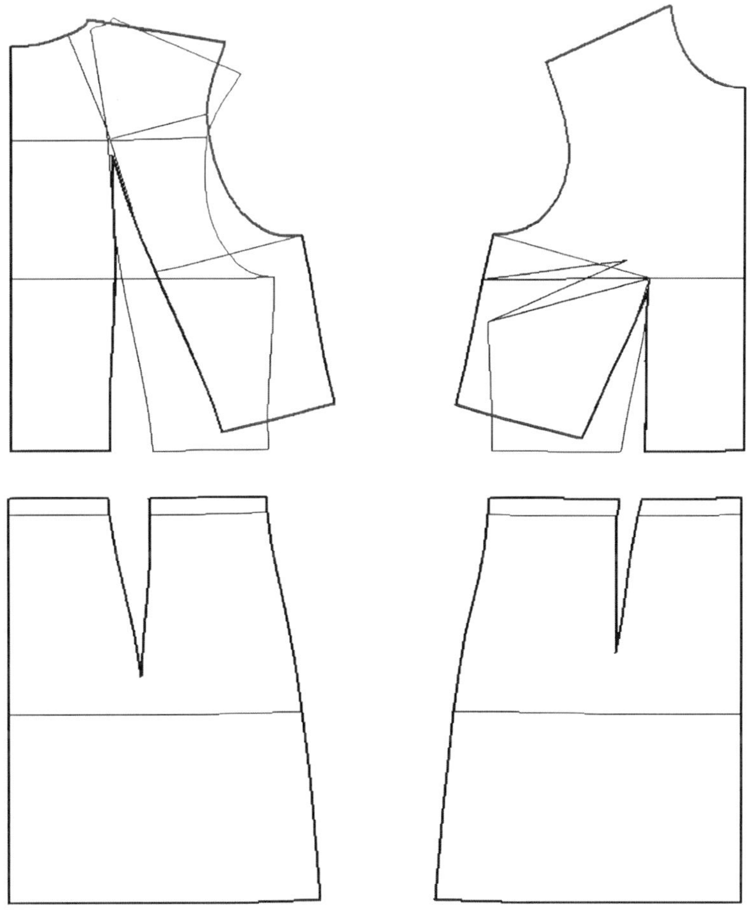

图4.4.3.4.5 A2类断腰构成结构制图

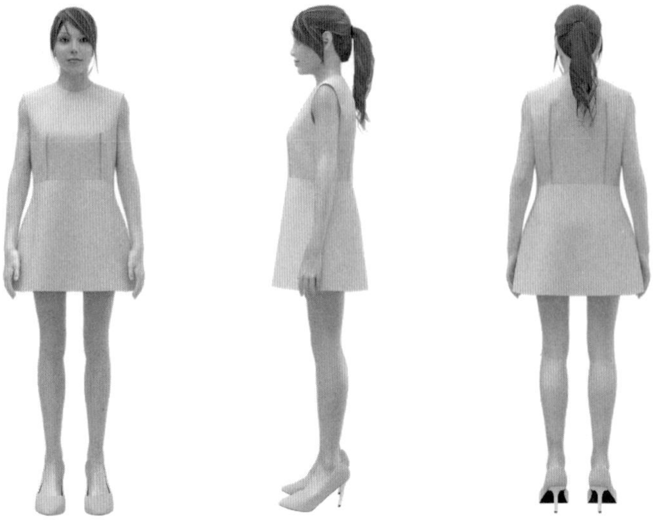

图4.4.3.4.6　A2类断腰构成三维虚拟试衣三视图

（a）上、下衣片分割及下衣片省道合并处理　　（b）上衣片省道转移处理

图4.4.3.4.7　A3类断腰构成结构制图

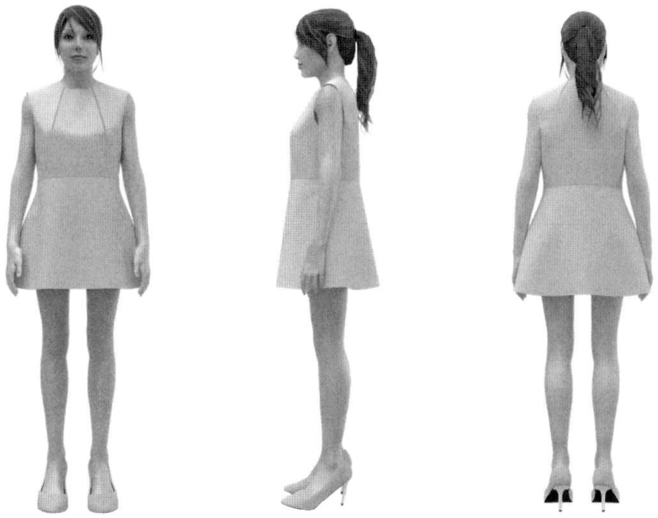

图4.4.3.4.8　A3类断腰构成三维虚拟试衣三视图

（二）B类（低腰）断腰

B类（低腰）断腰的腰围线以上有两种构成形式：B1类，为胸围线和吸腰量分别处理；B2类，为胸围线以上曲面量被转移至吸腰腰省一起处理。但因为低腰腰省呈现开口型的连腰省形式，其无法完全合并转移处理，也就是类似A3类的处理方式不适用于低腰断腰构成。如图4.4.3.4.9 ~ 图4.4.3.4.12所示为其相应的结构制图和三维虚拟试衣三视图。

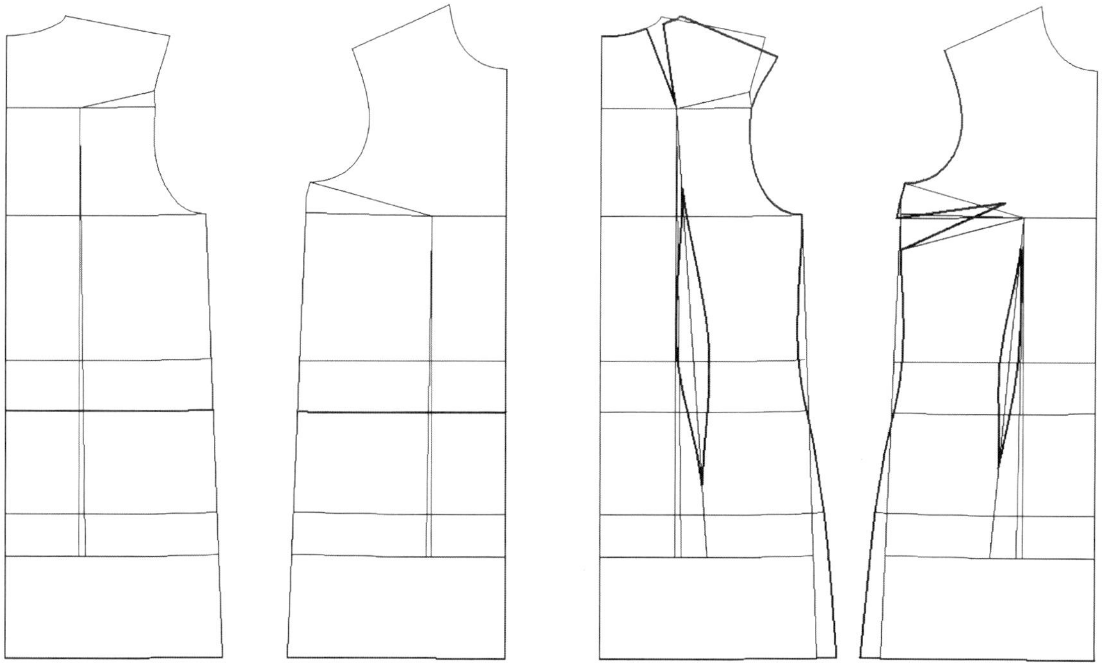

（a）衣长及腰围线变化

（b）曲面量处理

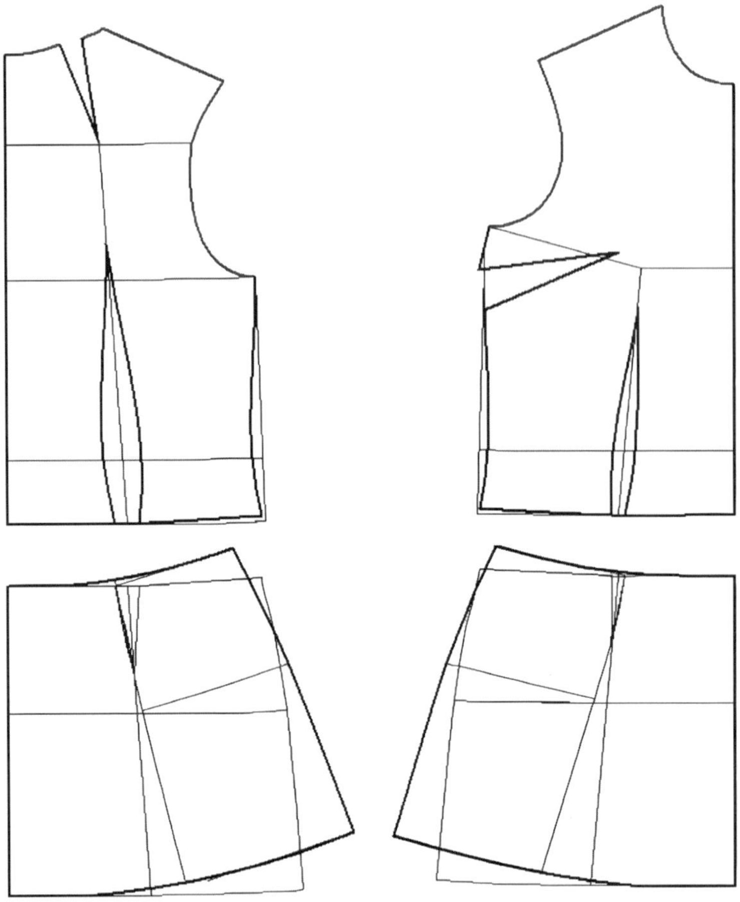

（c）上、下衣片分割及下衣片省道合并处理

图4.4.3.4.9 B1类断腰构成结构制图

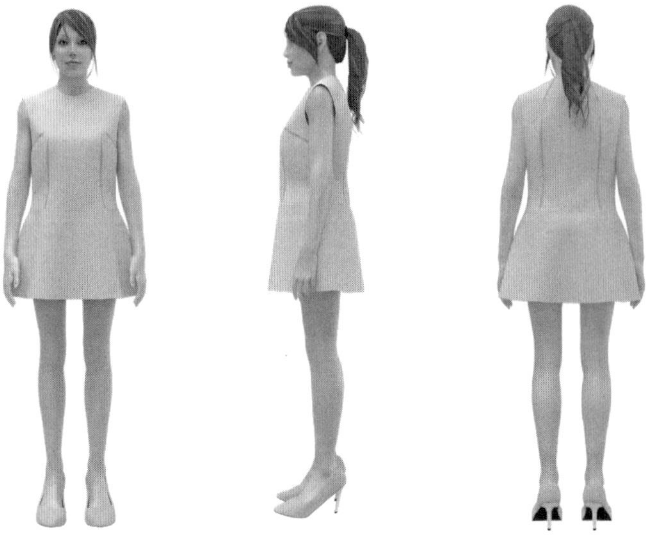

图4.4.3.4.10 B1类断腰构成三维虚拟试衣三视图

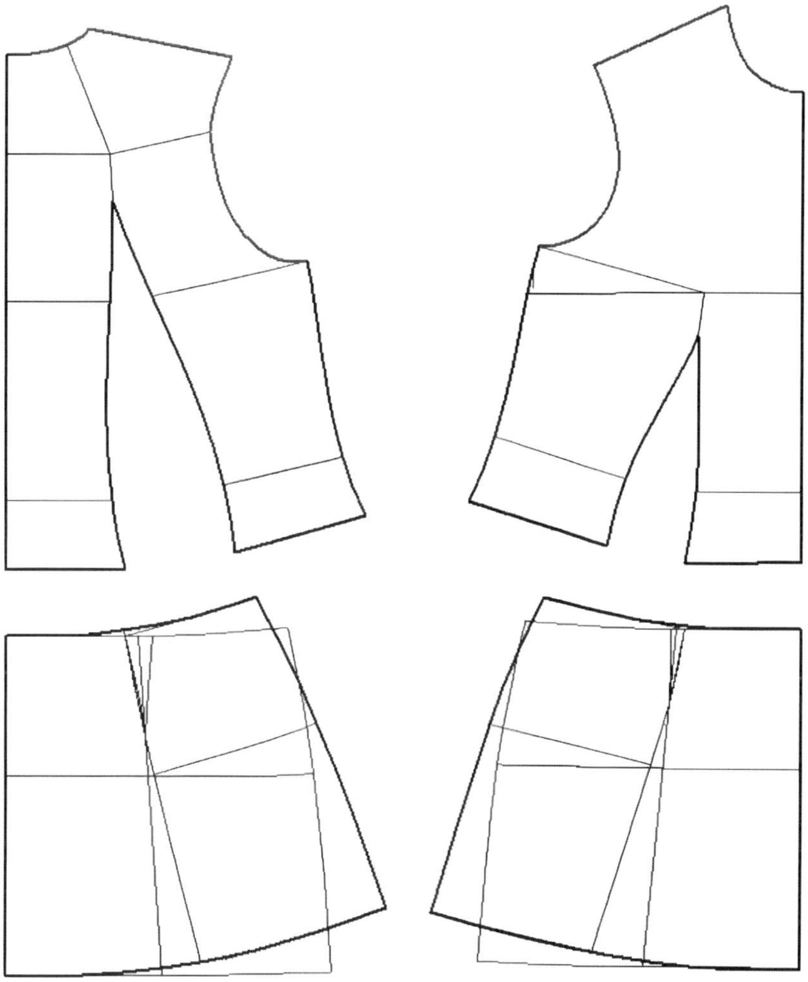

图4.4.3.4.11 B2类断腰构成结构制图

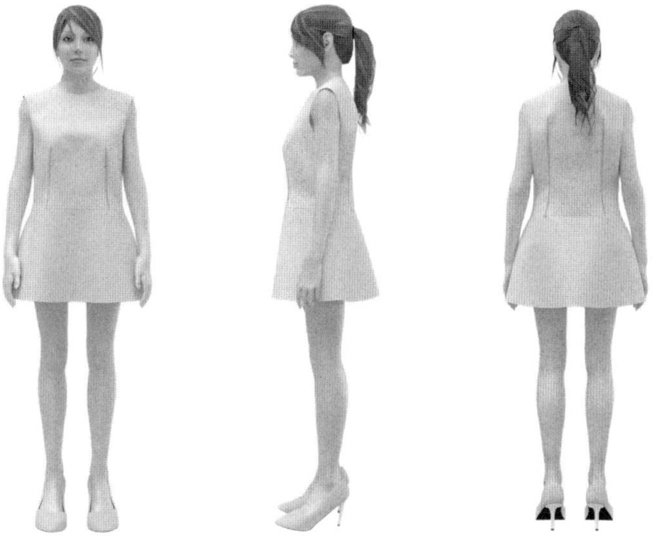

图4.4.3.4.12 B2类断腰构成三维虚拟试衣三视图

4.4.4 X型综合结构设计案例

4.4.4.1 案例1：两面构成/腰侧抽褶/插肩袖/驳折领外套

一、款式图

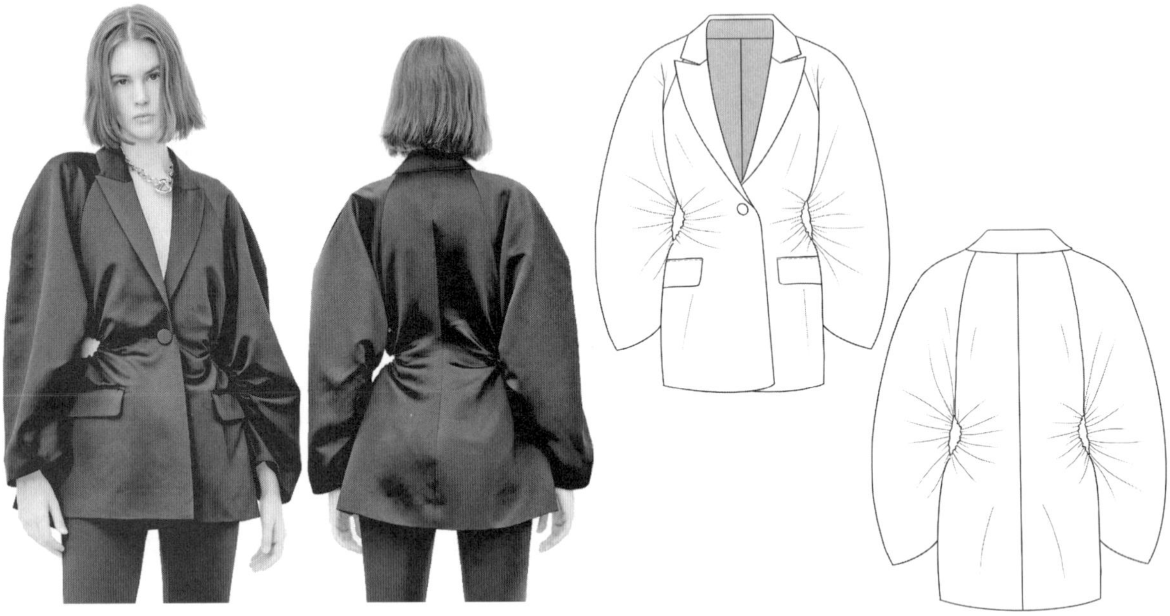

图4.4.4.1.1 款式图

二、款式分析

衣身廓形：X廓形。

结构要素：腰部放射性衣褶。

胸围线以上曲面量处理：前片—袖窿松量、侧腰抽褶；后片—袖窿松量。

胸围线至腰围线吸腰量处理：前片—侧腰衣褶、侧缝；后片—侧腰衣褶、侧缝、后中线。

腰围线至臀围线至下摆放大量处理：前片—侧腰衣褶、侧缝。后片—侧腰衣褶、侧缝、后中线。

衣袖造型：插肩袖，内侧衣褶。

衣领造型：驳折领。

三、规格设计

示明规格：165/80A。细部规格：见表4.4.4.1.1。

表4.4.4.1.1 细部规格（单位：cm）

部位	备注	尺寸
衣长	后衣长	73
胸围	松量12	92
腰围	通过侧腰松紧抽褶调整	—
腰线位置	抬升1	—
下摆围	下摆量增大34	126
肩宽	不变化	37
袖窿深	腰围线向上6	—
袖长	SNP点至袖口	74
袖肥	—	35.5
袖口	—	—
横开领	开大0.5	—
门襟宽	上端2.5，下端6	—
驳折止点	腰围线以上2	—
后立领高	—	3
后翻领宽	—	5
驳头宽	—	7.5
袋盖宽	—	15
袋盖高	—	5

四、结构设计

（1）设计内容：

1）衣长变化设计。

2）曲面量变化设计（图4.4.4.1.2）。

3）下摆围变化设计（图4.4.4.1.3）。

4）腰围变化设计。腰线抬高1cm。吸腰量分配为后中1cm、侧缝2cm，吸腰抽褶设计。

5）衣领设计。驳折领。

6）衣袖设计。衣袖为插肩袖，内侧抽褶，袖窿底点位于腰线上6cm处。

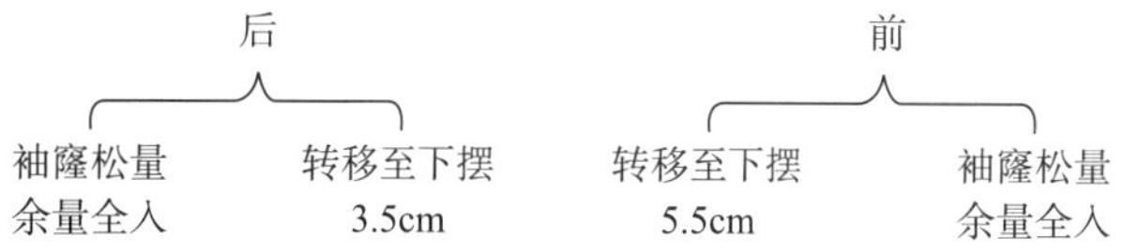

图4.4.4.1.2 曲面量变化量分配

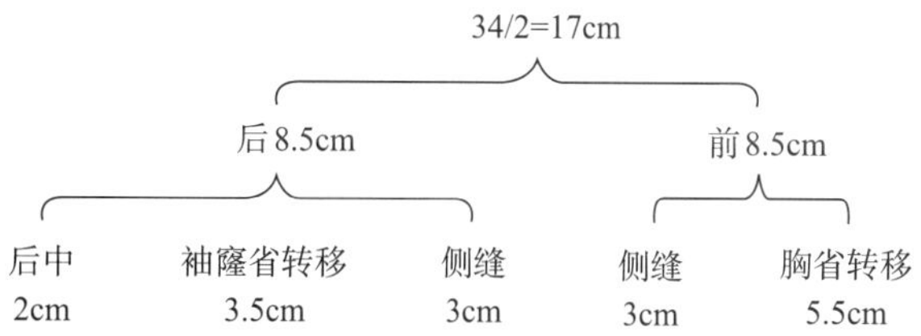

图4.4.4.1.3 下摆围变化量分配

（2）绘图步骤：

1）步骤1：衣长、领口线及腰围线变化设计（图4.4.4.1.4）。延长后衣长至73cm，绘制前、后中心线、侧缝线以及衣长基础线；横开领开大0.5cm，绘制前、后领口线；腰围线抬高1cm，绘制腰围线。

2）步骤2：吸腰、下摆放大变化设计（图4.4.4.1.5）。将前、后部分曲面量转移至下摆，绘制后中线、侧缝线、下摆弧线。

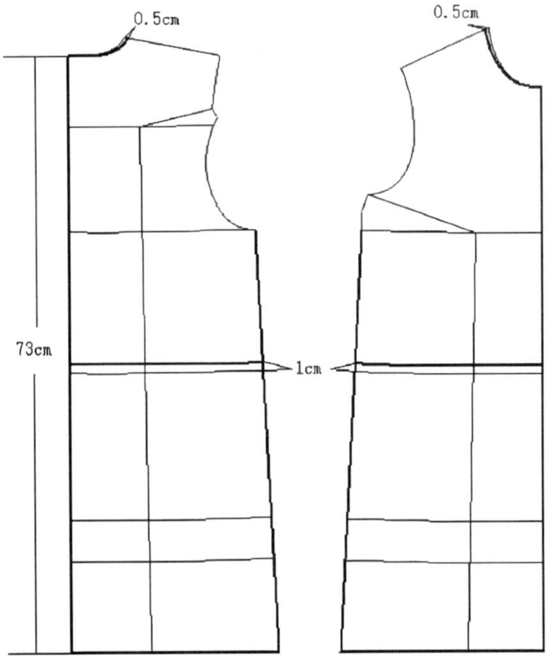

图4.4.4.1.4　衣长、领口线及腰围线变化设计

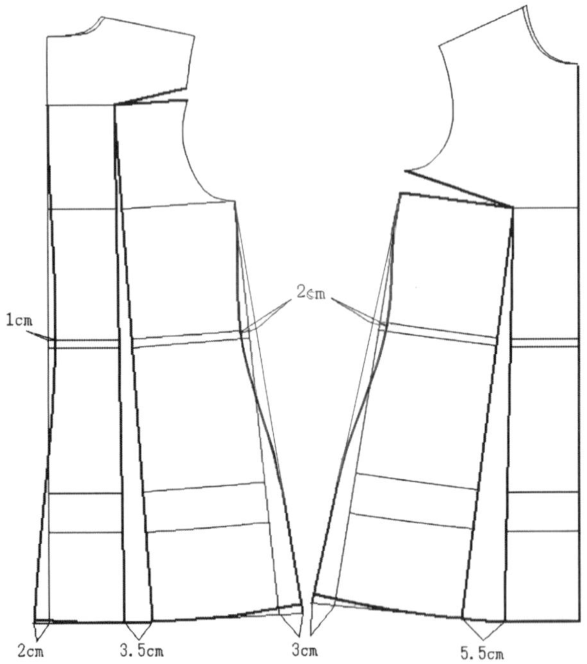

图4.4.4.1.5　吸腰及下摆放大变化设计

3）步骤3：袖窿、侧腰、口袋、衣领等设计（图4.4.4.1.6）。确定袖窿底点降低至腰线以上6cm处，绘制袖窿弧线；确定腰围线上3cm、下4cm，绘制侧腰镂空造型线；绘制门襟，驳折领衣领；确定口袋位置，绘制袋盖。

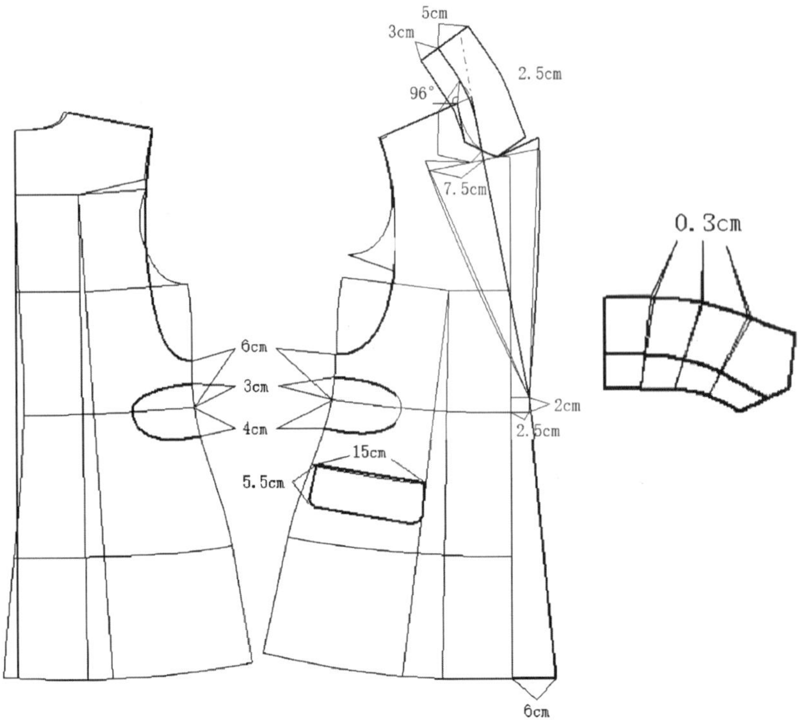

图4.4.4.1.6　袖窿、侧腰、口袋、衣领等设计

4）步骤4：挂面设计（图4.4.4.1.7）。

5）步骤5：衣袖设计1（图4.4.4.1.8）。基于袖窿弧线，根据袖长、袖肥、袖口尺寸绘制袖山缝缩量为0cm的基础衣袖。

6）步骤6：衣袖设计2（图4.4.4.1.9）。拟合法绘制插肩袖，首先后袖片与后袖窿拟合，量取袖山顶点和后肩点的距离；保证前肩点与袖山顶点与此相等的距离，拟合前袖片与前袖窿；绘制衣身与衣袖的分割线。

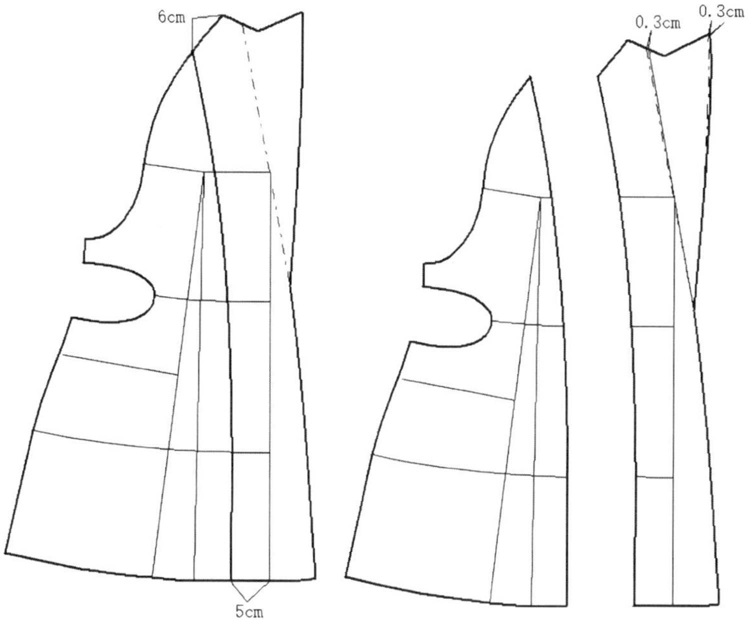

图4.4.4.1.7 挂面设计

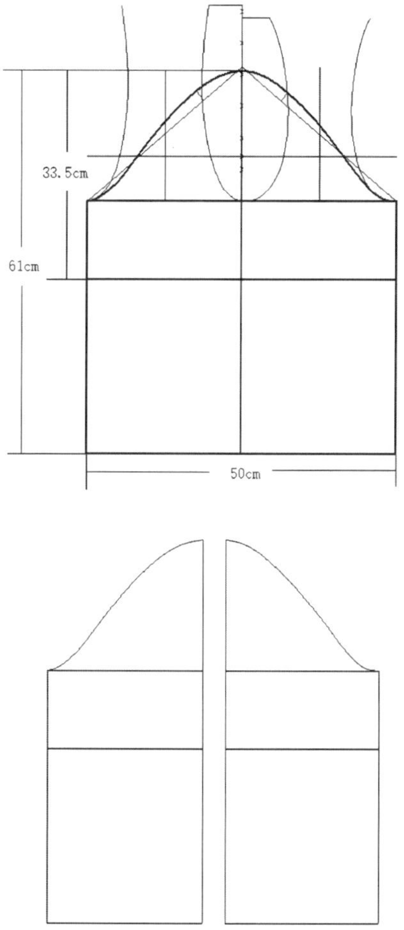

图4.4.4.1.8 基础袖结构绘制

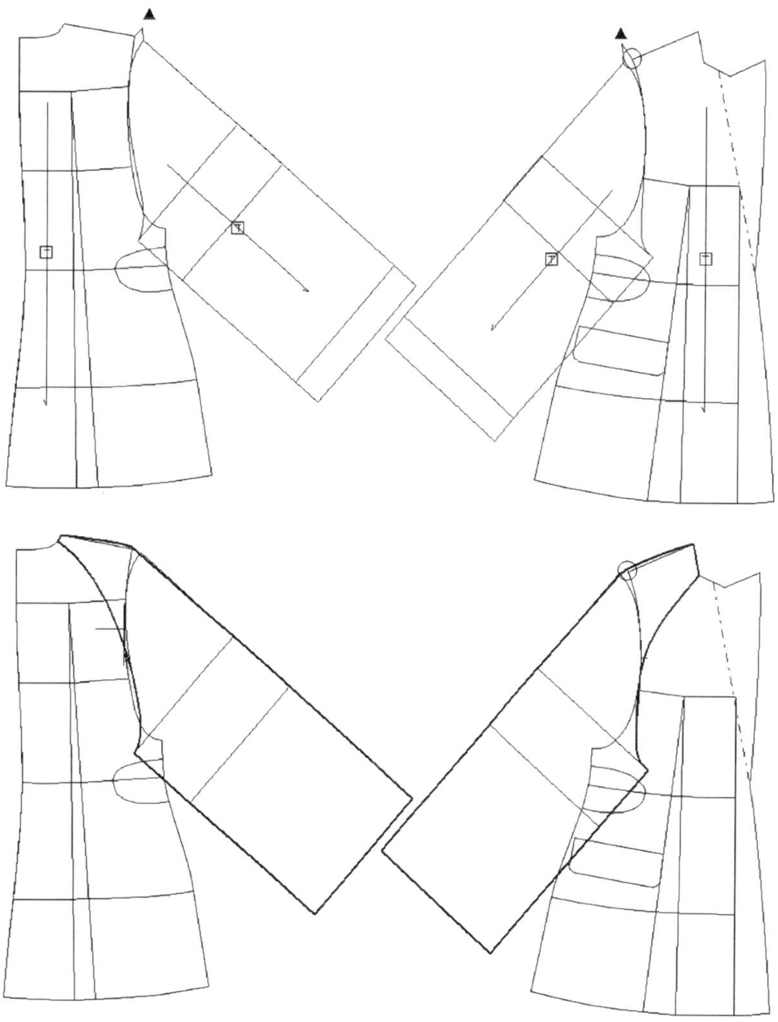

图4.4.4.1.9 拟合法绘制插肩袖基础结构

7）步骤7：衣袖设计3（图4.4.4.1.10）。合并前、后基础袖片为一片式插肩袖。

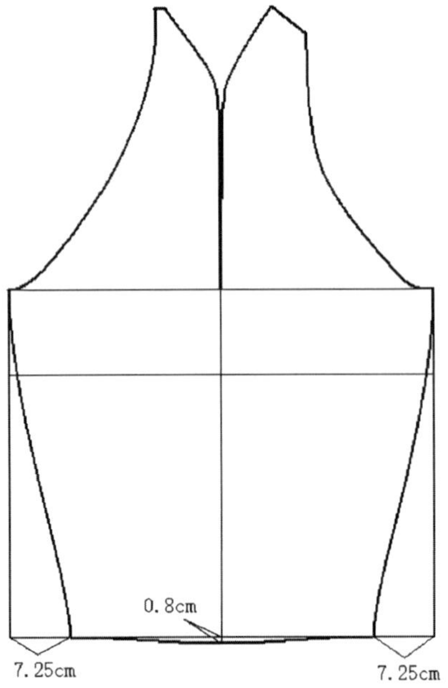

图4.4.4.1.10　前、后袖片合并为一片式插肩袖片

8）步骤8：样片取出及缝份设计（图4.4.4.1.11）。

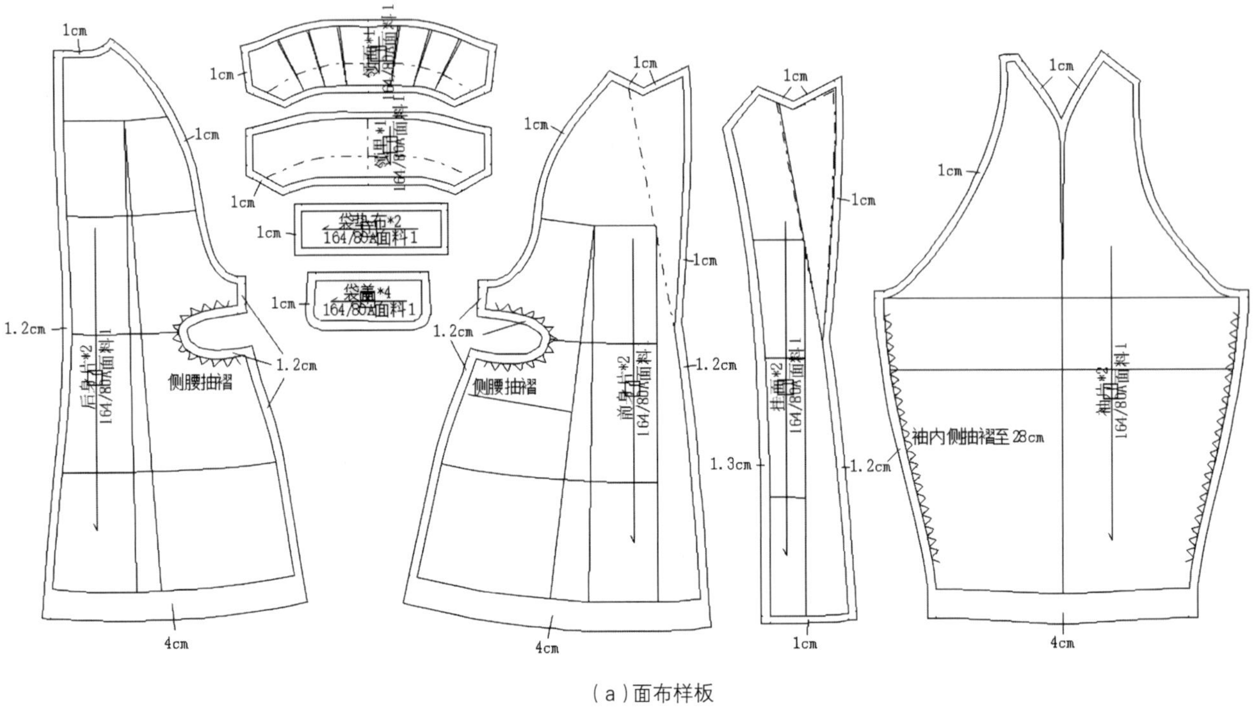

（a）面布样板

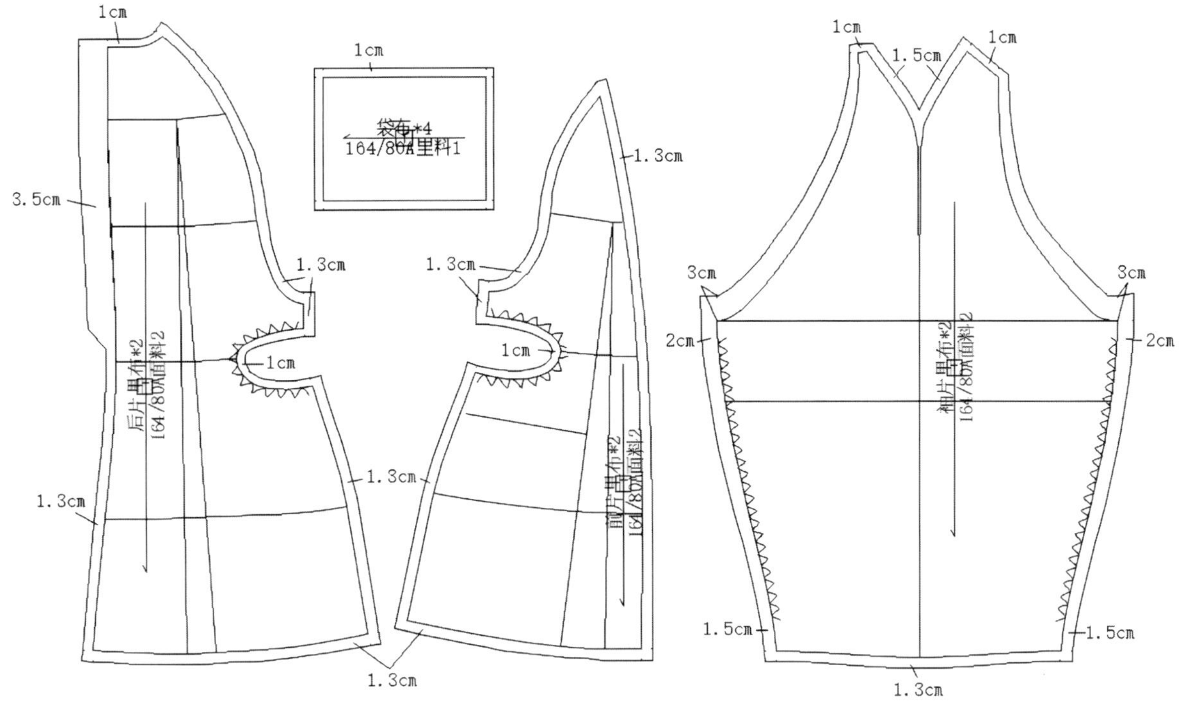

（b）里布样板

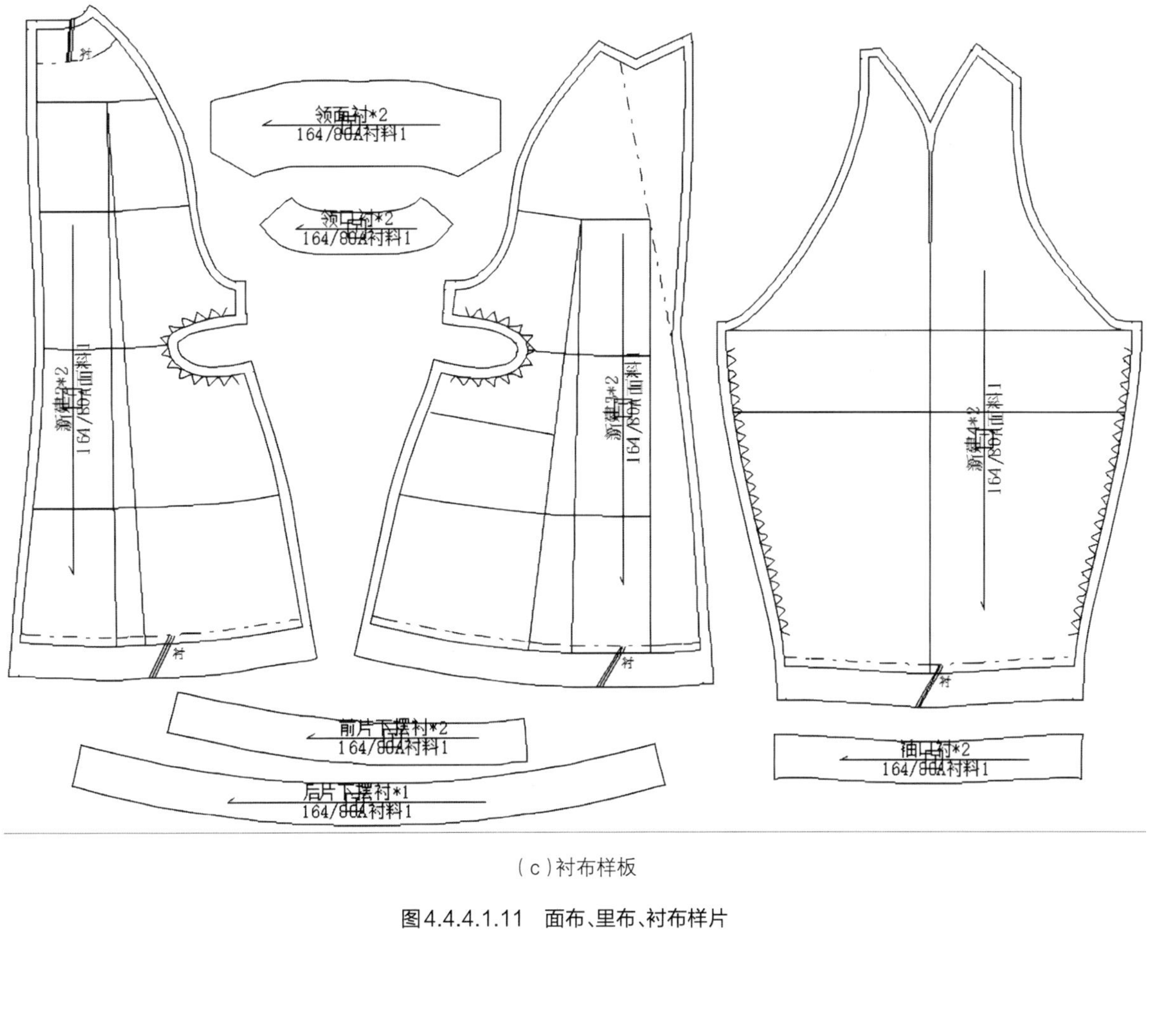

（c）衬布样板

图4.4.4.1.11　面布、里布、衬布样片

五、样衣试制

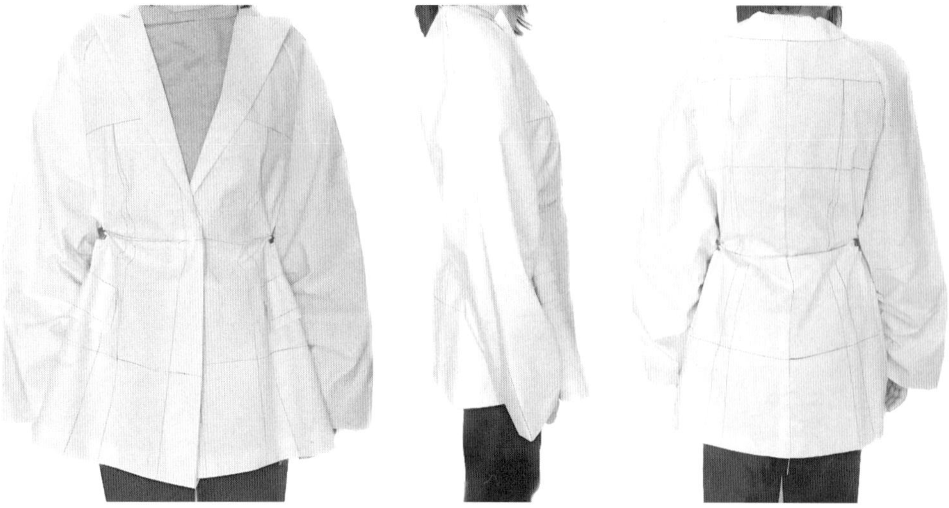

图4.4.4.1.12　坯布样衣试制

4.4.4.2　案例2：两面构成与四面构成组合/驳折领/拖肩圆装袖/衬衫裙

一、款式图

图4.4.4.2.1　款式图

二、款式分析

衣身廓形：X廓形。
结构要素：后片袖窿出发分割线。
胸围线以上曲面量处理：前片—袖窿松量；后片—袖窿松量。
胸围线至腰围线吸腰量处理：前片—侧缝；后片—侧缝、分割线、后中线。
腰围线至臀围线至下摆放大量处理：前片—侧缝；后片—侧缝、分割线、后中线。
衣领：驳折领。
衣袖：一片直身拖肩圆装袖，袖口衣裥加袖衩，装袖克夫。

三、规格设计

示明规格：160/84A。细部规格：见表4.4.4.2.1。

表4.4.4.2.1 细部规格（单位：cm）

部位	备注	尺寸
衣长	—	93
胸围	松量20	104
腰围	松量6	74
臀围	松量4	94
下摆围	—	104
拖肩	拖肩8	—
袖窿深	开深7	—
袖长	—	54
袖肥	—	40
袖克夫围	—	24
袖克夫宽	—	6
小袖衩宽	—	1
大袖衩宽	—	2
袖山缝缩量	—	0
横开领	不变	—
后直开领	不变	—
前直开领	胸围线以上2	—
后立领高	—	3
后翻领宽	—	4.5
驳头宽	—	5

四、结构设计

（1）设计内容：

1）衣长变化设计。

2）胸围变化设计（图4.4.4.2.2）。

3）曲面量变化设计（图4.4.4.2.3）。

4）腰围变化设计（图4.4.4.2.4）。

5）臀围变化设计（图4.4.4.2.5）。

6）下摆围变化设计（图4.4.4.2.6）。

7）衣领设计。驳折领。门襟为拉链形式。

8）衣袖设计。一片式直身圆装袖，袖口两个衣裥，有袖衩，装袖克夫。

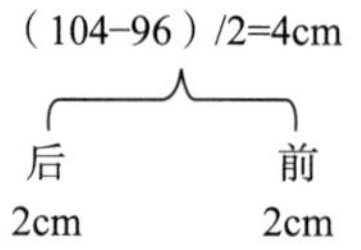

图4.4.4.2.2　胸围变化量分配

图4.4.4.2.3　曲面量变化分配

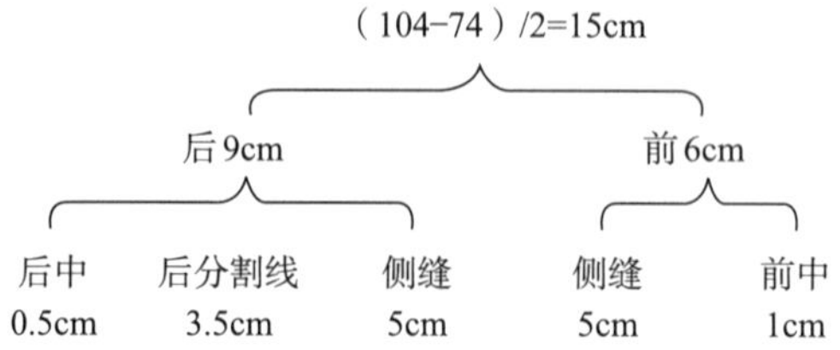

图4.4.4.2.4　腰围变化量分配

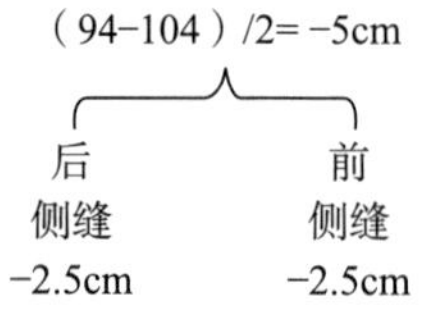

图4.4.4.2.5　臀围变化量分配

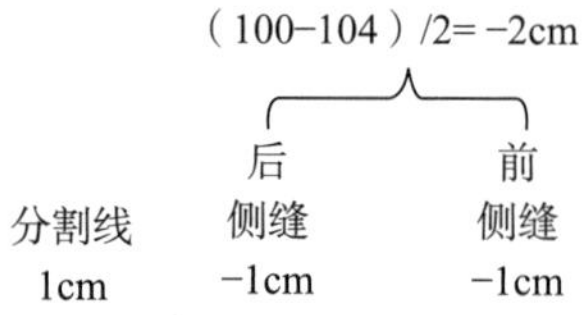

图4.4.4.2.6　下摆围变化量分配

（2）绘图步骤：

1）步骤1：原型准备（图4.4.4.2.7）。

2）步骤2：曲面量处理及衣长变化（图4.4.4.2.8）。延长后中线至衣长93cm，前、后胸围各加大2cm，绘制侧缝线、底边线；前、后片胸围线以上曲面量都全部置于袖窿，做袖窿松量处理。

图4.4.4.2.7　原型准备

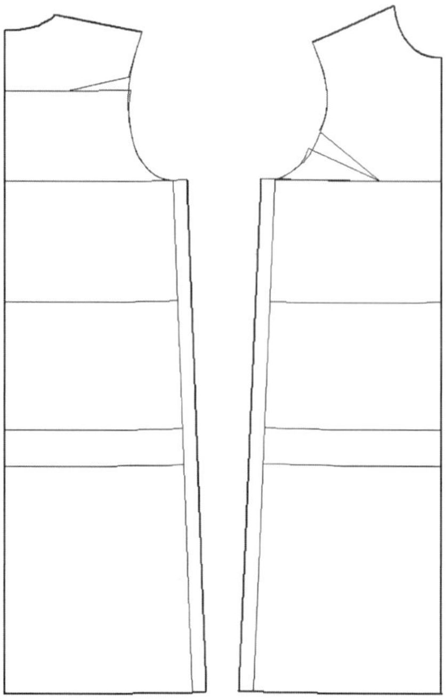
图4.4.4.2.8　衣长、胸围变化及胸围线以上曲面量处理

3）步骤3：袖窿变化设计（图4.4.4.2.9）。拖肩：将肩线延长8cm，后片肩端点下落2cm，前片下落2.5cm，绘制肩线；将袖窿深开深7cm，绘制袖窿弧线。

4）步骤4：腰围、臀围、下摆围变化及分割线设计（图4.4.4.2.10）。根据腰围、臀围、下摆围变化量分配，绘制前、后中线，前、后侧缝以及后纵向分割线。

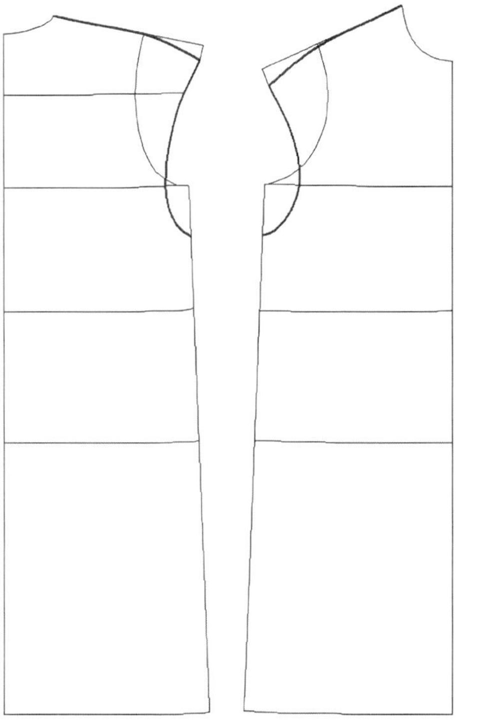

图4.4.4.2.9 拖肩及袖窿变化设计

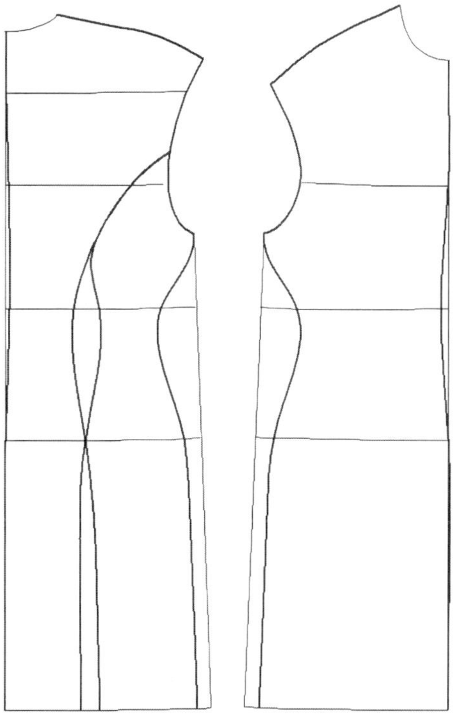

图4.4.4.2.10 腰围、臀围、下摆围变化及分割线设计

5）步骤5：衣领设计。绘制驳折领（图4.4.4.2.11）。

6）步骤6：挂面设计（图4.4.4.2.12）。基于前片绘制挂面。

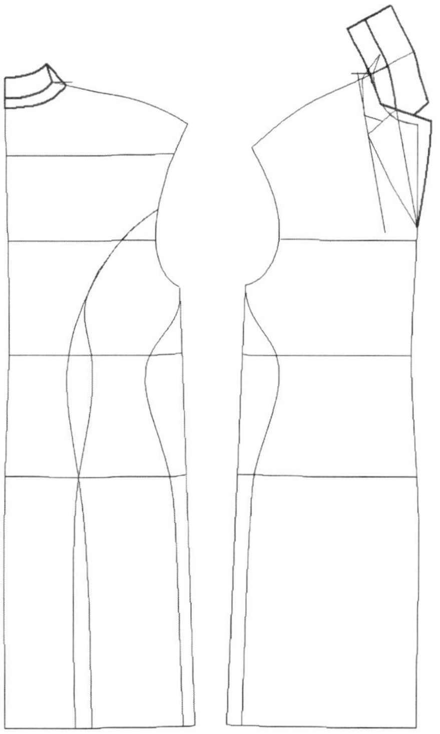

图4.4.4.2.11 绘制驳折领

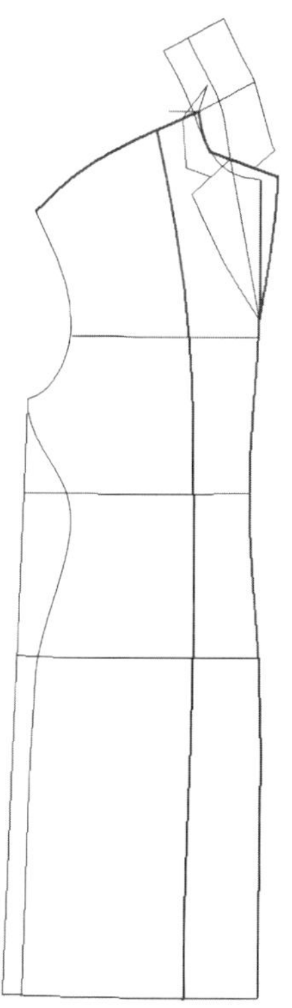

图4.4.4.2.12 挂面设计

7）步骤7：衣袖设计（图4.4.4.2.13）。前、后片胸围线水平对齐，拓印袖窿弧线；基于袖窿弧线，保证袖肥、袖山缝缩量绘制袖山弧线；根据袖长、袖口绘制袖身；绘制设定袖口衣裥，绘制袖衩以及袖克夫。

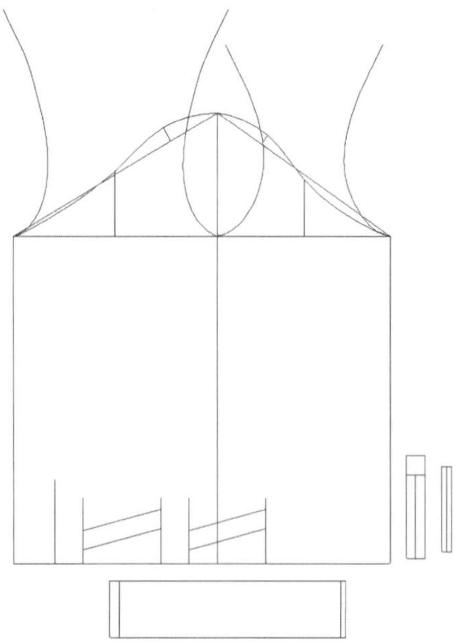

图4.4.4.2.13　衣袖结构图

8）步骤8：样片取片以及缝份设计（图4.4.4.2.14）。

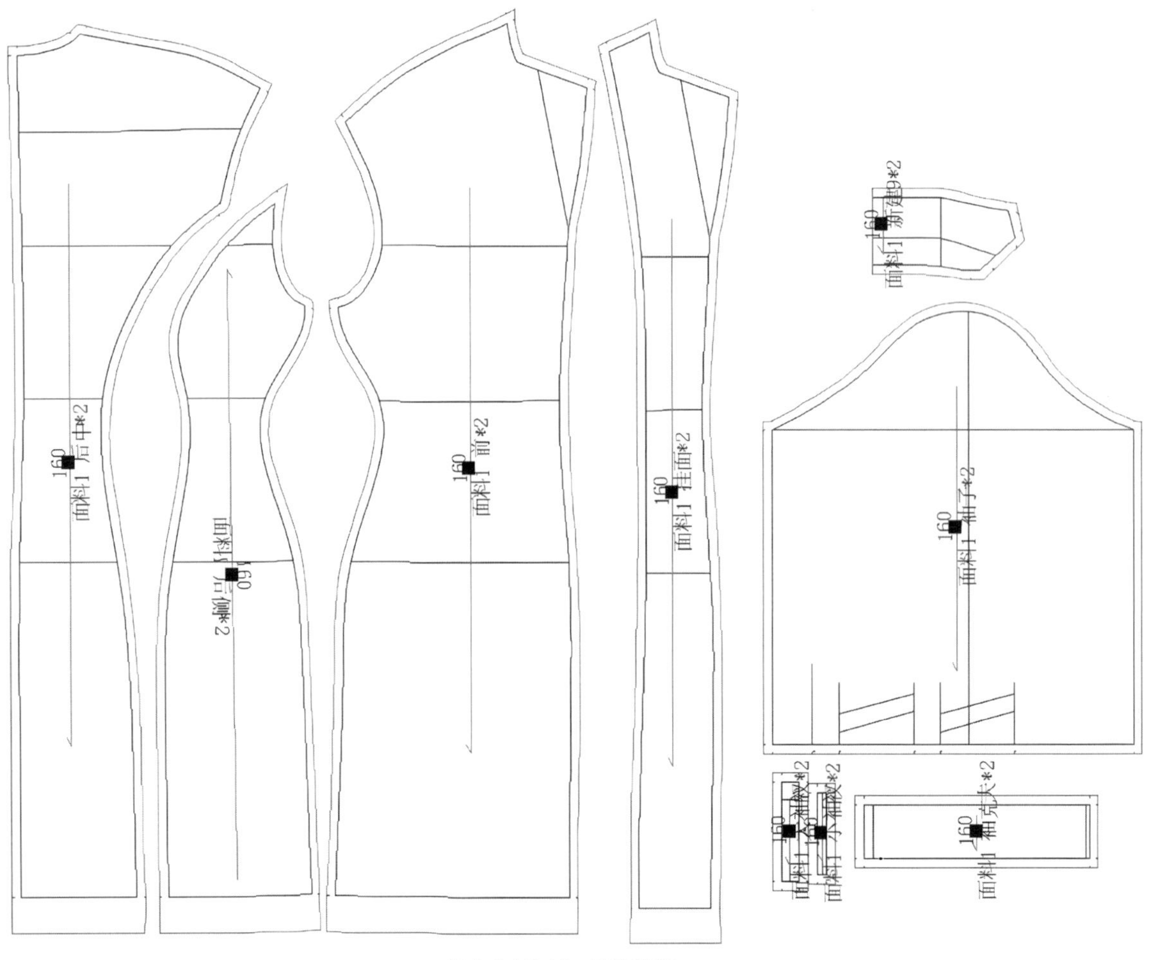

图4.4.4.2.14　面布样板

五、样衣试制

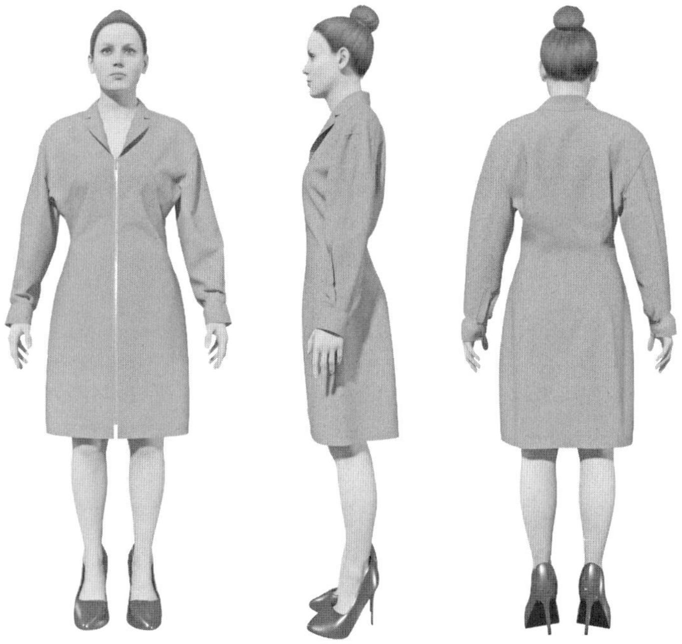

图4.4.4.2.15 三维虚拟样衣试制

4.4.4.3 案例3：两面构成与四面构成组合/翻立领/披风/外套

一、款式图

图4.4.4.3.1 款式图

二、款式分析

衣身廓形：X廓形。

结构要素：前片肩线开口连腰省、后片肩线出发纵向分割线。

胸围线以上曲面量处理：前片—袖窿松量、开口省上段；后片—袖窿松量、纵向分割线上段。

胸围线至腰围线吸腰量处理：前片—开口省、侧缝；后片—纵向分割线、侧缝；腰围线至臀围线至下摆放大量处理：前片—省道余量合并、侧缝；后片—纵向分割线、侧缝。

衣领：翻立领。

衣袖：内层无袖、外层披肩式斗篷。

三、规格设计

示明规格：160/84A。细部规格：见表4.4.4.3.1。

表4.4.4.3.1　细部规格（单位：cm）

部位	备注	尺寸
衣长	后衣长	76
胸围	松量10	94
腰围	松量8	78
臀围	松量14	106
肩宽	加宽2	40
门襟	—	3
袖窿深	下降2	—
披肩长	胸围线以下8.5	—
横开领	开大3	—
前直开领	开深3	—
后直开领	开深1.5	—
后立领高	—	4
前立领高	—	3
后翻领高	—	5
前领角宽	—	7
纽扣直径	—	1
纽扣间距	间距等分	10
袋盖长	—	15
袋盖宽	—	5 ~ 6

四、结构设计

（1）设计内容：

1）衣长变化设计。

2）胸围变化设计（图4.4.4.3.2）。

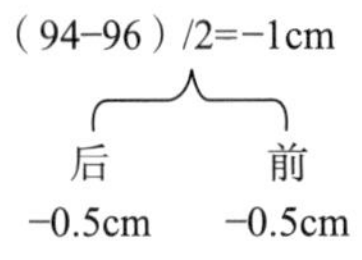

图4.4.4.3.2　胸围变化量分配

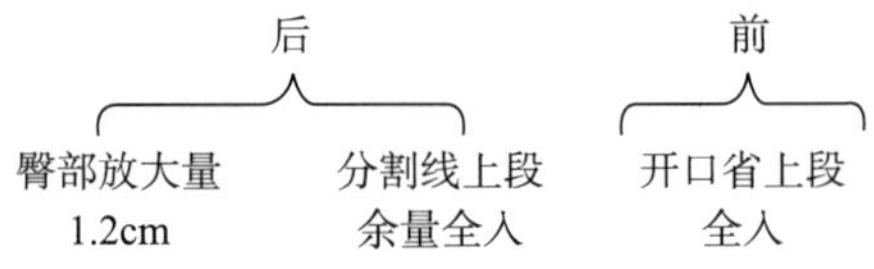

图4.4.4.3.3　曲面量分配

3）曲面量设计（图4.4.4.3.3）。

4）腰围变化设计（图4.4.4.3.4）。

5）臀围变化设计（图4.4.4.3.5）。

6）腰线变化设计。腰线抬高3cm。

7）门襟及衣领设计。贴门襟，翻立领。

8）披肩设计。

9）口袋设计。有袋盖开袋。

（2）绘图步骤：

1）步骤1：衣长、胸围变化设计（图4.4.4.3.6）。后中线延长至衣长线，绘制底边；前、后胸围各减小0.5cm，绘制前、后片侧缝。

2）步骤2：胸围线以上曲面量处理（图4.4.4.3.7）。前片确定开口省位置，后片确定分割线位置；前片胸围线以上曲面量全部转入开口省上段，开口省位置横向拉开1.2cm，设置臀围松量及胸围处的省份量；后片胸围线以上曲面量部分转移为臀围放大量1.2cm，其余转入分割线上段；前、后袖窿松量保持不变。

3）步骤3：腰围、臀围、下摆变化设计（图4.4.4.3.8）。腰线上抬3cm；按腰围变化量分配，臀围变化量分配，设置吸腰量和臀围放大量；绘制省道、分割线、侧缝以及底边。

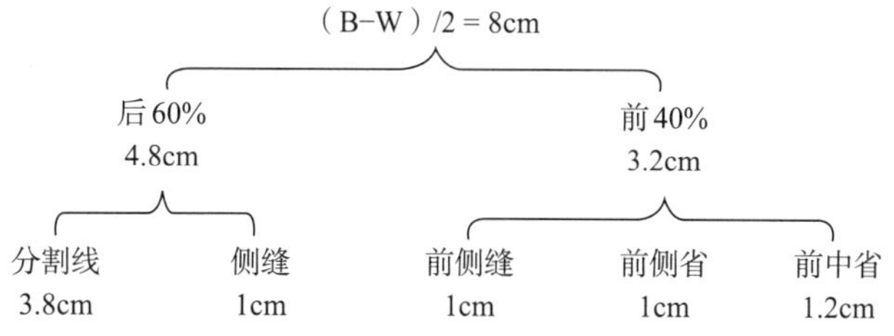

图4.4.4.3.4 腰围变化量分配

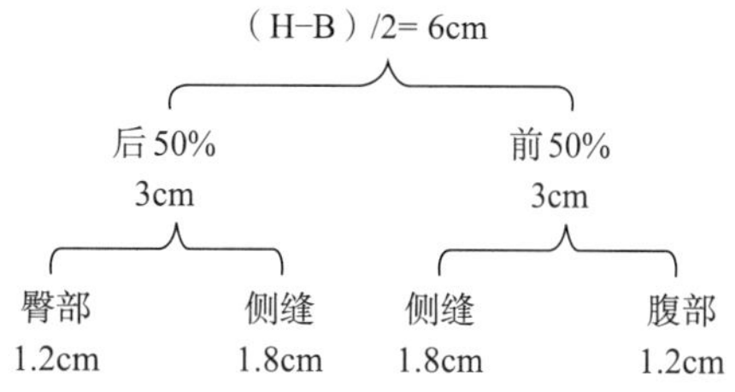

图4.4.4.3.5 臀围变化量分布

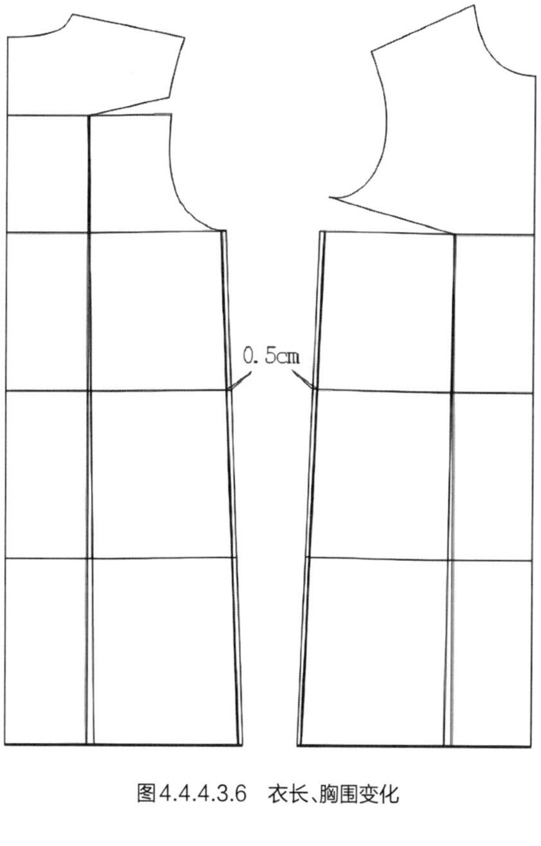

图4.4.4.3.6 衣长、胸围变化

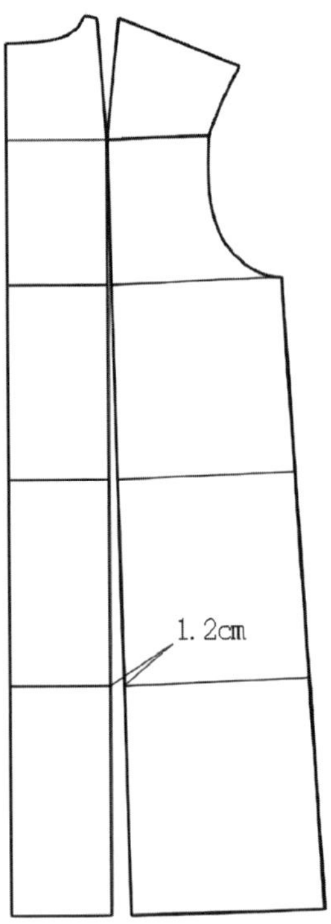

图4.4.4.3.7 曲面量分配变化

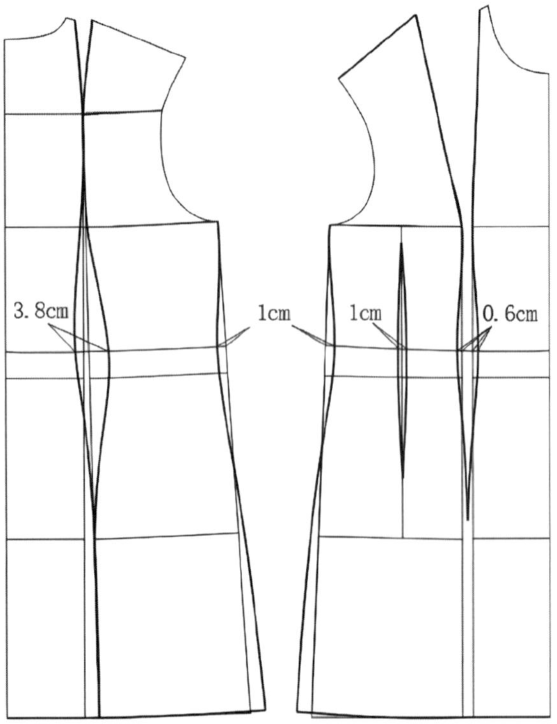

图4.4.4.3.8 省道、分割线、侧缝绘制

4）步骤4：袖窿弧线、领口线、门襟及口袋设计（图4.4.4.3.9）。袖窿底点下降2cm，绘制袖窿弧线；前、后横开领开大1cm，后直开领不变，前直开领开大1.5cm，绘制领口弧线；门襟宽为3cm，绘制门襟线以及确定纽扣位置。确定袋口位置，根据袋口大小和袋盖形状绘制袋盖片。

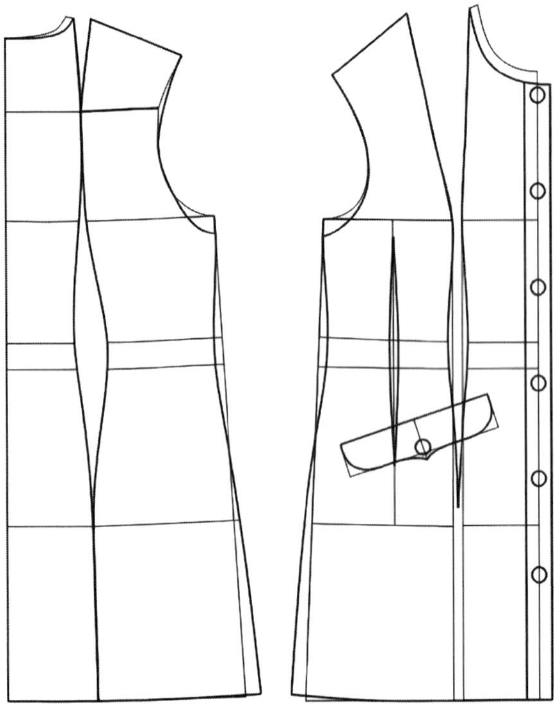

图4.4.4.3.9 袖窿弧线、领口线、门襟、口袋设计

5）步骤5：披风、衣领设计（图4.4.4.3.10）。

基于前片，绘制披风前片轮廓，前袖口大小18cm；前披风中片处再剪切拉展开4cm的展开量；后片分割线上段合并，绘制披风后片轮廓，后袖口大小20cm；基于领口线长度，绘制翻立领。

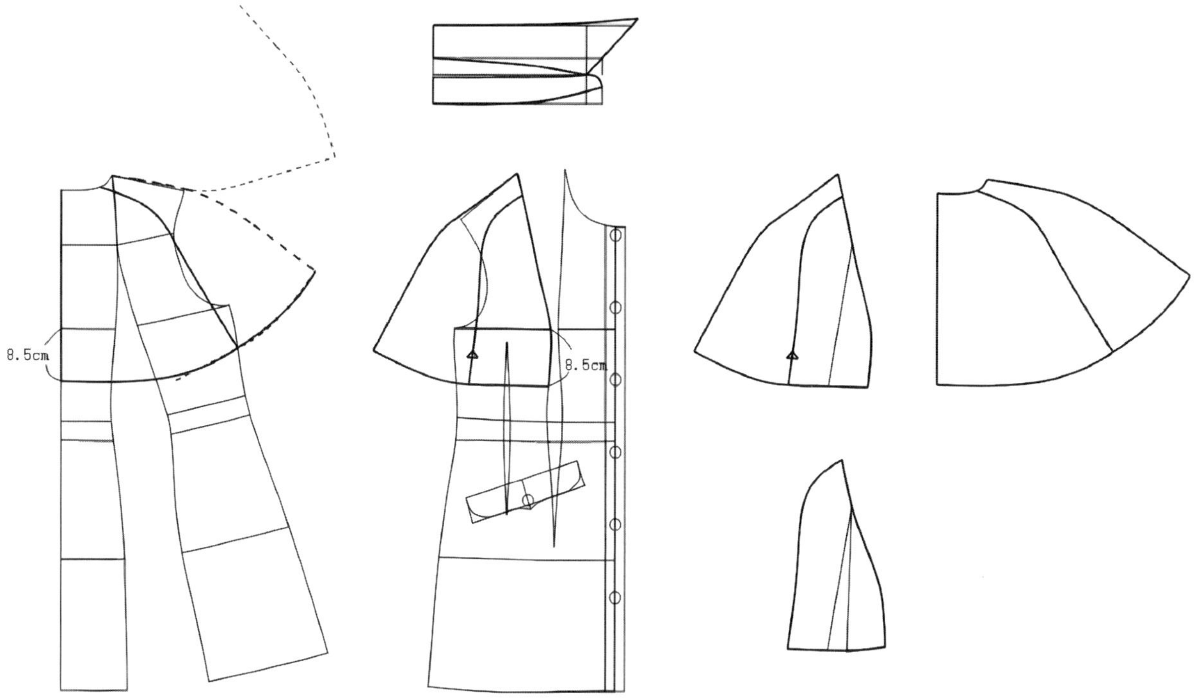

图4.4.4.3.10 披风、衣领设计

6）步骤6：样片提取及缝份设置（图4.4.4.3.11）。

提取各样片，设置样片名称、丝缕线、片数等样片信息，加放缝份。

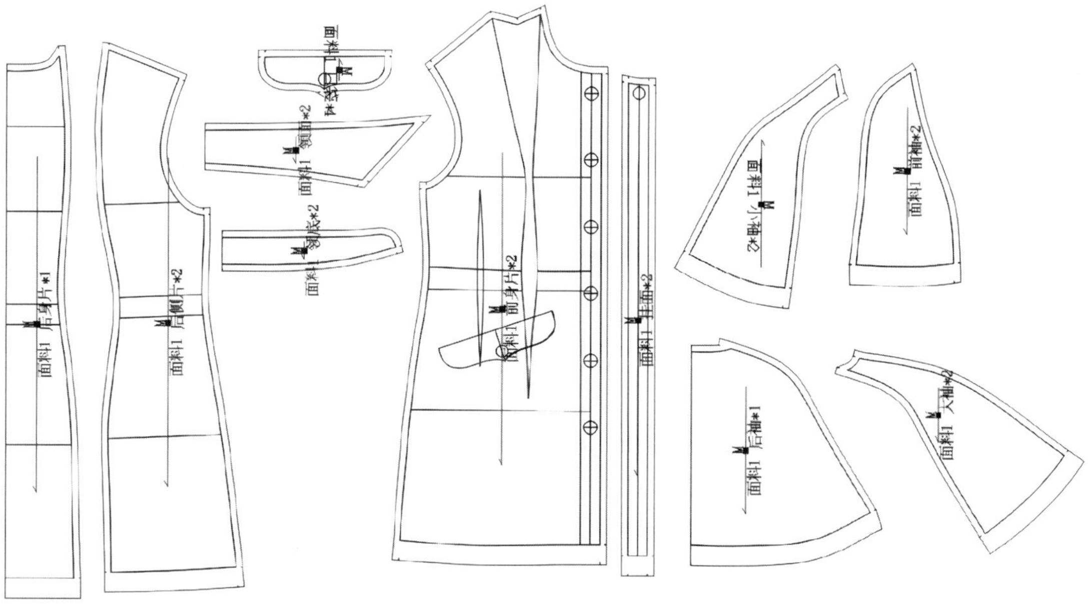

图4.4.4.3.11 面布样板

五、样衣试制

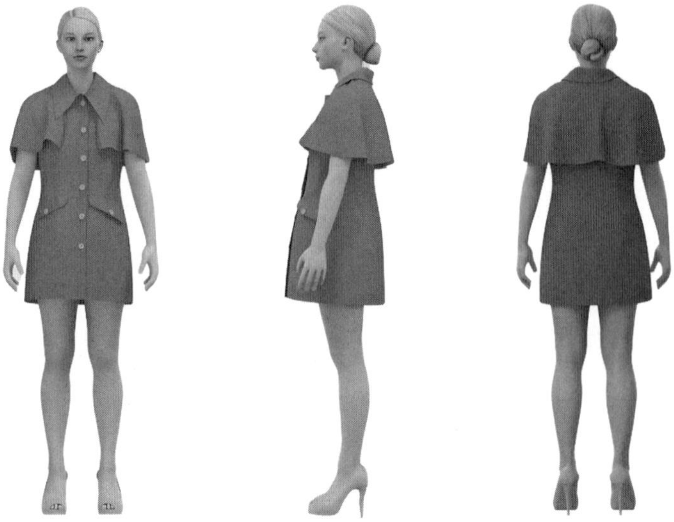

图4.4.4.3.12　三维虚拟样衣试制

4.4.4.4　案例4/四面构成/立领/连身袖/拉链/运动外套

一、款式图

图4.4.4.4.1　款式图

二、款式分析

衣身廓形：X廓形、四面构成。

结构要素：肩线出发纵向分割线。

胸围线以上曲面量处理：前片—袖窿松量；后片—袖窿松量。

胸围线至腰围线至下摆曲面量处理：前片—纵向分割线、侧缝；后片—纵向分割线、侧缝。

衣领：立领。

衣袖：全连连身袖、袖身斜向分割线。

三、规格设计

示明规格：160/84A。细部规格：见表4.4.4.4.1。

表4.4.4.4.1 细部规格（单位：cm）

部位	备注	尺寸
衣长	后衣长	57
	前衣长比后衣长短3	—
胸围	松量12	96
腰围	松量14	82
臀围	松量10	100
下摆围	不规则下摆	100
袖长	连肩	65
袖肥	—	42
袖口	—	23
横开领	开大1.5	—
后直开领	不变	—
前直开领	开深3	—
后立领高	—	7
前立领高	—	10

四、结构设计

（1）设计内容：

1）衣长变化设计。

2）胸围变化设计（图4.4.4.4.2）。胸围与原型的相同。

3）曲面量变化设计（图4.4.4.4.3）。

4）腰围变化设计（图4.4.4.4.4）。

5）臀围变化设计。

6）衣领设计。后立领高7cm，前立领高10cm。

7）衣袖设计。连身袖，连肩线袖长共计65cm，袖身有斜向造型分割线。

8）侧缝抽绳设计。

（2）绘图步骤：

1）步骤1：原型准备（图4.4.4.4.5）。

2）步骤2：衣长变化及胸围线以上曲面量处理（图4.4.4.4.6）。前、后片胸围线以上曲面量均全部转入袖窿作为袖窿松量处理；后衣长为57cm，前衣长比后衣长短3cm，绘制底边线。

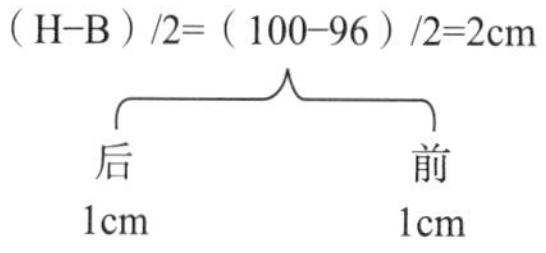

图4.4.4.4.2 胸围变化量分配

图4.4.4.4.3 曲面量变化分配

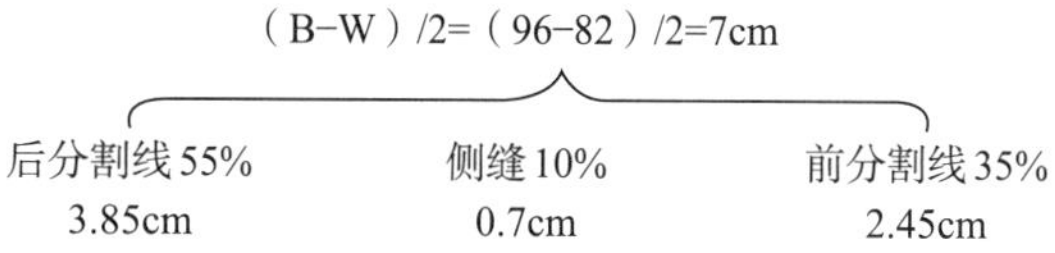

图4.4.4.4.4 腰围变化量分配

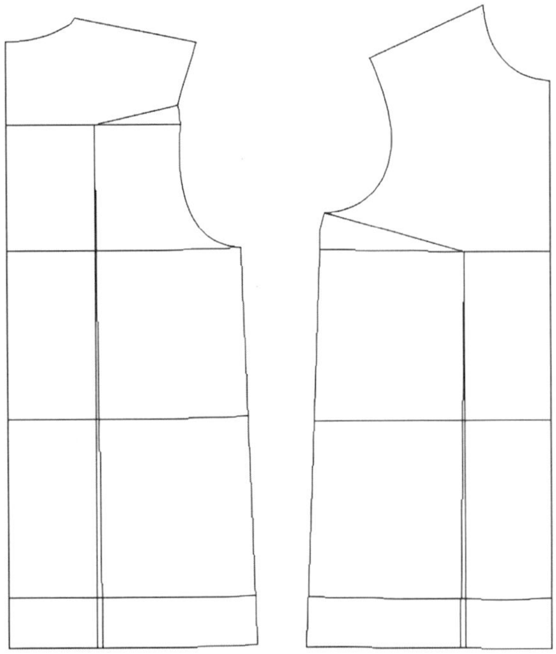

图4.4.4.4.5　原型准备

图4.4.4.4.6　衣长变化及胸围线以上曲面量处理

3）步骤3：衣领设计（图4.4.4.4.7）。横开领开大1.5cm，后直开领不变，前开领开深3cm，绘制领口弧线；基于领口弧线绘制立领模拟造型，量取上、下领口弧长；根据上、下领口弧长以及前、后领高，绘制衣领片，以及前中垫片。

图4.4.4.4.7　衣领设计

4）步骤4：衣袖设计1（图4.4.4.4.8）。衣袖为全连连身袖，测量前、后肩斜度数，取均值；从前肩点以均值度数做斜线与前领口线相交，即为调整后的前肩线，量取前SNP点的前移量；根据前SNP点移动量，调整后SNP点位置，绘制后肩线，后领口线；延长前、后肩线延长至袖长，绘制袖口线及袖底缝。

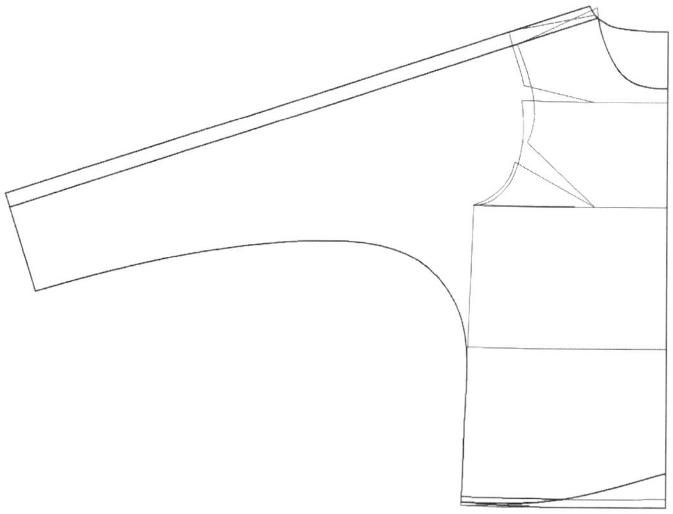

图4.4.4.4.8 连身袖设计1

5）步骤5：分割线绘制（图4.4.4.4.9）。根据款式造型绘制前、后主分割线；根据腰围和臀围变化分配量，跟随主分割线绘制侧次分割线，检查调整保证主次分割线长度的对位等长。

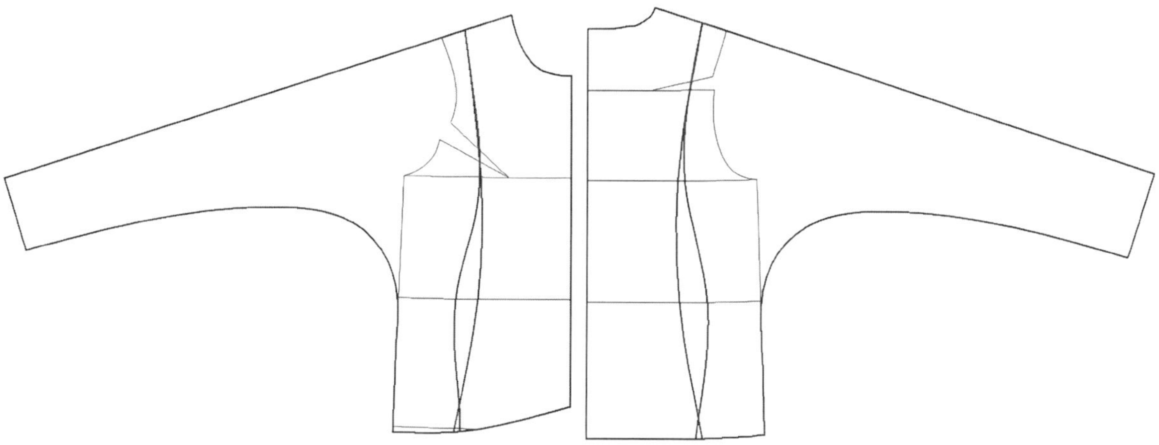

图4.4.4.4.9 分割线绘制

6）步骤6：衣袖设计2（图4.4.4.4.10）。取出分割后的前、后衣袖片，于袖中缝处合并为无肩缝一片式连身袖片；绘制连身袖片装饰分割线。

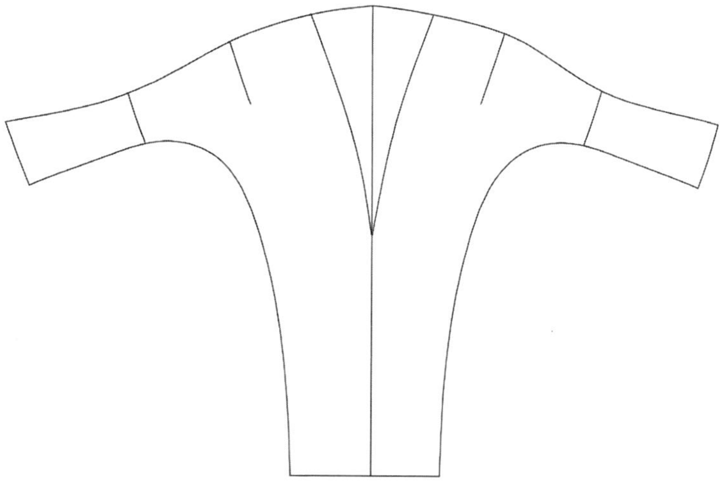

图4.4.4.4.10 连身袖设计2

7）步骤7：样片取片及加放缝份（图4.4.4.4.11）。分别取出面料衣片，里料衣片及衬料衣片。面料及衬料缝份为1cm，里料缝份为1.2cm。

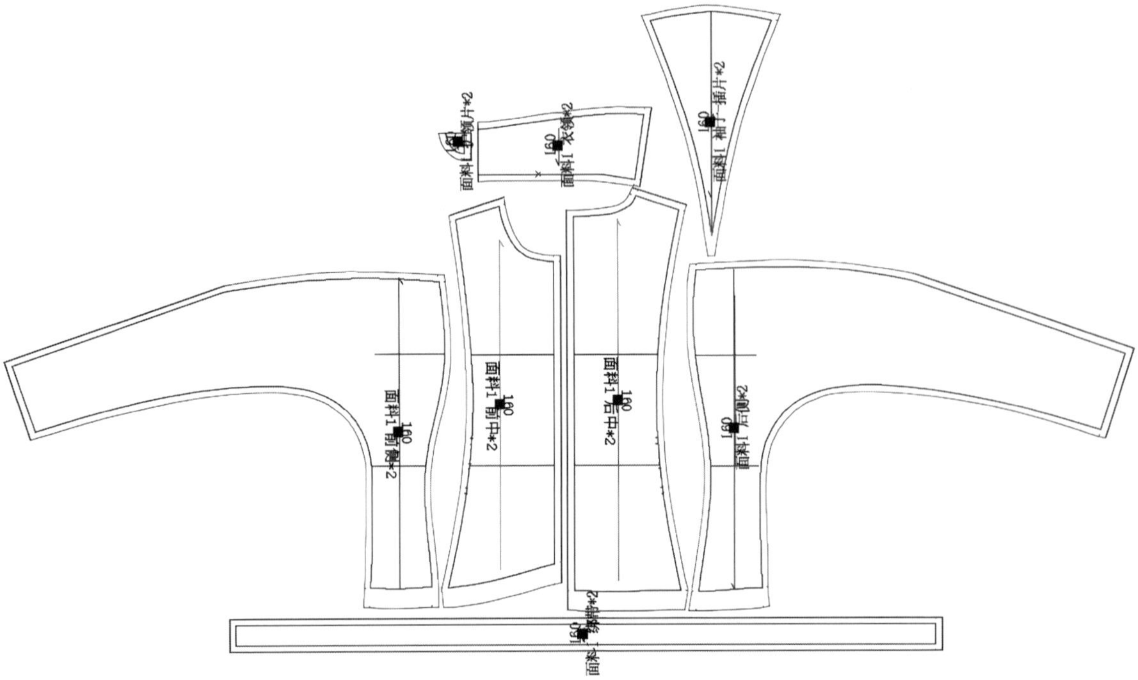

（a）面料衣片

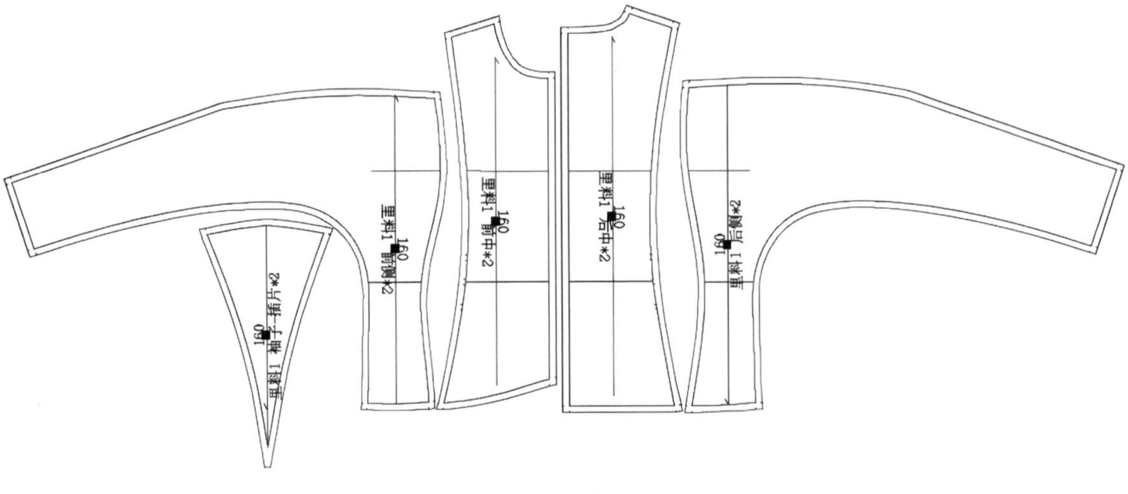

（b）里料衣片

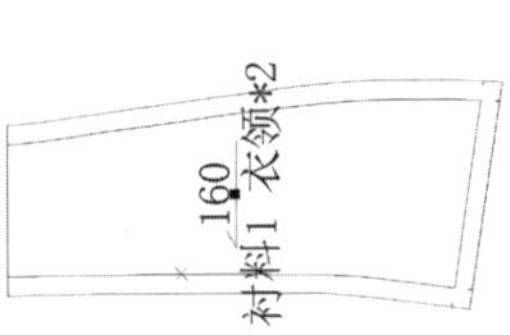

（c）衬料衣片

图4.4.4.4.11 面布、里布、衬布样板

五、样衣试制

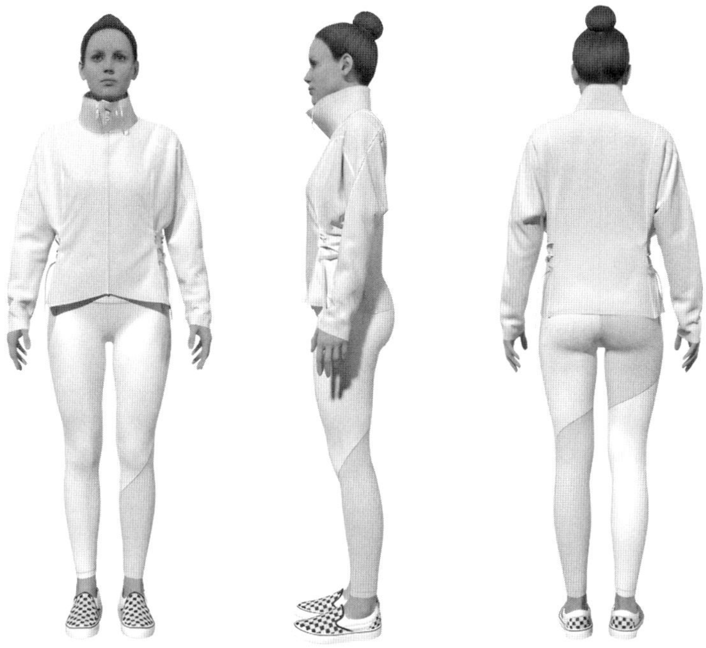

图4.4.4.4.12 三维虚拟样衣试制

4.4.4.5 案例5：四面构成/驳折领/连身袖裙

一、款式图

图4.4.4.5.1 款式图

二、款式分析

衣身廓形：X廓形、四面构成。

结构要素：从袖窿出发的纵向分割线。

胸围线以上曲面量处理：前片—袖窿松量、纵向分割线上段；后片—袖窿松量、领口松量。

胸围线至腰围线至下摆曲面量处理：前片—纵向分割线、侧缝；后片—纵向分割线、侧缝。

衣领：驳折领。

衣袖：连身袖，袖身纵向分割。

三、规格设计

示明规格：160/84A。细部规格：见表4.4.4.5.1。

表4.4.4.5.1 细部规格 /单位：cm

部位	备注	尺寸
衣长	后衣长	108
胸围	松量12	96
腰围	松量10	78
下摆围	—	180
腰线	上抬1.5	—
袖窿深	下落1	—
袖长	—	54
袖口翻边	—	6
袖肥	—	40
袖口	—	23
横开领	开大1	—
后直开领	不变	—
门襟宽	—	3
驳折止点	胸围线以下2	—
后立领高	—	2.5
后翻领宽	—	4
驳头宽	—	7
纽扣直径	—	3

四、结构设计

（1）设计内容：

1）衣长变化设计。

2）曲面量变化设计（图4.4.4.5.2）。

后：领口松量 0.3cm；肩线缩缝 0.5cm；袖窿松量 余量全入

前：袖窿松量 后袖窿松量的2/3；分割线 余量全入

图4.4.4.5.2 曲面量变化分配

3）腰围变化设计（图4.4.4.5.3）。

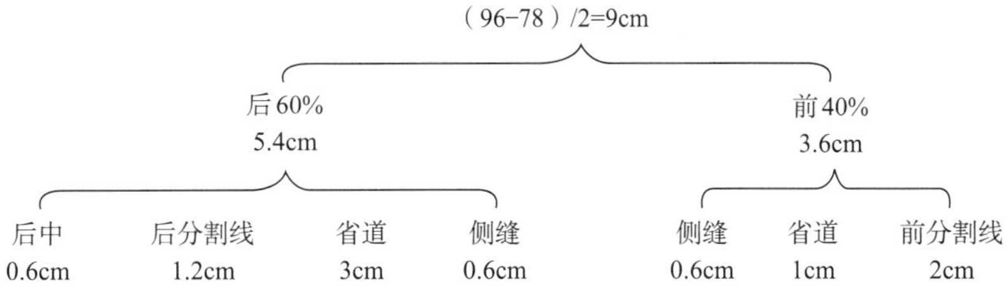

图4.4.4.5.3 腰围变化量分配

4）下摆围变化设计（图4.4.4.5.4）。

5）口袋设计。有袋盖开袋。

6）门襟及衣领设计。驳折领。

7）衣袖设计。连身袖，袖身纵向分割，袖底缝合并。

（2）绘图步骤：

1）步骤1：原型准备（图4.4.4.5.5）。

2）步骤2：衣长变化、胸围线以上曲面量处理及袖窿深变化设计（图4.4.4.5.6）。

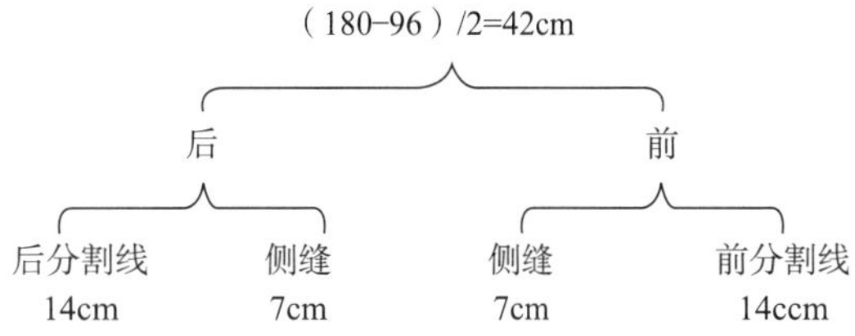

图4.4.4.5.4 下摆围变化量分配

后中线延长至衣长108cm，绘制前后中线、底边线，侧缝线；后片胸围线以上曲面量，分配为后领口松量0.3cm、后肩线缝缩量0.5cm其余作为后袖窿松量；前片胸围线以上曲面量处理为留置后袖窿松量的2/3作为前袖窿松量，量先做为袖窿过渡省道，其后置于分割线上段。袖窿深下落1cm，绘制袖窿弧线。

图4.4.4.5.5 原型准备

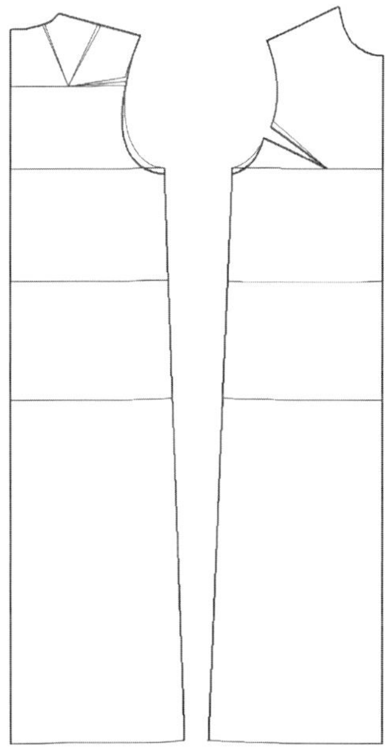

图4.4.4.5.6 衣长、胸围线以上曲面量及袖窿深变化设计

3）步骤3：腰围及下摆围变化设计（图4.4.4.5.7）。确定省道和分割线位置，根据腰围及下摆围变化量分配绘制腰省、分割线、侧缝、后中线；门襟宽3cm，绘制门襟线。

4）步骤4：口袋及腰带设计（图4.4.4.5.8）。确定袋口位置，绘制袋盖；绘制腰带，腰带长为72cm，前中宽10cm、后中宽7cm。

5）步骤5：衣领设计（图4.4.4.5.9）。横开领开大2cm，根据立领高、翻领宽、驳折止点位置绘制驳折领造型线；驳头造型以驳折线对称翻转，量取后领外口弧长，绘制翻领片。

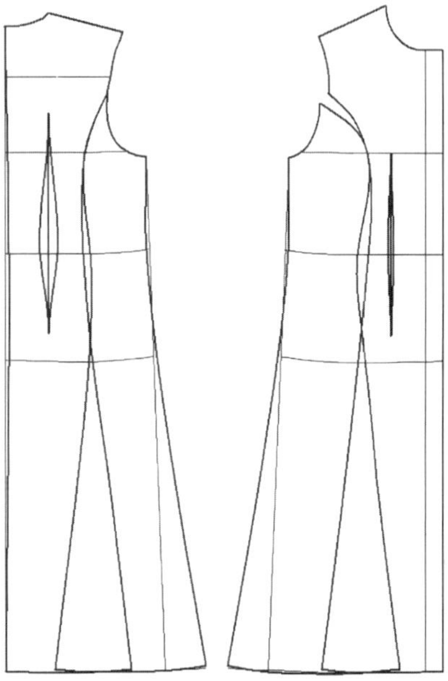

图4.4.4.5.7　省道、分割线、侧缝、门襟绘制

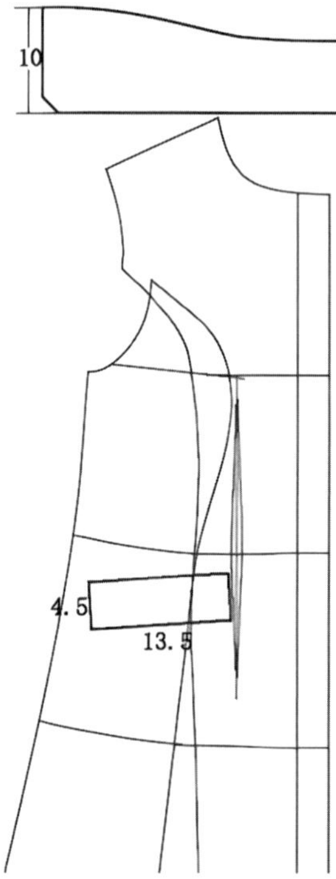

图4.4.4.5.8　口袋、腰带绘制

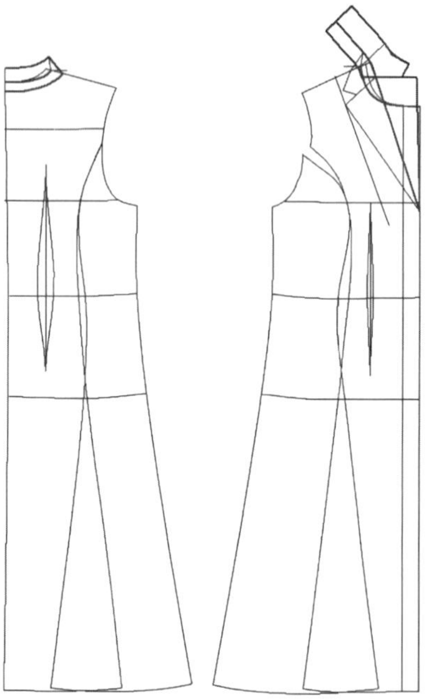

图4.4.4.5.9　衣领设计

6）步骤6：衣袖设计1（图4.4.4.5.10）。前、后片胸围线保持水平，拓印袖窿弧线；基于袖窿弧线，根据袖肥、袖长、袖口大小，绘制袖山缩缝量为0cm的基础袖片。

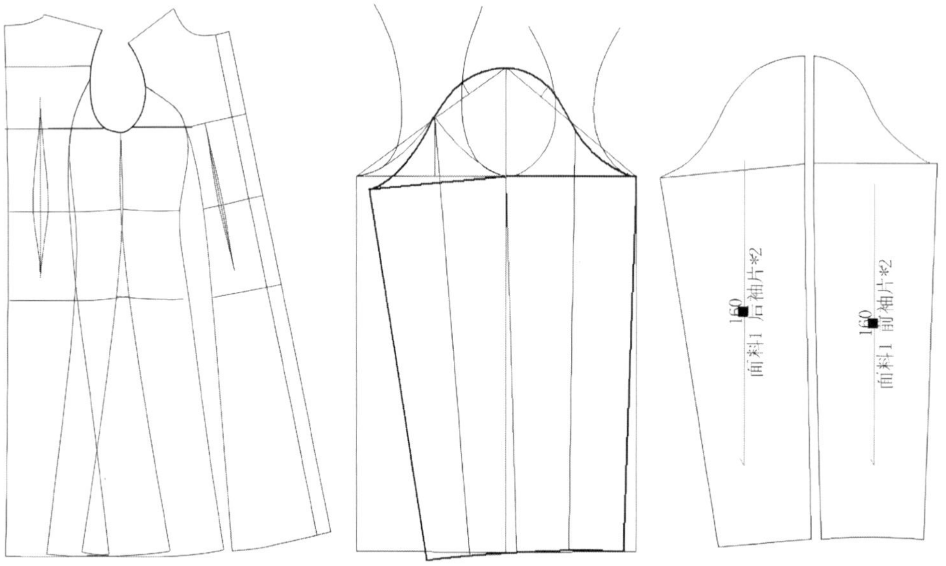

图4.4.4.5.10　衣袖绘制1

7）步骤7：衣袖绘制2（图4.4.4.5.11）。拟合法进行连身袖设计，保持肩点与袖山顶点距离的相等，前、后基础袖片分别与前、后袖窿拟合；绘制袖中线，绘制前、后袖身纵向分割线。

8）步骤8：样片取出及缝份设置（图4.4.4.5.12）。面布及衬布缝份为1cm，里布缝份为1.2cm。

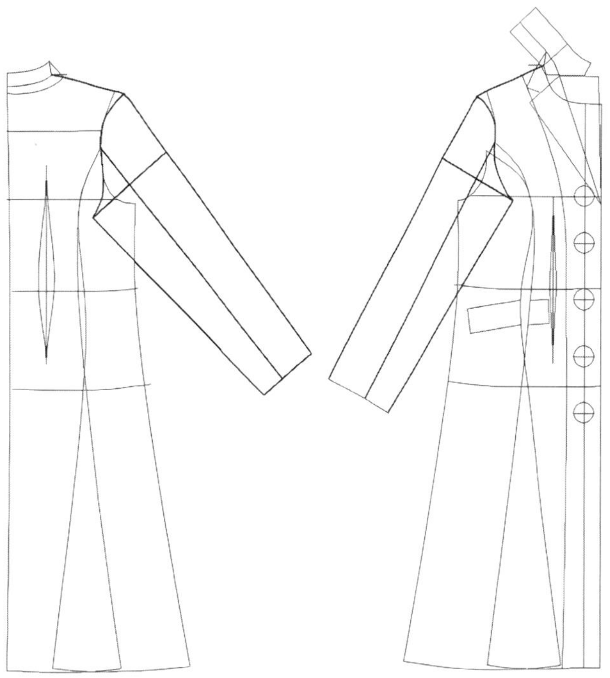

图4.4.4.5.11 衣袖绘制2

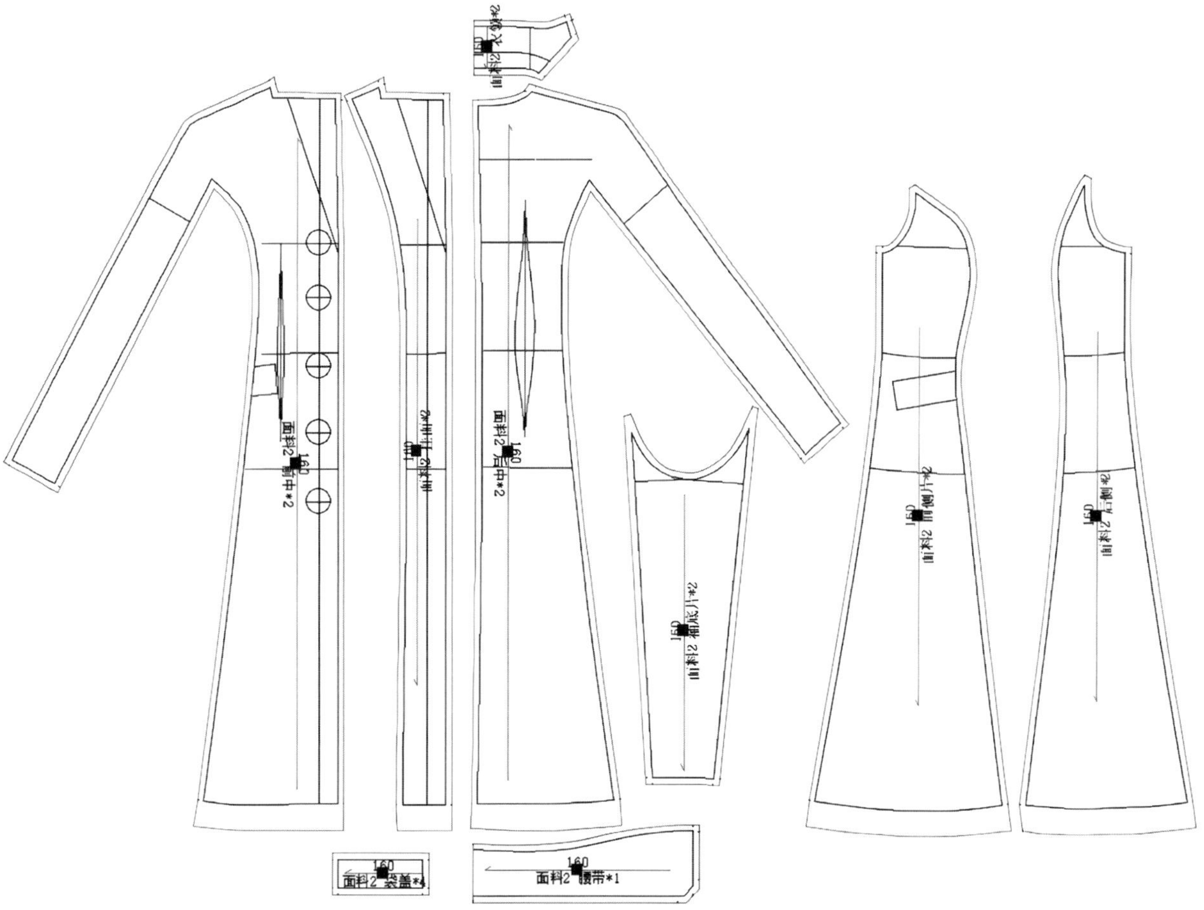

（a）面布样板

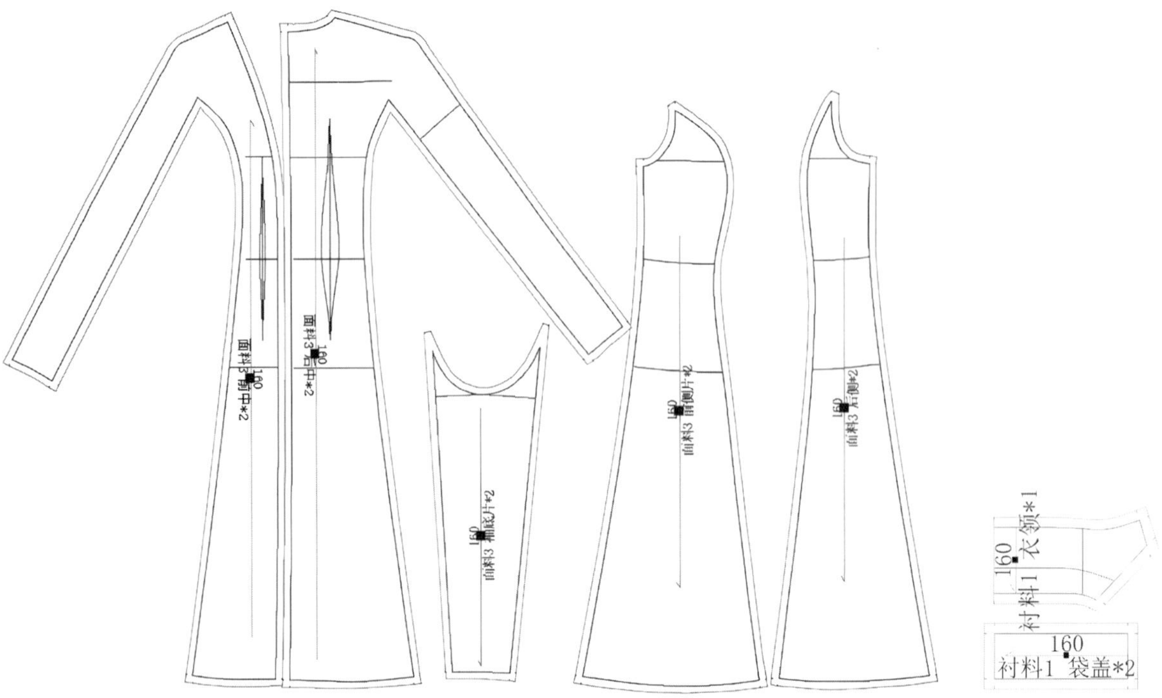

（b）里布样板

（c）衬布样板

图4.4.4.5.12　面布、里布、衬布样板

五、样衣试制

图4.4.4.5.13　三维虚拟样衣试制

4.4.4.6 案例6：三面构成/连翻领/连身袖/短外套

一、款式图

图4.4.4.6.1 款式图

二、款式分析

衣身廓形：X廓形、三面构成。

结构要素：开口连腰省。胸围线以上曲面量处理：前片—袖窿松量、开口连腰省。后片—袖窿松量、开口连腰省。

胸围线至腰围线至下摆曲面量处理：前片—开口连腰省、侧缝；后片—开口连腰省、侧缝。

衣领：连翻领。

衣袖：连身袖，袖身纵向分割、袖肘横向分割、衣裥设计，呈弯曲造型。

三、规格设计

示明规格：160/84A。细部规格：见表4.4.4.6.1。

表4.4.4.6.1 细部规格（单位：cm）

部位	备注	尺寸
衣长	后衣长	44
胸围	松量14	98
腰围	松量10	78
腰线	上抬3	—
袖窿深	下降3	—
袖长	肩点至袖口	52
袖肥	—	48
袖口	—	26

（续表）

部位	备注	尺寸
横开领	不变	—
后直开领	不变	—
前直开领	开深4	—
后立领高	—	3
后翻领宽	—	4.5
前翻领宽	—	6

四、结构设计

（1）设计内容：

1）衣长变化设计。

2）胸围变化设计（图4.4.4.6.2）。

3）曲面量变化设计（图4.4.4.6.3）。

4）腰围变化设计（图4.4.4.6.4）。

5）衣领设计。连翻领。

6）衣袖设计。连身袖，袖身有前、后纵向分割线，袖底缝合并,且与衣身侧片合并相连，大袖片肘部有横向分割以及横向省道，袖口呈微喇形状。

（2）绘图步骤：

1）步骤1：原型准备（图4.4.4.6.5）。

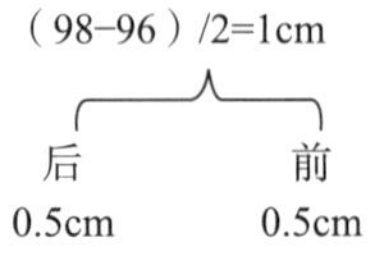

图4.4.4.6.2 胸围变化量分配

图4.4.4.6.3 曲面量变化分配

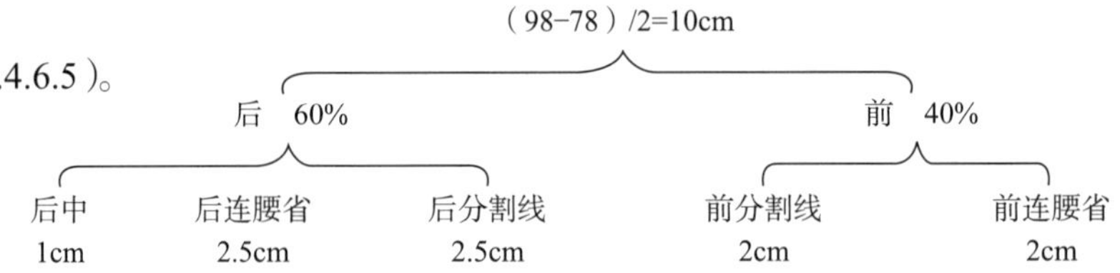

图4.4.4.6.4 腰围变化量分配

图4.4.4.6.5 原型准备

2）步骤2：胸围变化、衣长及下摆变化设计（图4.4.4.6.6）。前、后片胸围均增加0.5cm，绘制侧缝线；取后衣长为44cm，绘制前、后片下下摆造型线。

3）步骤3：胸围线以上曲面量处理（图4.4.4.6.7）。确定前、后片连腰开口省位置，部分胸围线以上曲面量转移至下摆，下摆开口量为2cm，其余曲面量留置于袖窿，作为袖窿松量。

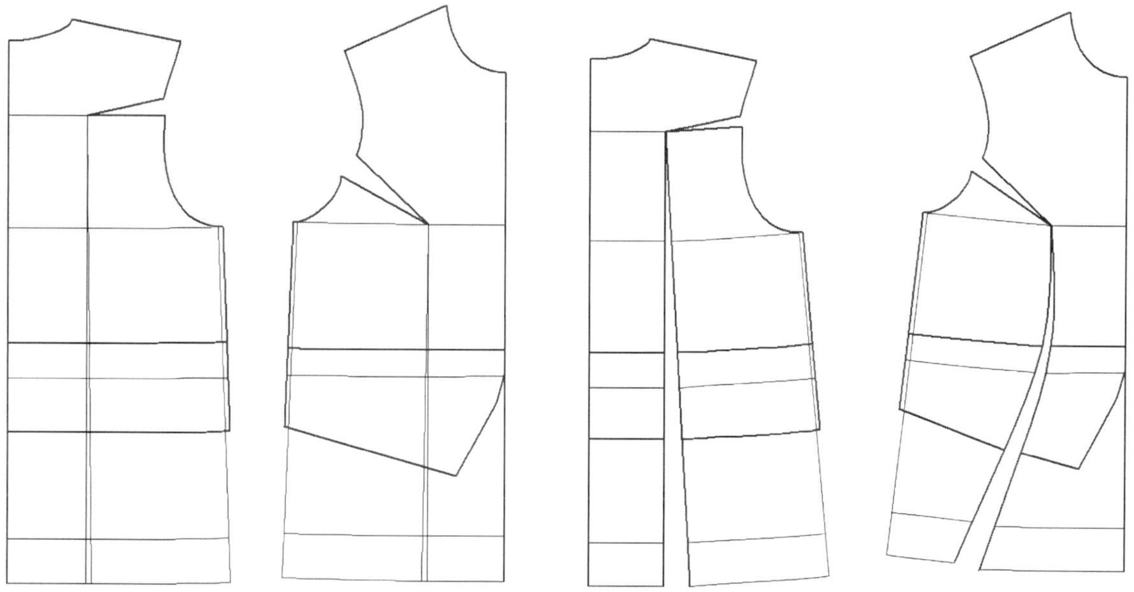

图4.4.4.6.6 胸围变化、衣长及下摆设计　　图4.4.4.6.7 部分胸围线以上曲面量转移围下摆放大量

4）步骤4：分割线及连腰省设计（图4.4.4.6.8）。根据腰围变化量分配，绘制分割线以及连腰省；绘制底边弧线。

5）步骤5：袖窿深变化（图4.4.4.6.9）。袖窿深下降3cm，绘制前、后袖窿弧线。

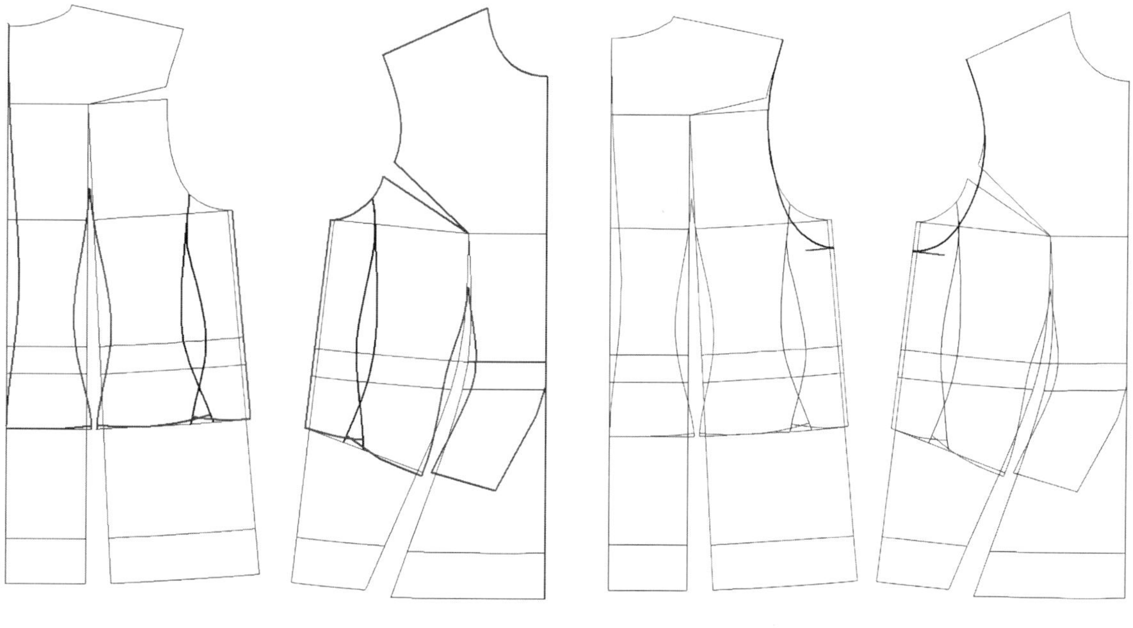

图4.4.4.6.8 分割线、省道绘制　　图4.4.4.6.9 袖窿深变化

6）步骤6：侧片合并（图4.4.4.6.10）。取出前、后侧片，合并为一片。

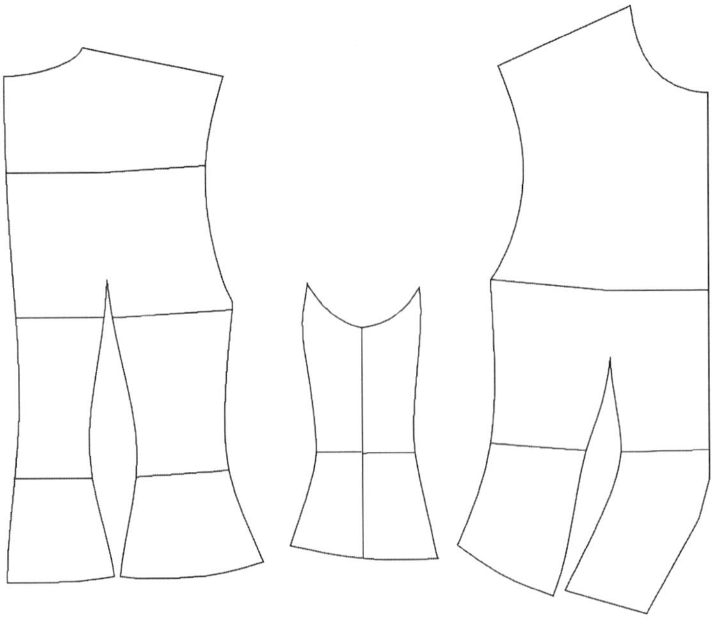

图4.4.4.6.10　侧片合并

7）步骤7：连身袖设计1（图4.4.4.6.11）。前、后侧片胸围线水平对齐，拓印袖窿弧线；基于袖窿弧线，保证袖肥、袖长和袖口大小，绘制袖山缝缩量为0cm的一片式基础袖片；绘制前、后袖身纵向分割线，上端宽度等于侧衣片袖窿处宽度，袖口处宽度为3.5cm。

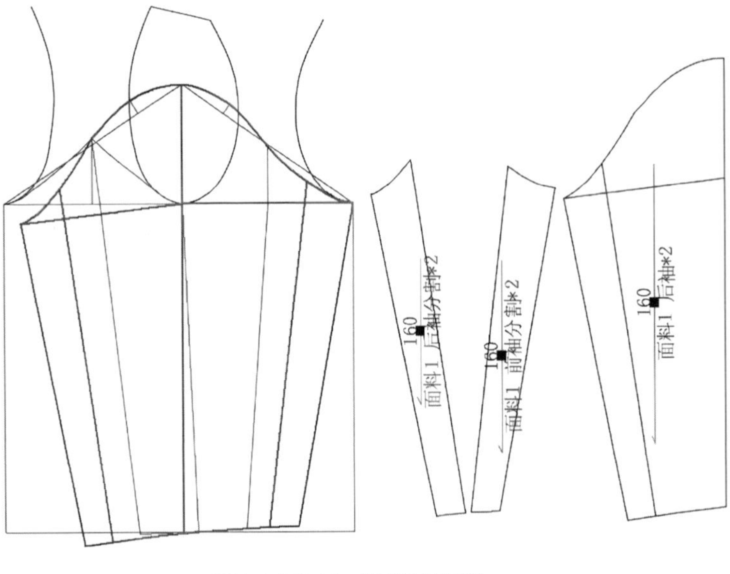

图4.4.4.6.11　基础袖片绘制

8）步骤8：连身袖设计2（图4.4.4.6.12）。后基础袖片与后衣片袖窿拟合，绘制袖底弧线；基于后衣片拟合角度和袖底弧线，绘制前衣片袖中线和袖底弧线，量取袖底弧线长。

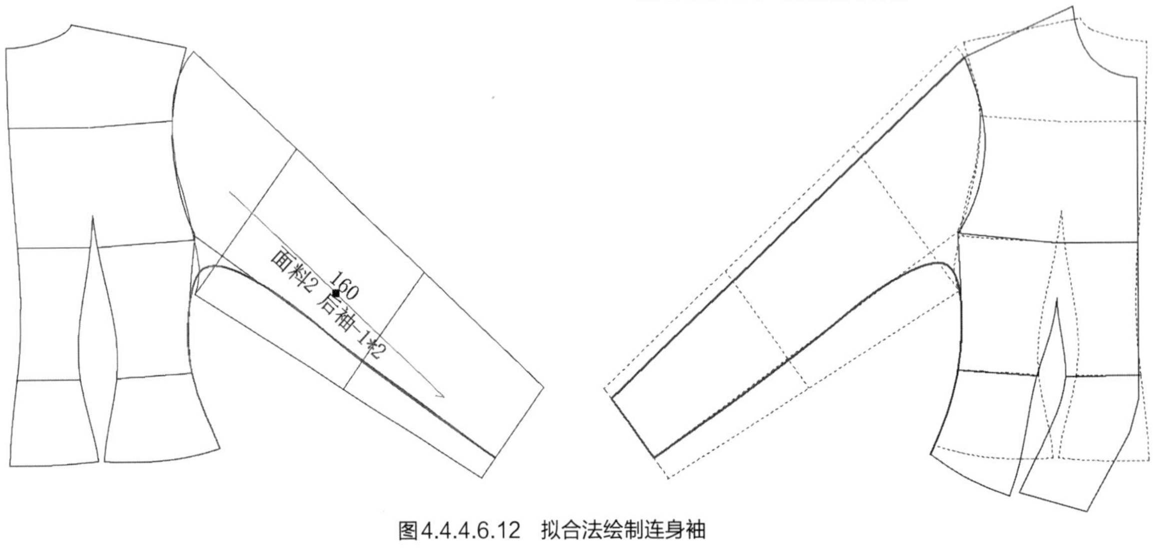

图4.4.4.6.12　拟合法绘制连身袖

9）步骤9：连身袖设计3（图4.4.4.6.13）。合并侧衣片以及袖底袖片，调整重叠量至分割线与袖底弧线等长。

10）步骤10：连身袖设计4及衣领设计（图4.4.4.6.14）。根据衣袖造型绘制袖中缝；绘制袖肘横向分割线，剪切拉展衣裥量，完成衣袖设计；基于领口弧线，立领宽、翻领宽绘制连翻领。

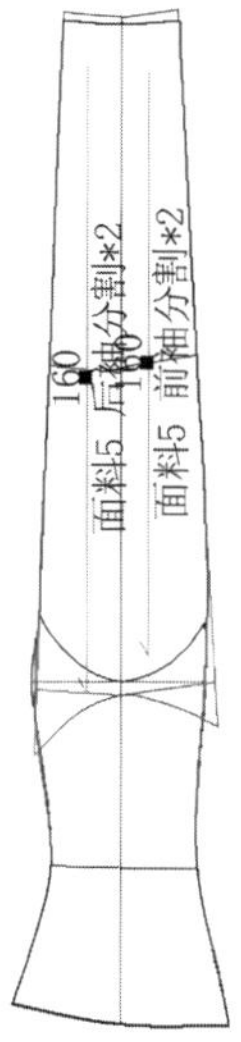

图4.4.4.6.13 连身袖结构设计3

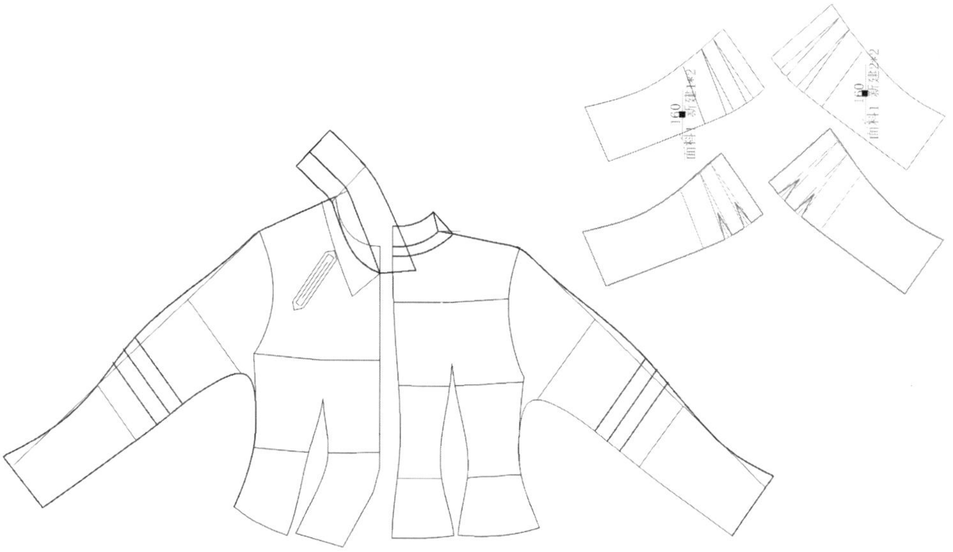

图4.4.4.6.14 袖身绘制及衣领设计

11）步骤11：样片提取及缝份设置（图4.4.4.6.15）。提取样片，加放缝份，面料及衬料缝份为1cm，修改切角，设置对位刀口。

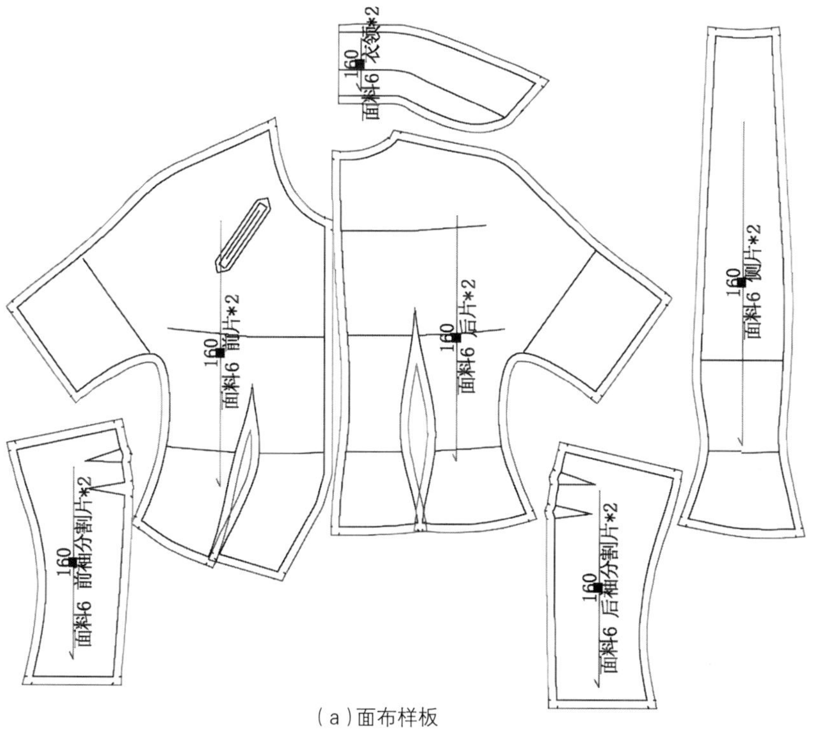

（a）面布样板

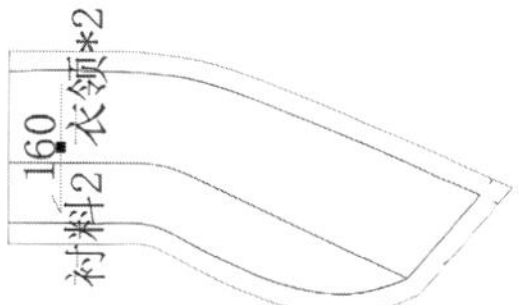

（b）衬布样板

图4.4.4.6.15 面布、衬布样板

五、样衣试制

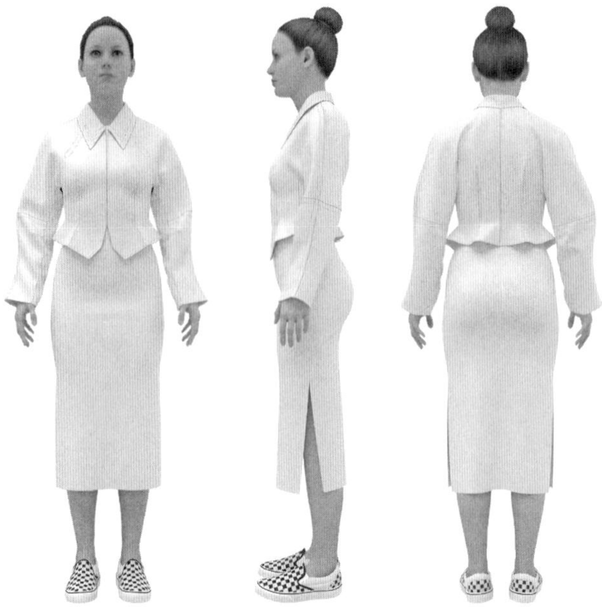

图4.4.4.6.16 三维虚拟样衣试制

4.4.4.7 案例7：五面构成/L型分割/立领/圆装袖/后中拉链/连衣裙

一、款式图

图4.4.4.7.1 款式图

二、款式分析

衣身廓形：X廓形、五面构成。

结构要素：L型分割线、纵向分割线。

胸围线以上曲面量处理：前片—袖窿松量、袖窿纵向分割线上段；后片—袖窿松量、肩线纵向分割线上段。

胸围线至腰围线曲面量处理：前片—纵向分割线中段、侧分割线；后片—纵向分割线中段、侧分割线。

腰围线至臀围至下摆曲面量处理：前片—侧分割线、L型分割线下端省道合并；后片—侧分割线、L型分割线下端省道合并。

衣领：立领、后中拉链、前装饰斜门襟。

衣袖：圆装袖、圆肩头。

三、规格设计

示明规格 160/84A。细部规格：见表4.4.4.7.1。

表4.4.4.7.1 细部规格 单位：cm

部位	备注	尺寸
衣长	后衣长	83
胸围	松量10	94
腰围	上抬2，松量8	76
臀围	松量20	112
肩宽	减小2	36
袖窿深	下降0.5cm	—
袖长	—	28
袖肥	—	36
袖口	—	42
袖山缝缩量	—	4
横开领	开大1.5cm	—
前直开领	开深1.5cm	—
后直开领	开深0.5cm	—
后立领高	—	4
前立领高	—	3.5

四、结构设计

（1）设计内容：

1）衣长变化设计。

2）胸围变化设计（图4.4.4.7.2）。

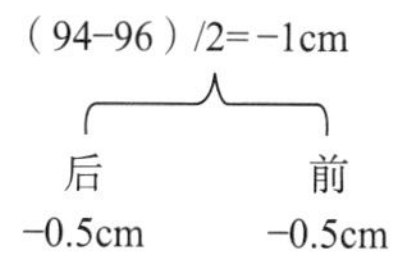

图4.4.4.7.2 胸围变化量分配

3）曲面量分配设计（图4.4.4.7.3）。

4）腰围变化设计（图4.4.4.7.4）。

5）臀围变化设计（图4.4.4.7.5）。

6）腰线变化设计。腰线抬高2cm。

7）衣领设计。立领、后中拉链、前斜门襟装饰。

8）衣袖设计。一片式圆装袖，圆肩头。

（2）绘图步骤：

1）步骤1：衣长、胸围、腰围线变化设计（图4.4.4.7.6）。

图4.4.4.7.3　胸围线以上曲面量分配

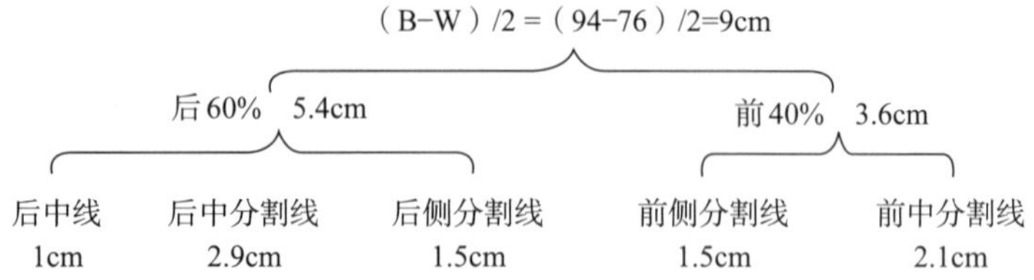

图4.4.4.7.4　吸腰量分配

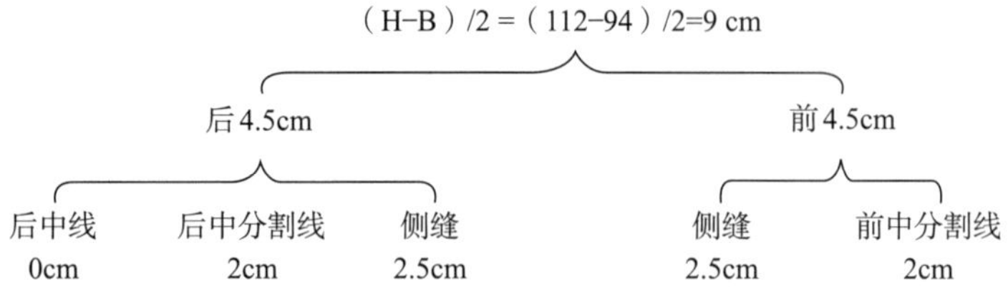

图4.4.4.7.5　臀围放大量分配

延长后中线至衣长线，绘制底边；前、后胸围减小0.5cm，绘制前、后侧缝线。腰围线上抬2cm；前、后肩宽减小1.5cm，绘制袖窿弧线。

2）步骤2：胸围线以上曲面量处理（图4.4.4.7.7）。前片袖窿松量设置为0.5cm，其余作为袖窿省，其后置于分割线；后片袖窿松量设置为0.8cm，其余转于肩部，其后置于分割线。

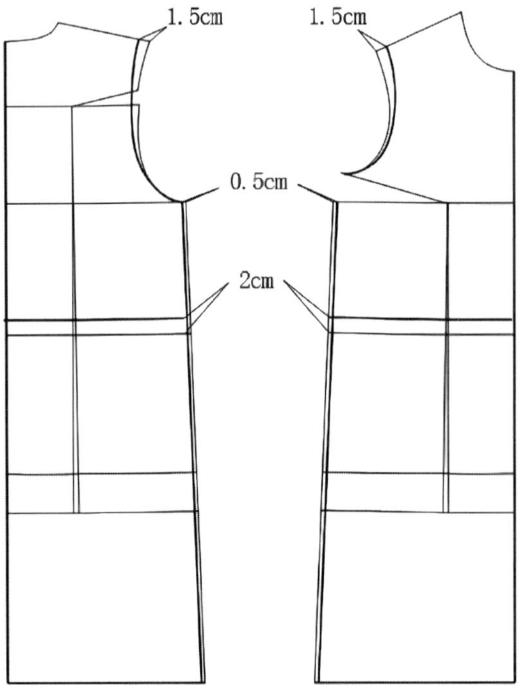

图4.4.4.7.6　衣长、胸围、腰线变化设计

图4.4.4.7.7　胸围线以上曲面量处理

3）步骤3：造型分割线设计1（图4.4.4.7.8）。确定分割线位置，根据腰围变化量分配以及臀围变化分配，绘制各分割线。

4）步骤4：分割线设计2（图4.4.4.7.9）。确定L型分割线位置，绘制横向分割线，并进行下半部分的合并。

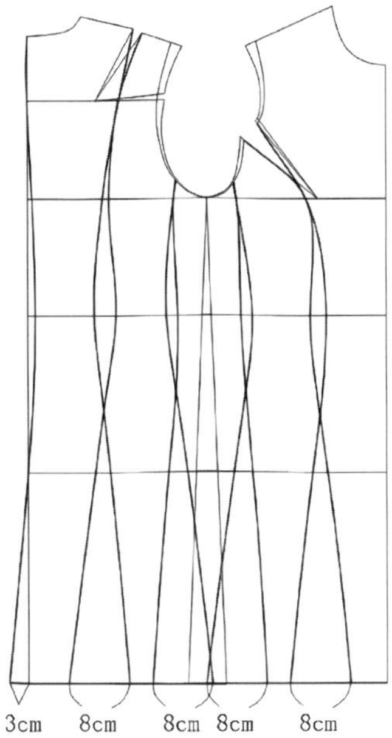

图4.4.4.7.8 分割线设计1

图4.4.4.7.9 分割线设计2

5）步骤5：前中片斜门襟设计（图4.4.4.7.10）。绘制前中片斜门襟，以及贴边。

6）步骤6：衣袖、衣领设计（图4.4.4.7.11）。保持胸围线的水平对齐，拓印袖窿弧线；基于袖窿弧线绘制基础衣袖，保证袖肥、袖长以及袖山缝缩量；剪切拉展进行袖口的放大；绘制立领领片。

图4.4.4.7.10 前片斜门襟及贴边设计

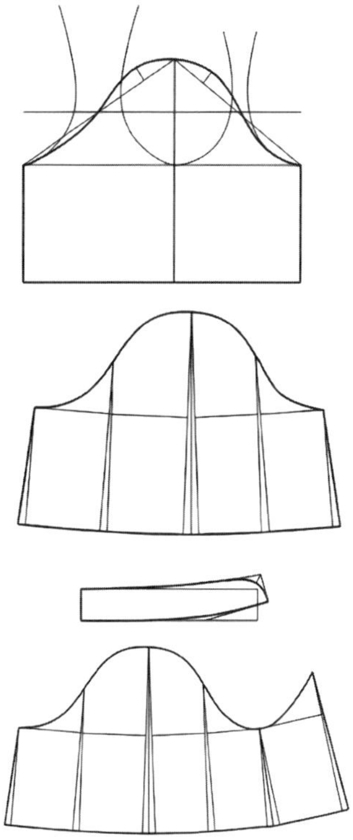

图4.4.4.7.11 衣袖、衣领设计

7）步骤7：样片提取及缝份设置（图4.4.4.7.12）。提取各样片，设置样片名称、丝缕线、片数等样片信息，设置缝份。

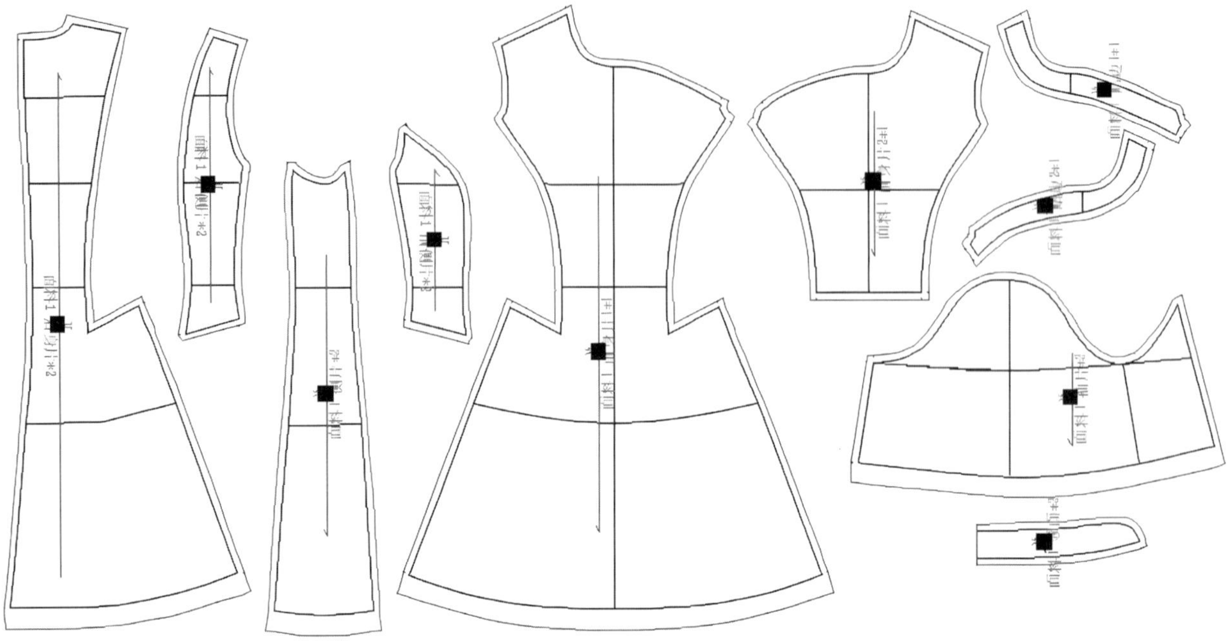

图4.4.4.7.12　面布样板

五、样衣试制

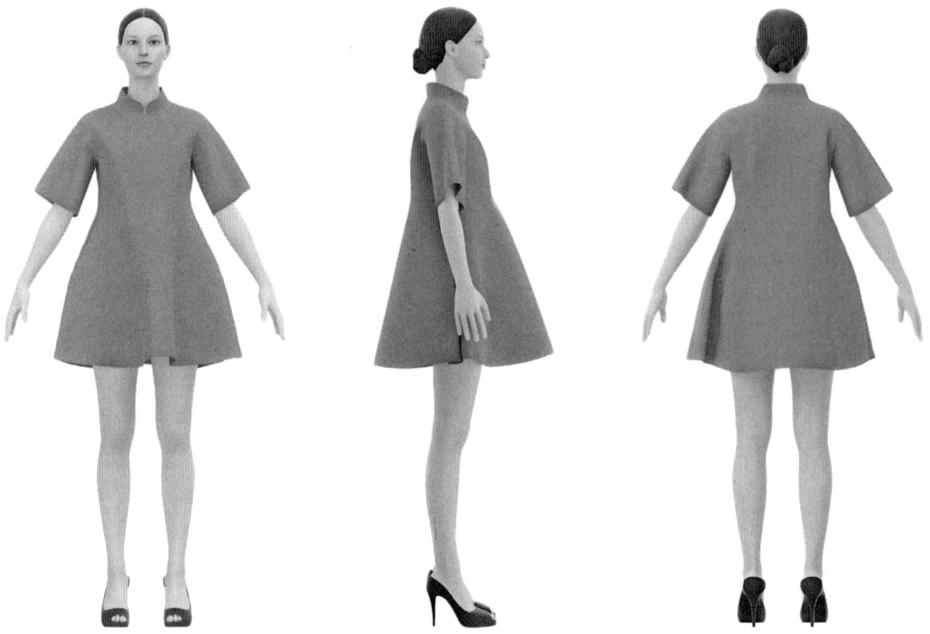

图4.4.4.7.13　三维虚拟样衣试制

4.4.4.8 案例8：六面构成/插肩袖/翻立领/衬衣式连衣裙

一、款式图

图4.4.4.8.1 款式图

二、款式分析

衣身廓形：X廓形、六面构成。

结构要素：纵向分割线。

胸围线以上曲面量处理：前片—袖窿松量、内侧纵向分割线上段；后片—袖窿松量、内侧纵向分割线上段。

胸围线至腰围线吸腰处理：前片—纵向分割线中段、侧缝；后片—纵向分割线中段、侧缝。

腰围线至臀围线至下摆放大量处理：前片—纵向分割线下段、侧缝；后片—纵向分割线下段、侧缝。

衣领造型：翻立领。

衣袖造型：一片式插肩袖、肩部衣裥、袖口抽褶、袖克夫。

三、规格设计

示明规格 160/84A。细部规格：见表4.4.4.8.1。

表4.4.4.8.1 细部规格（单位：cm）

部位	备注	尺寸
衣长	后衣长	108
胸围	松量12	96
腰围	松量12	80
臀围	松量12	102
下摆	—	180
肩宽	—	36

（续表）

部位	备注	尺寸
袖窿深	不变	—
袖长	包含袖克夫	56
袖肥	—	36
袖口	—	24
袖克夫宽	—	6
横开领	开大0.5	—
后直开领	不变	—
前直开领	开深0.5	—
后立领高	—	4
前立领高	—	3
后翻领宽	—	5
前领角宽	—	5
纽扣直径	—	1.2
门襟宽	—	2

四、结构设计

（1）设计内容：

1）衣长变化设计。

2）胸围线以上曲面量变化设计（图4.4.4.8.2）。

图4.4.4.8.2　胸围线以上曲面量分配

3）腰围变化设计（图4.4.4.8.3）。

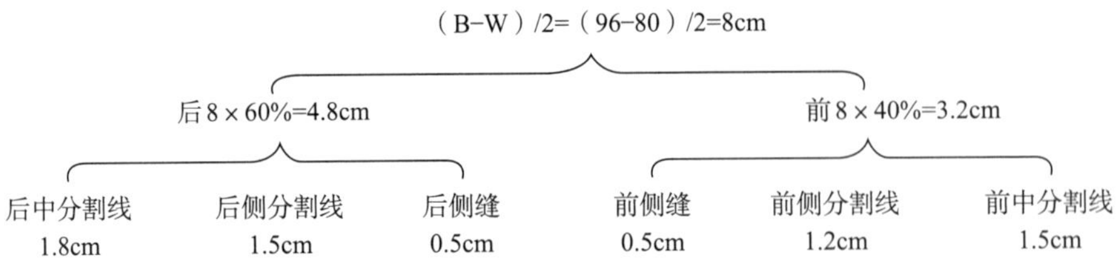

图4.4.4.8.3　腰围变化量分布

4）臀围变化设计（图4.4.4.8.4）。

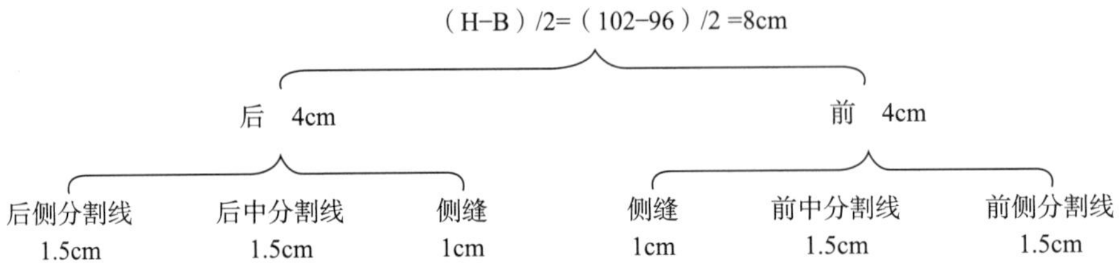

图4.4.4.8.4　臀围变化量分配

5）腰线变化设计。腰线抬高2cm。

6）衣领设计。翻立领。

7）衣袖设计。一片式插肩袖，肩部衣裥，袖口衣裥，加装袖克夫。

（2）绘图步骤：

1）步骤1：衣长、胸围变化设计（图4.4.4.8.5）。延长后中线至衣长线，绘制底边；胸围不变。

2）步骤2：分割线设计（图4.4.4.8.6）。根据腰围变化量分配以及臀围变化量分配绘制分割线和侧缝。

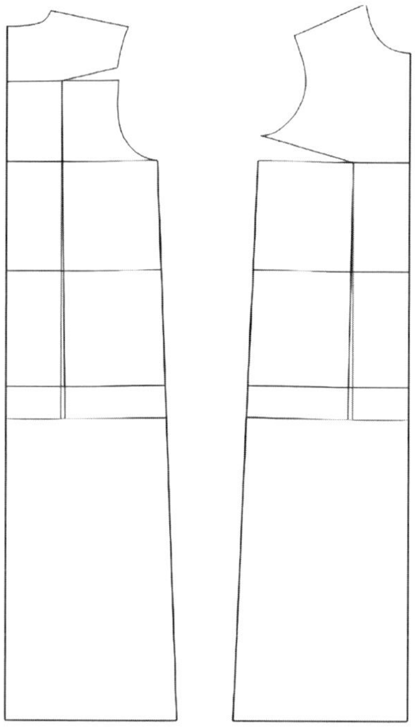

图4.4.4.8.5 衣长、胸围变化设计

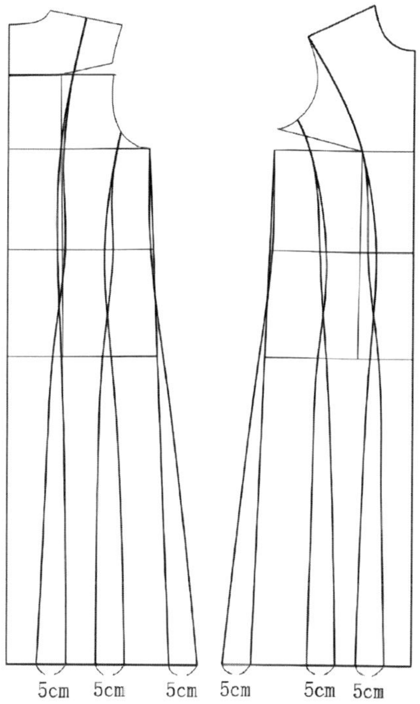

图4.4.4.8.6 分割线设计

3）步骤3：胸围线以上曲面量处理（图4.4.4.8.7）。将前、胸围线以上曲面量转移至分割线上段。

4）步骤4：门襟、衣领、挂面设计（图4.4.4.8.8）。将前、后横开领开大0.5cm，前直开领开大0.5cm，绘制领口线；根据门襟宽绘制门襟线，标注纽扣位置；绘制挂面；基于领口线弧线，绘制翻立领衣领。

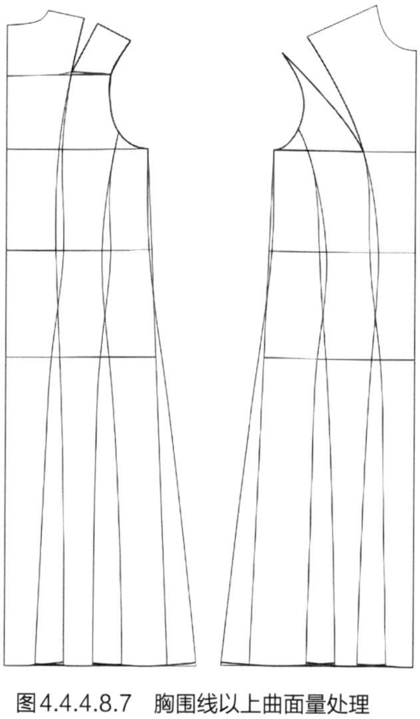

图4.4.4.8.7 胸围线以上曲面量处理

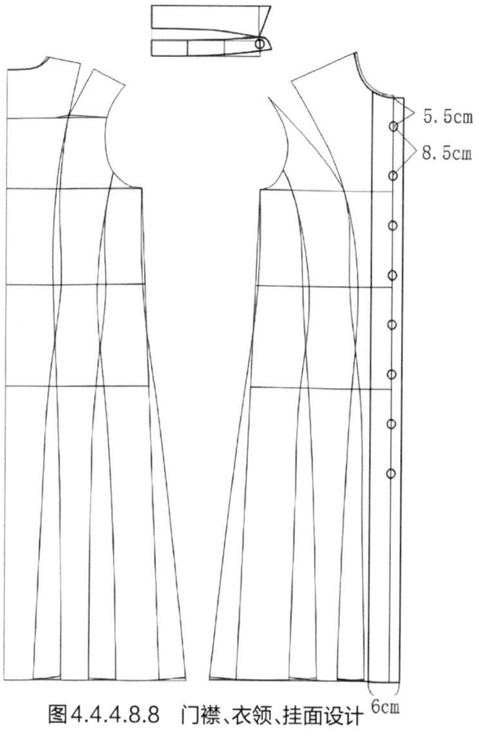

图4.4.4.8.8 门襟、衣领、挂面设计

5）步骤5：插肩袖设计1（图4.4.4.8.9）。保持胸围线的水平对齐，拓印袖窿弧线；基于袖窿弧线绘制袖山基础线，保证袖肥、袖长以及袖山缝缩量为0cm，绘制拟合基础衣袖；后基础袖片与后袖窿拟合，绘制后插肩袖片；前基础袖片与前袖窿拟合，绘制前插肩袖片。

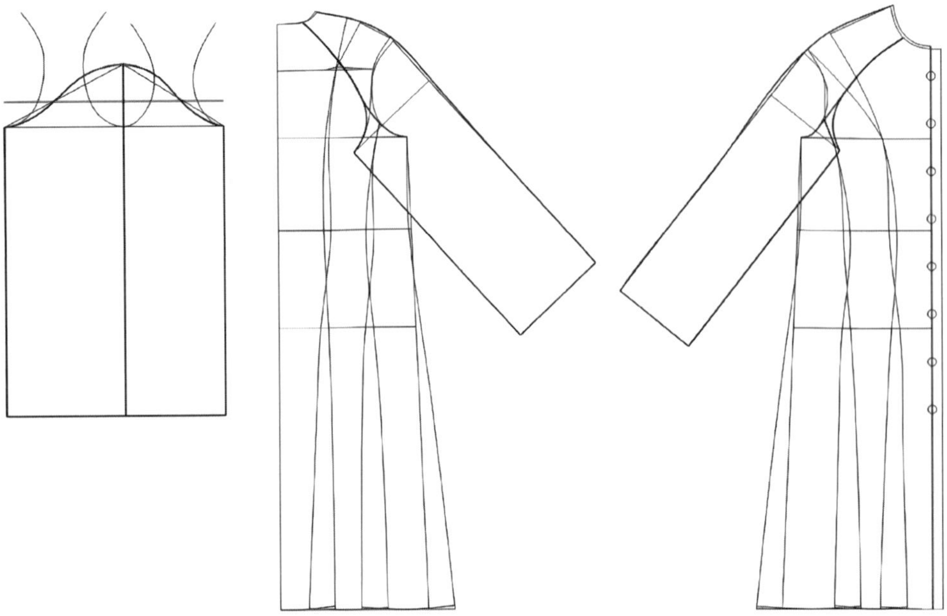

图4.4.4.8.9 袖子设计

6）步骤6：插肩袖设计2（图4.4.4.8.10）。前、后袖片于袖中线拼合，测量肩省量；确定肩部衣裥位置，肩省量均分置入，并剪切拉展衣裥量。修正袖长，绘制袖衩；绘制袖克夫。

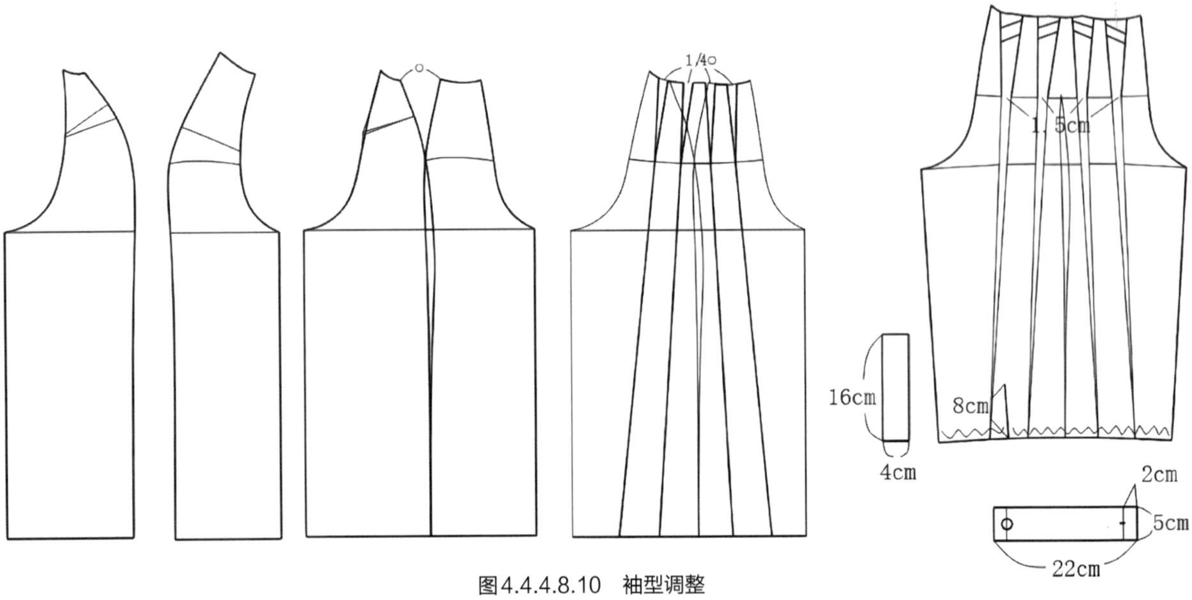

图4.4.4.8.10 袖型调整

7）步骤7：样片取放及缝份设置（图4.4.4.8.11）。提取样片，设置样片名称、丝缕线、片数等样片信息，加放缝份。

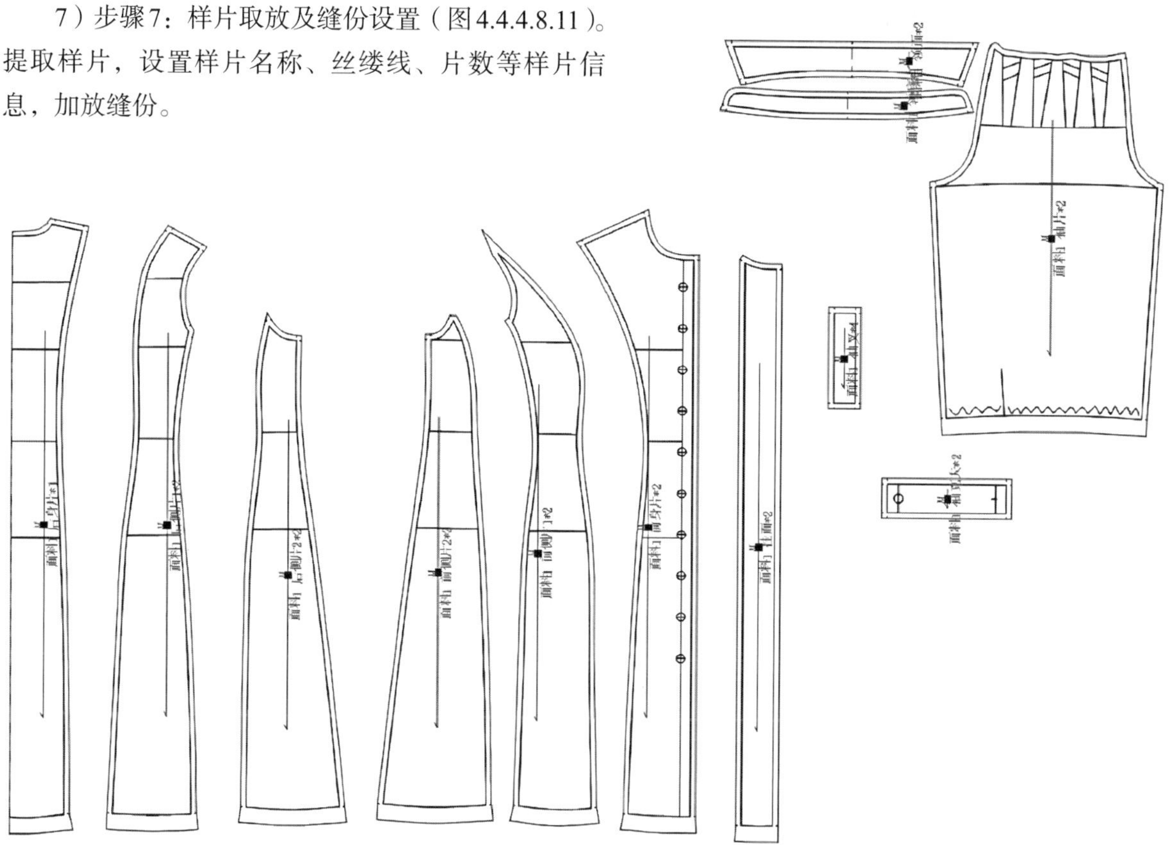

图4.4.4.8.11 面布样板

五、样衣试制

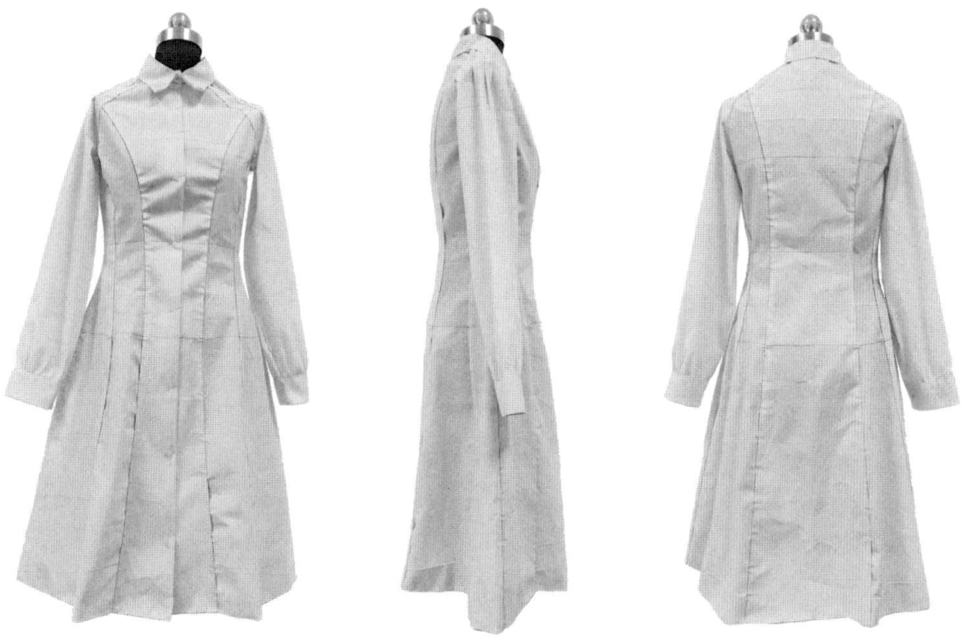

图4.4.4.8.12 成衣效果展示

4.4.4.9 案例9：高腰断腰/立领/插肩喇叭袖/中式连衣裙

一、款式图

图4.4.4.9.1 款式图

二、款式分析

衣身廓形：X型、高腰断腰构成。

结构要素：高腰横向分割线、上衣有袖窿出发纵向分割线、下裙有腰省。

胸围线以上曲面量处理：前片—袖窿松量、纵向分割线；后片—袖窿松量、插肩袖分割线。

胸围线至腰围线吸腰量处理：前片—纵向分割线、侧缝；后片—纵向分割线、侧缝、后中。

腰围线至臀围线至下摆曲面量处理：前片—腰腹省、侧缝；后片—腰臀省、侧缝。

衣袖造型：插肩袖、两片式、喇叭袖口。

衣领造型：立领。

三、规格设计

示明规格：160/84A。细部规格：见表4.4.4.9.1。

表4.4.4.9.1 细部规格（单位：cm）

部位	备注	尺寸
衣长	后衣长	100
胸围	松量10	94
腰围	松量10	78

（续表）

部位	备注	尺寸
臀围	松量8	98
腰线位置	抬升4	—
下摆围	放大36	—
袖窿深	下降1	—
袖长	—	45
袖肥	—	33
袖口	—	38
横开领	开大0.5	—
后直开领	不变	—
前直开领	开深0.5	—
立领高	—	3.5

四、结构设计

（1）设计内容：

1）衣长变化设计。

2）胸围变化设计（图4.4.4.9.2）。

3）曲面量变化设计（图4.4.4.9.3）。

4）腰围变化设计（图4.4.4.9.4）。

5）臀围变化设计（图4.4.4.9.5）。

6）腰线变化设计。腰线抬高4cm。

7）衣袖变化设计。两片式插肩袖，有袖中缝，袖口喇叭状。

8）立领变化设计。

（2）绘图步骤：

1）步骤1：衣长、胸围、曲面量分配、腰围线变化及袖窿深变化设计（图4.4.4.9.6）。后中线延长至衣长，前侧缝线前移1cm；后曲面量1.2cm留置于袖窿作为袖窿松量，其余转移至后领口作为过渡省道量，前曲面量0.6cm留置于袖窿作为袖窿松量，七月转移至前领口作为过渡省道量；基于基础腰围线抬高4cm绘制新腰围线；袖窿深下降1cm，绘制配袖基础袖窿弧线。

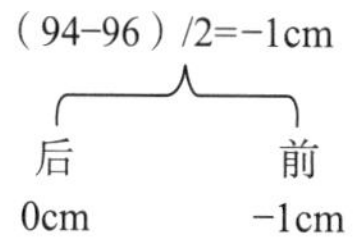

图4.4.4.9.2 胸围变化量分配

图4.4.4.9.3 曲面量变化分配

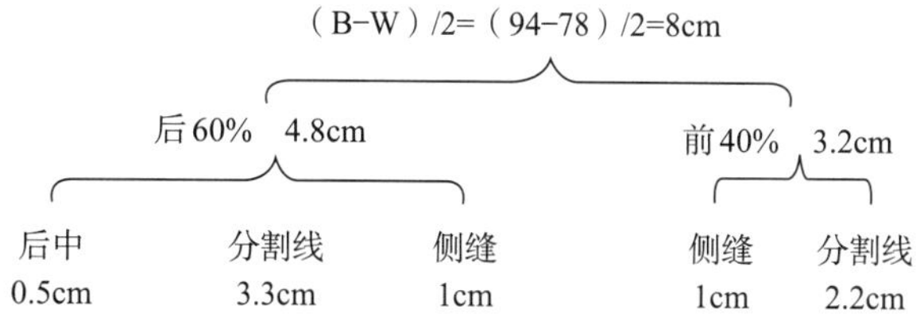

图4.4.4.9.4 腰围变化量分配

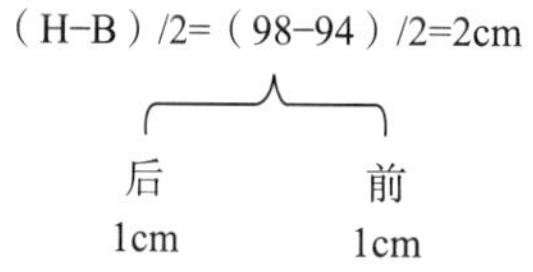

图4.4.4.9.5 臀围变化量分配

2）步骤2：腰围、臀围等变化设计（图4.4.4.9.7）。绘制后中线，后中线腰线位置处理0.5cm吸腰量，臀围位置不变化，下摆处放大1cm；绘制前、后侧缝线，腰围线位置处理1cm吸腰量，臀围线位置放大1cm，下摆处放大4.5cm；绘制前、后分割线和腰省，分别包括2.2cm、3.3cm吸腰量。

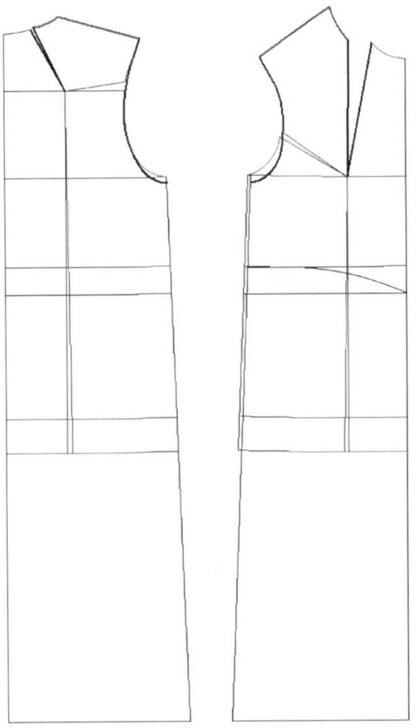

图4.4.4.9.6　衣长、胸围、曲面量分配、腰围线变化及袖窿深变化设计

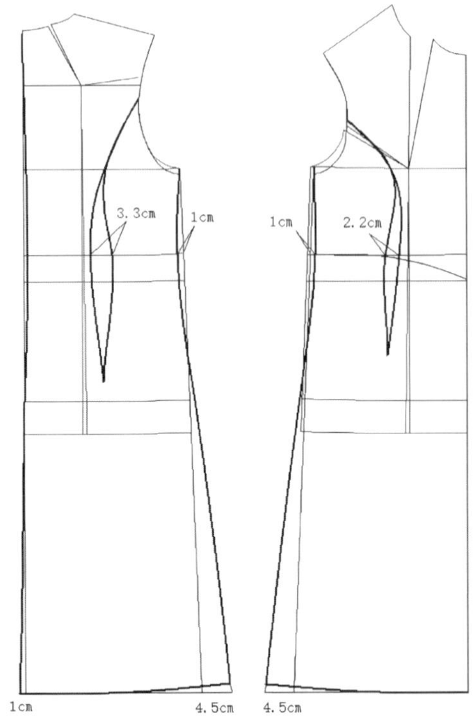

图4.4.4.9.7　腰围、臀围及分割线、侧缝、下摆等变化设计

3）步骤3：裙身变化设计（图4.4.4.9.8）。将部分前、后腰省量合并转移至下摆，形成裙下摆放大，放大量设置为3cm，余量设置为腰省；绘制波浪下摆线。

4）步骤4：衣袖设计（图4.4.4.9.9）。首先基于袖窿弧线绘制袖山缝缩量为0cm、袖肥为33cm的一片式直身袖，拉展袖口至38cm，作为基础袖片；前、后基础袖片与前、后衣片袖窿拟合，绘制前、后插肩袖；将前、后领口过渡省道量转移至分割线。

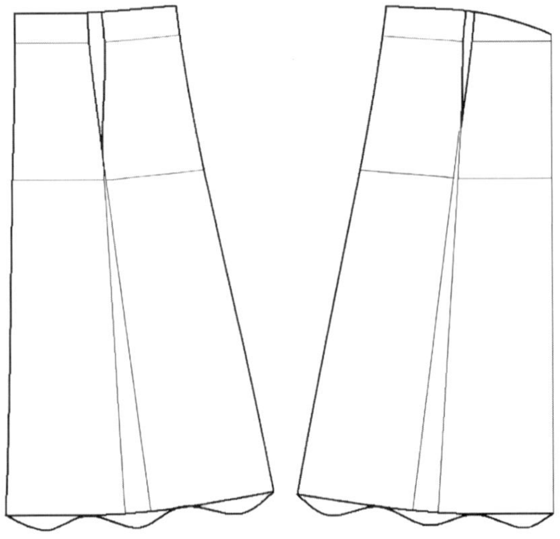

图4.4.4.6.8　裙身腰围、臀围及分割线、侧缝、下摆等变化设计

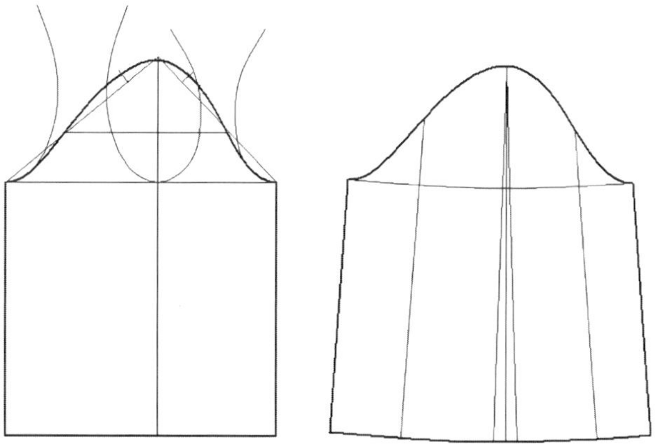

（a）基础袖片绘制

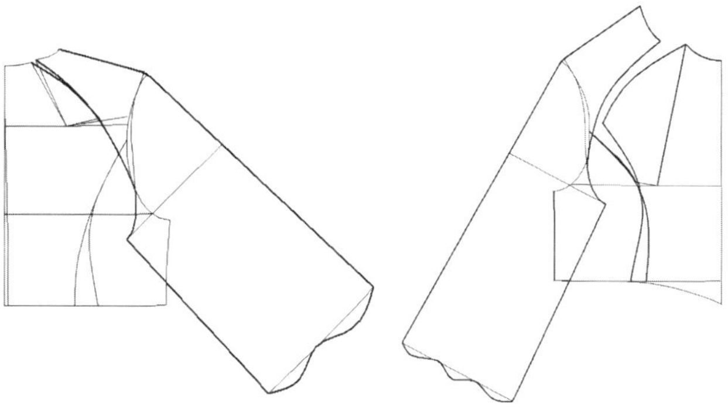

（b）前、后插肩袖拟合绘制

图4.4.4.9.9　衣袖设计

5）步骤5：衣领设计（图4.4.4.9.10）。基于领口线绘制衣领片，绘制上领口波浪线。

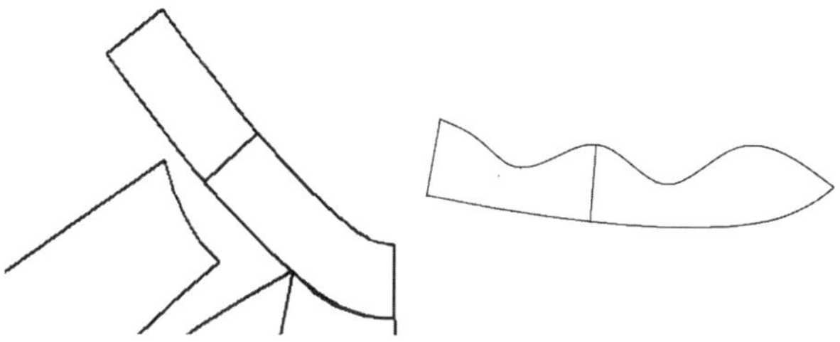

图4.4.4.9.10　衣领设计

6）步骤6：样片提取及缝份设计（图4.4.4.9.11）。提取样片，设置样片信息；加放缝份，修改切角，设置对位刀口。

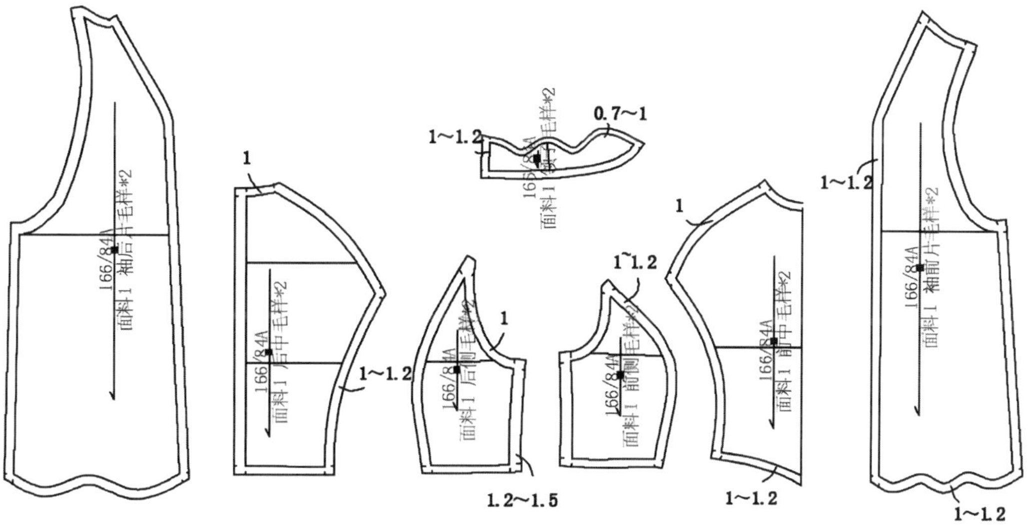

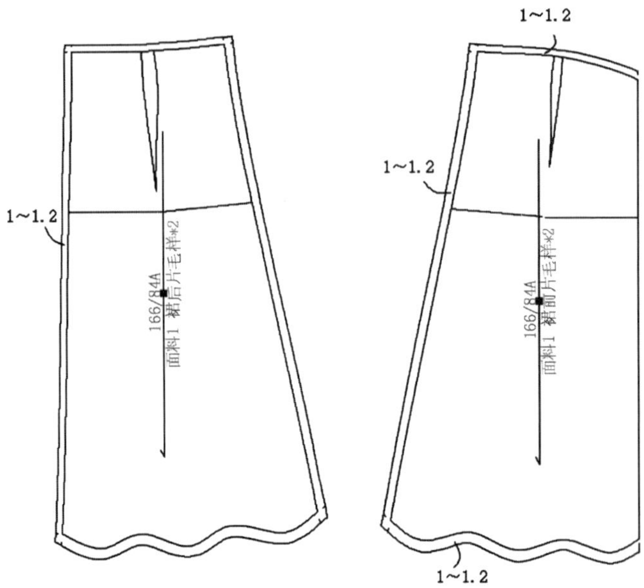

图4.4.4.9.11　面布样板

五、样衣试制

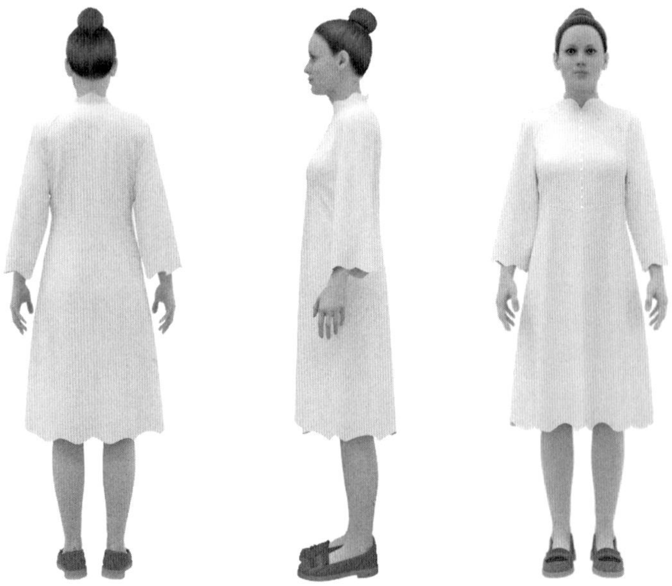

图4.4.4.9.12　三维虚拟样衣试制

4.4.4.10 案例10：断腰/四面构成/驳折领/圆装袖/荷叶边装饰外套

一、款式图

图4.4.4.10.1 款式图

二、款式分析

衣身廓形：X型、断腰构成。

结构要素：腰部横向分割线、上衣部分肩缝纵向分割线，下摆部分腰部碎褶。

胸围线以上曲面量处理：前片—袖窿松量、肩线纵向分割线；后片—袖窿松量、肩线纵向分割线。

胸围线至腰围线吸腰量处理：前片—纵向纵向分割线；后片—肩线纵向分割线。

腰围线至臀围线至下摆放大处理：前片—衣褶；后片—衣褶。

衣领造型：驳折领。

衣袖造型：两片式弯身圆装袖。

三、规格设计

示明规格：160/84A。细部规格：见表4.4.4.10.1。

表4.4.4.10.1 细部规格（单位：cm）

部位	备注	尺寸
衣长	后衣长	77
胸围	松量12	96
腰围	松量12	80
臀围	松量54	—
肩宽	变化量0	—
腰线位置	抬升1.5	—

（续表）

部位	备注	尺寸
袖窿深	变化量0	—
门襟宽	—	5
袖长	—	55
袖肥	—	33
袖口	—	22
袖衩宽	—	2.5
袖山缝缩量	—	2
横开领	开大1	—
后直开领	变化量0	—
后立领高	—	3
后翻领宽	—	4
驳领宽	—	5.5
前片纽扣距离	—	7
袖子纽扣距离	—	3

四、结构设计

（1）设计内容：

1）衣长变化设计。

2）胸围变化设计。胸围大小同原型。

3）曲面量变化设计（图4.4.4.10.2）。

4）腰围变化设计（图4.4.4.10.3）。

5）臀围变化设计（图4.4.4.10.4）。

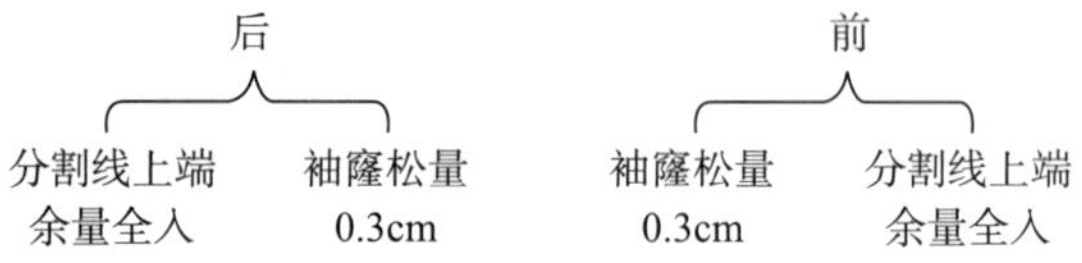

图4.4.4.10.2　曲面变化量分配

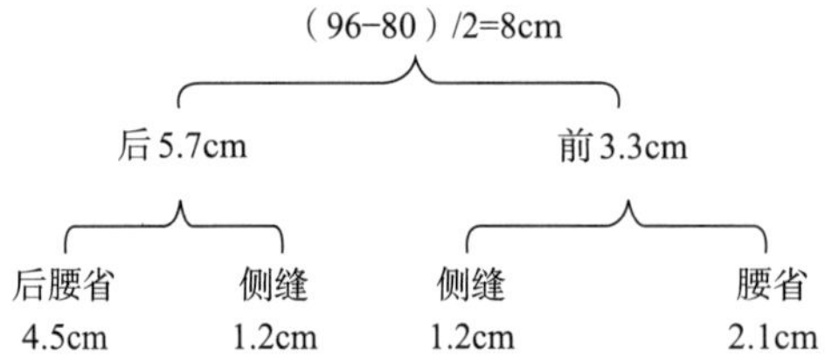

图4.4.4.10.3　腰围变化量分配

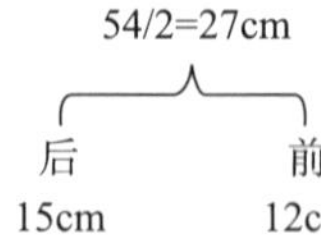

图4.4.4.10.4　臀围变化量分配

6）肩宽变化设计。肩点上抬0.5cm。

7）袖窿变化设计。袖窿深不变。

8）门襟、衣领设计。双排纽，驳折领。

9）下摆拉展设计。

10）衣袖设计。两片式弯身圆装袖。

11）装饰片设计。

（2）绘图步骤：

1）步骤1：衣长、腰围线、肩点、横开领变化设计（图4.4.4.10.5）。延长衣长至77cm，绘制底边线；上抬腰线1.5cm，绘制腰围线；使横开领开大1cm，绘制领口弧线；抬高肩点0.5cm，绘制肩线。

2）步骤 2：腰围变化设计及侧缝、分割线绘制（图4.4.4.10.6）。根据吸腰量分配，绘制分割线、侧缝线；设置前、后袖窿松量。

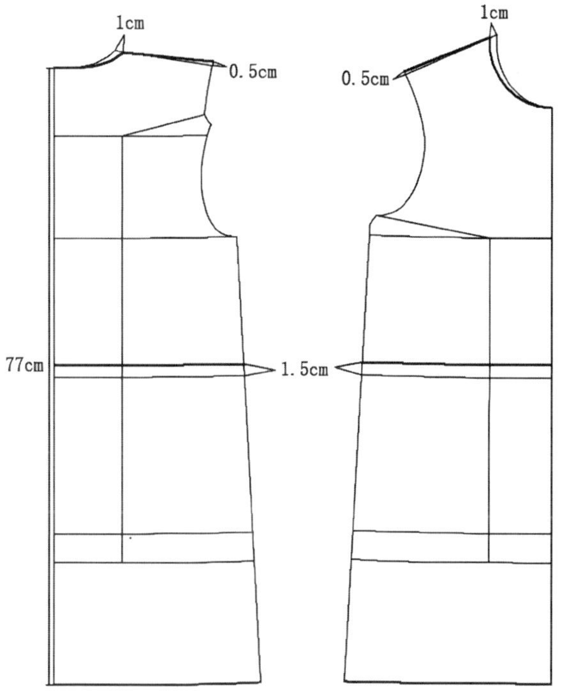

图4.4.4.10.5 衣长、腰围线、肩点、横开领变化设计

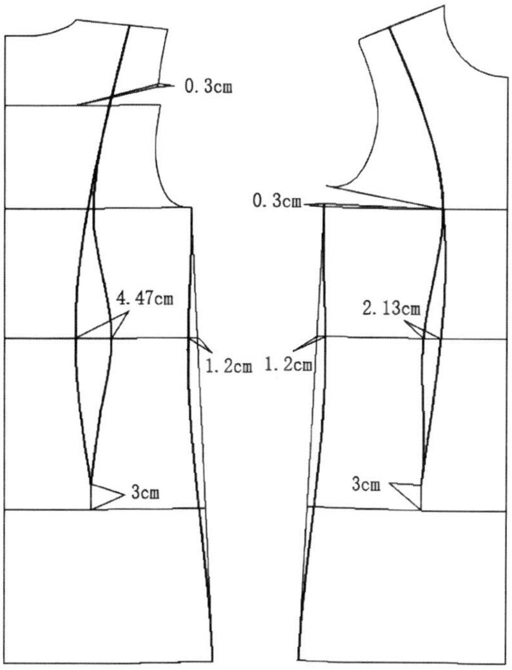

图4.4.4.10.6 腰围变化量分配

3）步骤3：胸围线以上曲面量的处理（图4.4.4.10.7）。保证前片袖窿松量0.3cm，然后将其余省量转移至前片分割线上段；保证后片袖窿松量0.3cm，然后将其余省量转移至后片分割线上段，内分割线未合并的余量以工艺缝缩方式处理。

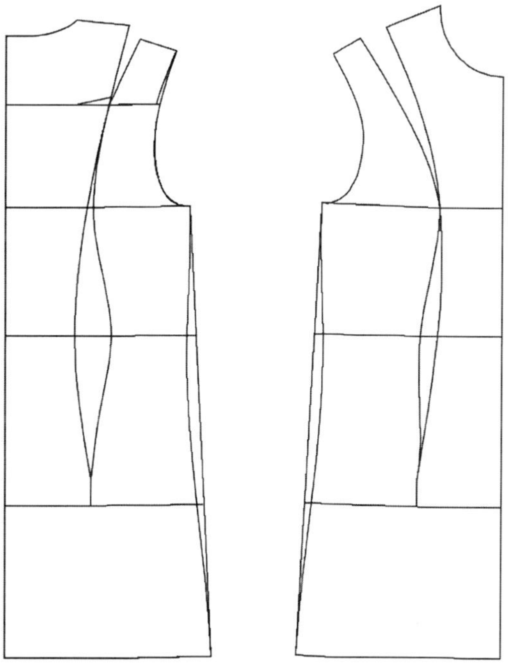

图4.4.4.10.7 胸围线以上曲面量处理

4）步骤 4：门襟及驳折领设计（图4.4.4.10.8）。绘制后翻领模拟线、前门襟及前翻领模拟线；绘制翻领片。

5）步骤 5：上衣片装饰片分割、装饰片绘制及下摆拉展设计（图4.4.4.10.9）。将前上衣片进行加装装饰片的分割；以1.5倍抽褶量绘制装饰片；将下摆片剪切拉展及设置衣褶。

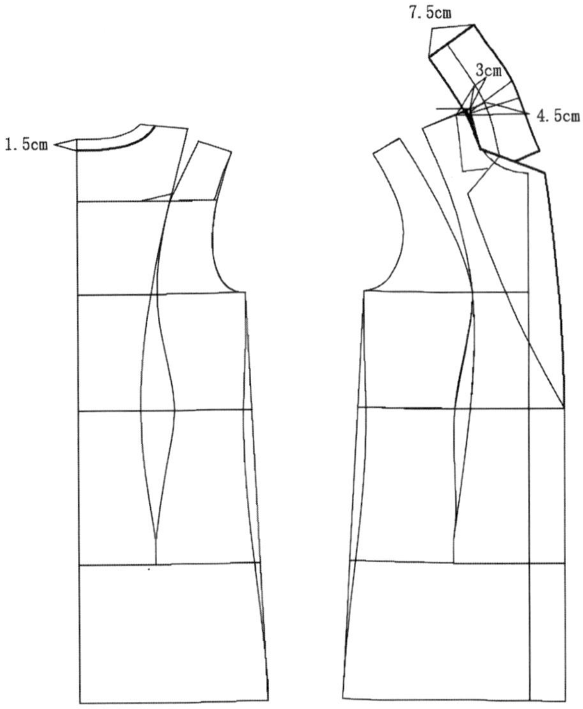

图4.4.4.10.8　门襟及驳折领设计

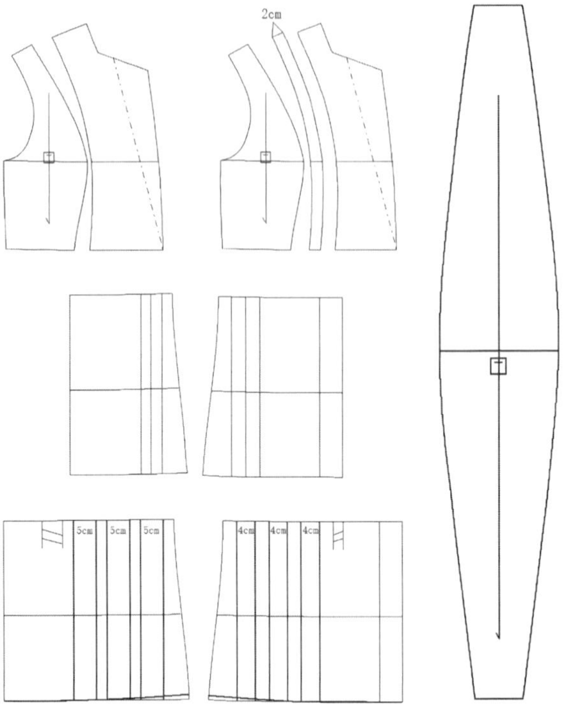

图4.4.4.10.9　上衣片分割及下摆拉展设计

6）步骤6：衣袖设计（图4.4.4.10.10）。保持前、后片胸围线水平对齐，拓印袖窿弧线；基于袖窿弧线，保证袖肥和袖山缝缩量，绘制袖山弧线。根据袖长和袖口绘制袖身；绘制袖衩。

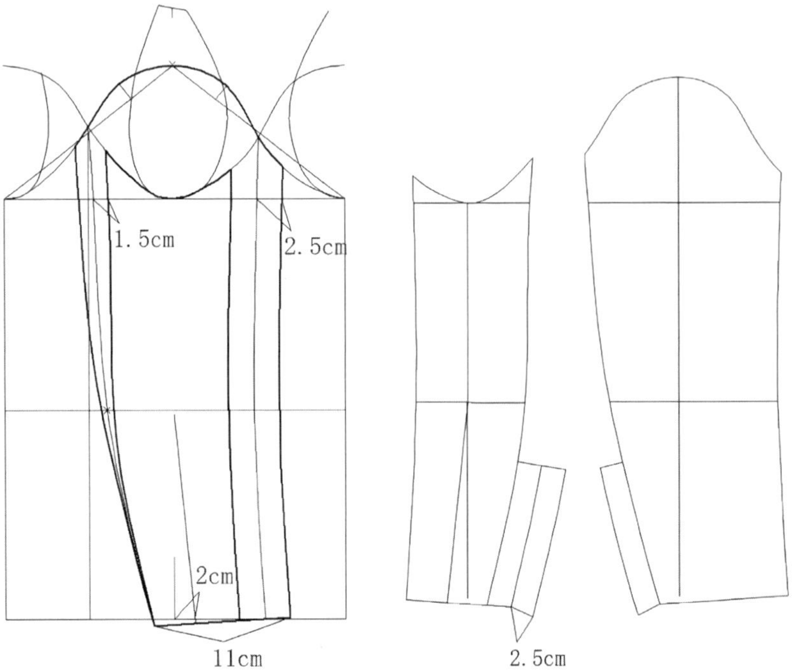

图4.4.4.10.10　衣袖设计

7）步骤7：样片提取及缝份设置（图4.4.4.10.11）。取出样片，设置缝份，标记缝缩、褶裥、纽扣位置等。

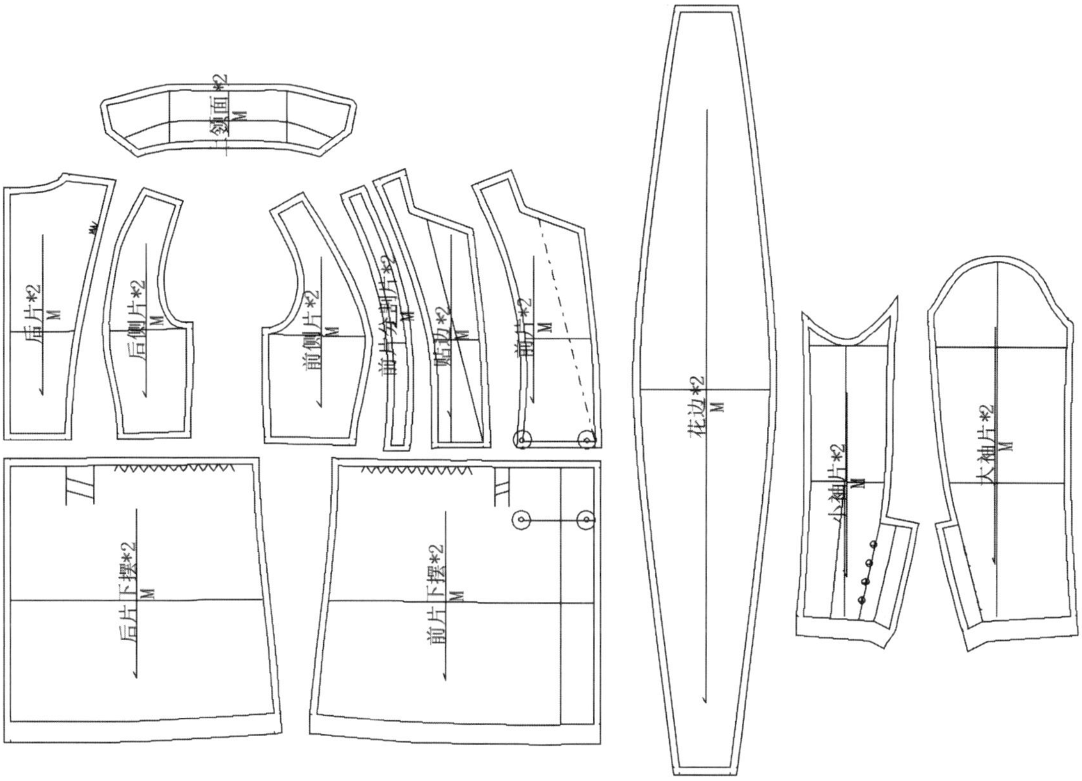

图4.4.4.10.11　样片提取及缝份设置

五、样衣试制

图4.4.4.10.12　三维虚拟样衣试制

参考文献

[1] 日本文化服装学院. 服装造型讲座② 裙子·裤子[M]. 张祖芳，等，译. 上海：东华大学出版社. 2004.

[2] 黄新民. 基于C/S和B/S混合模式的三维人体数据管理系统的研究与实现[D]. 西安：西安工程科技学院，2006.

[3] 于小利. 解构主义服装造型与样板设计研究[D]. 东华大学，2008

[4] 代虹. 成都地区中老年女性体型研究[D]. 东华大学，2010.

[5] 张丽静. 东华原型的持续性研究–东华原型的系列推档检验研究[D]. 东华大学，2011.

[6] 尹平玉. 联动三维人体扫描与CAD技术的服装纸样自动生成研究[D]. 东华大学，2011.

[7] 周丹. 服装CAD牛仔裤样板设计与快速生成研究[D]. 东华大学，2012.

[8] 黎丹. 基于CAD技术环境升级的服装样版快速设计生成系统研究（裙装部分）[D]. 东华大学，2012.

[9] 倩梅. 服装企业板房管理体系建立[D]. 东华大学，2013.

[10] 林娜. 基于三维虚拟试衣技术的连衣裙样板设计CAD实验研究[D]. 东华大学，2014.

[11] 黄颖颖. 服装CAD一体化技术研究[D]. 东华大学，2015.

[12] 张小雪. 三维人体数据库平台研发[D]. 东华大学，2015.

[13] 吴佳美. 连身立领结构设计方法及数字化实现研究[D]. 东华大学，2017.

[14] 原春明. 基于人力资源共享机制网约服装制版平台建设[D]. 东华大学，2018.

[15] 陈俊虹. 基于标签算法的商务女装移动平台构建方案研究[D]. 东华大学，2018.

[16] 洪雯婷. 服装款式图自动识别判断研究[D]. 东华大学，2019.

[17] 韩天琪. 基于旗袍款式类别的样版自动匹配研究[D]. 东华大学，2019.

[18] 王嘉琪. 知识共享型服装样版图库关键技术研究[D]. 东华大学，2020.

[19] 李荣. 东华原型持续性研究[D]. 东华大学，2021.

[20] 刘亦婷. 中小学校服数字化结构设计优化研究[D]. 东华大学，2021.

[21] 薛惠心. 中老年女性体型特征与服装原型研究[D]. 东华大学，2022.

[22] 冯蕊琪. 儿童汉服数字化设计研究[D]. 东华大学，2022.

[23] 刘咏梅，刘瑜. 灵感于不规则结构造型的服装设计[J]. 江南大学学报（人文社会科学版），2004，(05)：117–119.

[24] 刘咏梅，于小利. 立领的三维造型变化与二维结构优化分析[J]. 东华大学学报（社会科学版），2007，(01)：22–28.

[25] 刘咏梅，刘博飞，张文斌，等. 基于体型变化的东华原型修正[J]. 纺织学报，2009，30(11)：110–114.

[26] 刘咏梅，朱燕. 袖窿浮余量变化研究及配袖分析[J]. 浙江纺织服装职业技术学院学报，2013，12(01)：28–31+36.

[27] 刘咏梅，董晨雪，王喜娜. 连帽领结构设计方法的优化[J]. 东华大学学报（自然科学版），2014，40(01)：58–63.

[28] 刘咏梅，张闪，崔艳. 论服装设计方法与服装先进制造的逻辑关系[J]. 纺织学报，2014，35(08)：81–86.

[29] 黄颖颖，刘咏梅，林娜. 连衣裙三维虚拟试衣静态效果评价[J]. 国际纺织导报，2014，42(11)：59-60+62-64+66–68.

[30] 徐继红，刘咏梅，王晓丽，等. 四面构成女套装衣身样板CAD柔性模型设计[J]. 纺织学报，2015，36(06)：97–105.

[31] 刘咏梅，张小雪，郭云昕. 国内外服装用人体数据库调查与分析[J]. 纺织学报，2015，36(06)：141–147.

[32] 刘咏梅，张闪，吴静红. 插肩袖拟合法参数变化影响性实验研究[J]. 东华大学学报（自然科学版），2015，41(03)：317–323.

[33] 王晓丽，刘咏梅. 典型男衬衫结构设计方法对比实验分析[J]. 浙江纺织服装职业技术学院学报，2016，15(01)：20–29.

[34] 郭云昕，张微，刘咏梅，等. 三维人体测量技术的现状和比较[J]. 国际纺织导报，2016，44(08)：38-40+42-44+46.

[35] 刘咏梅，李荣，肖平. 基于儿童体型标准的系列虚拟人台构建研究[J]. 山东纺织经济，2020，(08)：5–9.

[36] 刘咏梅，徐丹娘，张向辉. 中国服装原型制版现况调查和分析[J]. 浙江纺织服装职业技术学院学报，2021，20(02)：23–30.

[37] 刘咏梅，冯蕊琪，李荣. 基于当今儿童体型特征的东华童装原型构建[J]. 武汉纺织大学学报，2022，35(03)：21–26.

[38] 刘咏梅，薛惠心，徐丹娘，等. 2020版东华女装原型的持续性结构修正[J]. 纺织学报，2022，43(07)：135–140.

[39] 刘咏梅，刘思忆，于晓坤，等. 中国东部地区中老年女性体型特征与分类[J]. 纺织学报，2023，44(07)：184–191.